国家重点研发计划“固废资源化”重点专项支持

固废资源化技术丛书

铁尾矿及废石大掺量制备绿色混凝土

顾晓薇　张延年　著

科学出版社

北　京

内 容 简 介

本书以实现铁尾矿和铁矿废石大掺量制备混凝土为目标，对铁尾矿基掺合料-全固废骨料混凝土的宏观性能与微观结构进行了系统的实验研究。本书内容包括：铁尾矿活化和三种不同铁尾矿基三元掺合料体系（IFG、ICS 和 IPL）的胶凝活性及其随铁尾矿活化条件、水胶比、水泥取代率、三元掺合料体系配合比等参数的变化规律；铁尾矿基掺合料-全固废骨料混凝土的抗压性能及其随掺合料掺量、水胶比、掺合料中铁尾矿的粒度分布、三元掺合料体系配合比等参数的变化规律。本书揭示铁尾矿基掺合料的水化机理及其对混凝土抗压性能的作用机理，得出铁尾矿基掺合料-全固废骨料混凝土的最佳配料设计。

本书可作为高等院校化工、材料、矿物加工等专业的本科生和研究生参考用书，也可为相关领域的科研工作者和工程技术人员提供技术参考。

图书在版编目（CIP）数据

铁尾矿及废石大掺量制备绿色混凝土 / 顾晓薇，张延年著. —北京：科学出版社，2024.4

（固废资源化技术丛书）

ISBN 978-7-03-078414-8

Ⅰ. ①铁…　Ⅱ. ①顾…　②张…　Ⅲ. ①铁-尾矿-混凝土-制备　②废石-混凝土-制备　Ⅳ. ①TU528.062

中国国家版本馆CIP数据核字（2024）第079847号

责任编辑：杨　震　杨新改　李　洁 / 责任校对：杜子昂
责任印制：徐晓晨 / 封面设计：东方人华

科 学 出 版 社 出版
北京东黄城根北街 16 号
邮政编码: 100717
http://www.sciencep.com
北京中科印刷有限公司印刷
科学出版社发行　各地新华书店经销
*
2024 年 4 月第　一　版　开本：720 × 1000　1/16
2024 年 4 月第一次印刷　印张：12 3/4
字数：257 000

定价：108.00 元

（如有印装质量问题，我社负责调换）

“固废资源化技术丛书”编委会

丛书序一

深入推进固废资源化、大力发展循环经济已经成为支撑社会经济绿色转型发展、战略资源可持续供给和“双碳”目标实现的重要途径，是解决我国资源环境生态问题的基础之策，也是一项利国利民、功在千秋的伟大事业。党和政府历来高度重视固废循环利用与污染控制工作，习近平总书记多次就发展循环经济、推进固废处置利用做出重要批示；《2030年前碳达峰行动方案》明确深入开展“循环经济助力降碳行动”，要求加强大宗固废综合利用、健全资源循环利用体系、大力推进生活垃圾减量化资源化；党的二十大报告指出“实施全面节约战略，推进各类资源节约集约利用，加快构建废弃物循环利用体系”。

回顾二十多年来我国循环经济的快速发展，总体水平和产业规模已取得长足进步，如：2020年主要资源产出率比2015年提高了约26%、大宗固废综合利用率达56%、农作物秸秆综合利用率达86%以上；再生资源利用能力显著增强，再生有色金属占国内10种有色金属总产量的23.5%；资源循环利用产业产值达到3万亿元/年等，已初步形成以政府引导、市场主导、科技支撑、社会参与为运行机制的特色发展之路。尤其是在科学技术部、国家自然科学基金委员会等长期支持下，我国先后部署了“废物资源化科技工程”、国家重点研发计划“固废资源化”重点专项以及若干基础研究方向任务，有力提升了我国固废资源化领域的基础理论水平与关键技术装备能力，对固废源头减量—智能分选—高效转化—清洁利用—精深加工—精准管控等全链条创新发展发挥了重要支撑作用。

随着全球绿色低碳发展浪潮深入推进，以欧盟、日本为代表的发达国家和地区已开始部署新一轮循环经济行动计划，拟通过数字、生物、能源、材料等前沿技术深度融合以及知识产权与标准体系重构，以保持其全球绿色竞争力。为了更好发挥“固废资源化”重点专项成果的引领和应用效能，持续赋能循环经济高质量发展和高水平创新人才培养等方面工作，科学出版社依托该专项组织策划了“固废资源化技术丛书”，来自中国科学院过程工程研究所、五矿集团、矿冶科技集团有限公司、同济大学、北京工业大学等单位的行业专家、重点专项项目及课题负责人参加了丛书的编撰工作。丛书将深刻把握循环经济领域国内外学术前沿动态，系统提炼“固废资源化”重点专项研发成果，充分展示和深入分析典型无机固废源头减量与综合利用、有机固废高效转化与安全处置、多元复合固废智能拆解与清洁再生等方面的基础理论、关键技术、核心装备的最新进展和示范应用，以期让相关领域广大科研工作者、企业家群体、政府及行业管理部门更好地了解固废资源化科技进步和产业应用情况，为他们开展更高水平的科技创新、工程应用和管理工作提供更多有益的借鉴和参考。

左铁镛

中国工程院院士

2023年2月

丛书序二

我国处于绿色低碳循环发展关键转型时期。化工、冶金、能源等行业仍将长期占据我国工业主体地位，但其生产过程产生数十亿吨级的固体废物，造成的资源、环境、生态问题十分突出，是国家生态文明建设关注的重大问题。同时，社会消费环节每年产生的废旧物质快速增加，这些废旧物质蕴含着宝贵的可回收资源，其循环利用更是国家重大需求。固废资源化通过再次加工处理，将固体废物转变为可以再次利用的二次资源或再生产品，不但可以解决固体废物环境污染问题，而且实现宝贵资源的循环利用，对于保证我国环境安全、资源安全非常重要。

固废资源化的关键是科技创新。“十三五”期间，科学技术部启动了“固废资源化”重点专项，从化工冶金清洁生产、工业固废增值利用、城市矿产高质循环、综合解决集成示范等全链条、多层面、系统化加强了相关研发部署。经过三年攻关，取得了一系列基础理论、关键技术和工程转化的重要成果，生态和经济效益显著，产生了巨大的社会影响。依托“固废资源化”重点专项，科学出版社组织策划了“固废资源化技术丛书”，来自中国科学院过程工程研究所、中国地质大学(北京)、中国矿业大学(北京)、中南大学、东北大学、矿冶科技集团有限公司、军事科学院国防科技创新研究院等很多单位的重点专项项目负责人都参加了丛书的编撰工作，他们都是固废资源化各领域的领军人才。丛书对固废资源化利用的前沿发展以及关键技术进行了阐述，介绍了一系列创新性强、智能化程度高、工程应用广泛的科技成果，反映了当前固废资源化的最新科研成果和生产技术水平，有助于读者了解最新的固废资源化利用相关理论、技术和装备，对学术研究和工程化实施均有指导意义。

我带领团队从 1990 年开始，在国内率先开展了清洁生产与循环经济领域的技术创新工作，到现在已经 30 余年，取得了一定的创新性成果。要特别感谢科学技术部、国家自然科学基金委员会、中国科学院等的国家项目的支持，以及社会、企业等各方面的大力支持。在这个过程中，团队培养、涌现了一批优秀的中青年骨干。丛书的主编李会泉研究员在我团队学习、工作多年，是我们团队的学术带头人，他提出的固废矿相温和重构与高质利用学术思想及关键技术已经得到了重要工程应用，一定会把这套丛书的组织编写工作做好。

固废资源化利国利民，技术创新永无止境。希望参加这套丛书编撰的专家、学者能够潜心治学、不断创新，将理论研究和工程应用紧密结合，奉献出精品工程，为我国固废资源化科技事业做出贡献；更希望在这个过程中培养一批年轻人，让他们多挑重担，在工作中快速成长，早日成为栋梁之材。

感谢大家的长期支持。

张锦

中国工程院院士

2022年12月

丛书前言

深入推进固废资源化已成为大力发展循环经济，建立健全绿色低碳循环发展经济体系的重要抓手。党的二十大报告指出“实施全面节约战略，推进各类资源节约集约利用，加快构建废弃物循环利用体系”。我国固体废物增量和存量常年位居世界首位，成分复杂且有害介质多，长期堆存和粗放利用极易造成严重的水-土-气复合污染，经济和环境负担沉重，生态与健康风险显现。而另一方面，固体废物又蕴含着丰富的可回收物质，如不加以合理利用，将直接造成大量有价资源、能源的严重浪费。

通过固废资源化，将各类固体废物中高品位的钢铁与铜、铝、金、银等有色金属，以及橡胶、尼龙、塑料等高分子材料和生物质资源加以合理利用，不仅有利于解决固体废物的污染问题，也可成为有效缓解我国战略资源短缺的重要突破口。与此同时，由于再生资源的替代作用，还能有效降低原生资源开采引发的生态破坏与环境污染问题，具有显著的节能减排效应，成为减污降碳协同增效的重要途径。由此可见，固废资源化对构建覆盖全社会的资源循环利用体系，系统解决我国固废污染问题、破解资源环境约束和推动产业绿色低碳转型具有重大的战略意义和现实价值。随着新时期绿色低碳、高质量发展目标对固废资源化提出更高要求，科技创新越发成为其进一步提质增效的核心驱动力。加快固废资源化科技创新和应用推广，就是要通过科技的力量“化腐朽为神奇”，将“绿水青山就是金山银山”的理念落到实处，协同推进降碳、减污、扩绿、增长。

“十三五”期间，科学技术部启动了国家重点研发计划“固废资源化”重点专项，该专项紧密面向解决固体废物重大环境问题、缓解重大战略资源紧缺、提升循环利用产业装备水平、支撑国家重大工程建设等方面战略需求，聚焦工业固废、生活垃圾、再生资源三大类典型固废，从源头减量、循环利用、协同处置、精准管控、集成示范等方面部署研发任务，通过全链条科技创新与全景式任务布局，引领我国固废资源化科技支撑能力的全面升级。自专项启动以来，已在工业固废建工建材利用与安全处置、生活垃圾收集转运与高效处理、废旧复合器件智能拆解高值利用等方面取得了一批重大关键技术突破，部分成果达到同领域国际先进水平，初步形成了以固废资源化为核心的技术装备创新体系，支撑了近20亿吨工业固废、城市矿产等重点品种固体废物循环利用，再生有色金属占比达到30%，为破解固废污染问题、缓解战略资源紧缺和促进重点区域与行业绿色低碳发展发挥了重要作用。

本丛书将紧密结合“固废资源化”重点专项最新科技成果，集合工业固废、城市矿产、危险废物等领域的前沿基础理论、创新技术、产品案例和工程实践，旨在解决工业固废综合利用、城市矿产高值再生、危险废物安全处置等系列固废处理重大难题，促进固废资源化科技成果的转化应用，支撑固废资源化行业知识普及和人才培养。并以此为契机，期寄固废资源化科技事业能够在各位同仁的共同努力下，持续产出更加丰硕的研发和应用成果，为深入推动循环经济升级发展、协同推进减污降碳和实现“双碳”目标贡献更多的智慧和力量。

李会泉　何发钰　戴晓虎　吴玉锋

2023 年 2 月

前　言

进入21世纪，可持续发展已经成为全球发展的核心主题。我国一直是全球可持续发展的积极参与者与贡献者，特别是党的十八大以来，更是把生态文明建设提到了前所未有的战略高度。生态文明建设和实现“双碳”目标要求各行各业大力降低碳排放，降低对不可再生自然资源的需求，实现废弃物的资源化利用。

我国是建筑业大国，基础设施建设规模大，对混凝土的需求量巨大。一方面，生产混凝土消耗大量不可再生资源，石灰石和砂石料的大量开采对生态环境造成严重破坏；另一方面，混凝土及其原料(尤其是水泥)的制备消耗大量能源，排放大量以CO_2为主的温室气体。天然原材料短缺和高能耗已经成为制约混凝土行业乃至整个建筑业可持续发展的主要矛盾。

我国也是矿业大国，矿山开采排弃的尾矿和废石量巨大，利用率却很低。以铁尾矿为例，到2015年的累计排放量已达约50亿t，每年排放量约6亿t，其综合利用率仅约28%。巨量的矿山固废堆存不仅对生态环境造成严重破坏，而且存在发生尾矿库溃坝、废石堆大规模滑坡等恶性事故的隐患。因此，矿山固废的大规模资源化利用意义重大，不仅可以有效缓减生态环境压力，而且可以有效缓减资源供给压力。

在混凝土的制备中大掺量使用矿山固废替代水泥和骨料，一方面可以降低混凝土行业对自然资源的依赖程度，保障其原料供给，并通过减少水泥用量降低能耗和碳排放；另一方面可以缓减大量矿山固废堆存引发的各种问题。这对于建筑业和矿业的绿色低碳发展均具有重要现实意义。

本书聚焦铁尾矿及铁矿废石大掺量制备混凝土的基础研究，对掺合料和混凝土的宏观性能与微观结构开展系统的实验研究与机理分析。全书研究内容分为两部分。第一部分研究铁尾矿的活化和三种铁尾矿基三元掺合料体系的胶凝活性，分析胶凝活性随铁尾矿活化条件、水胶比、水泥取代率、三元掺合料体系配合比等参数的变化规律，揭示掺合料体系的水化机理，得出相关参数的适宜取值。第二部分研究铁尾矿基掺合料-全固废骨料混凝土的宏观性能与微观结构，分析掺合料掺量、水胶比、掺合料中铁尾矿的粒度分布、三元掺合料体系配合比等参数对混凝土抗压性能的影响，以及微观结构与抗压性能之间的联系，揭示掺合料体系对混凝土抗压性能的作用机理，得出相关参数的适宜取值。

研究表明：以铁尾矿基掺合料取代部分水泥、铁尾矿砂和铁矿废石骨料 100%取代天然砂石骨料制备混凝土是可行的；混凝土的抗压性能可以达到甚至超过普通混凝土，其微观特性优于普通混凝土；铁尾矿基掺合料的掺量可以达到 30%～40%。研究成果可以为大规模工业化生产铁尾矿基掺合料-全固废骨料混凝土提供有价值的基础数据和理论指导。

本书出版得到了国家重点研发计划项目“工业固废大掺量制备装配式预制构件技术”以及辽宁省重大科技专项“大宗工业固废含铁尾矿资源化处理技术及工程示范”的大力支持，在此表示衷心的感谢！刘柏男、李志军、张伟峰、杨博涵等做了大量的实验工作，王青教授为本书审稿，在此一并表示感谢！

希望本书的出版能为矿山固废的资源化利用做出一点贡献。

作　者
2023 年 12 月
于辽宁省固废产业技术创新研究院

目　　录

第1章 绪论

1.1 研究背景

保持生态平衡，实现可持续发展，已成为当今世界各国关注的焦点。2020年9月22日，国家主席习近平在第七十五届联合国大会一般性辩论上宣布了我国实现碳达峰碳中和的总体目标。2021年9月22日，中共中央、国务院印发了《关于完整准确全面贯彻新发展理念做好碳达峰碳中和工作的意见》（以下简称《意见》），就确保如期实现碳达峰碳中和目标做出全面部署，明确了总体要求，确定了主要目标，部署了重大举措，指明了实施路径和方向。2021年10月26日，国务院发布了《2030年前碳达峰行动方案》（以下简称《行动方案》），在目标、原则、方向等方面与《意见》保持有机衔接的同时，重点聚焦碳达峰目标。这两个文件的相继出台，既是顶层设计，又是举国行动指南。《意见》作为长远的纲领性文件，在碳达峰、碳中和“1+N”政策体系中发挥统领作用，与《行动方案》共同构成贯穿碳达峰碳中和两个阶段的顶层设计，成为各行业推进“双碳”工作的必然遵循，对确保如期完成碳达峰碳中和这一艰巨任务具有历史性意义。

我国建筑行业的年碳排放量约占全国年碳排放总量的40%、世界年碳排放总量的8%。就建筑全生命周期碳排放而言，建造阶段的碳排放量占全部碳排放量的24%左右，这一阶段的大部分碳排放来源于水泥和钢铁等高能耗建材的制备。因此，建材行业的降碳对实现“双碳”目标意义重大。

混凝土与水泥制品产业是建材工业的重要组成部分，也是生态保护、环保利废、应急抢险等重要的社会保障性产业。作为混凝土主要组分的水泥，在其生产过程中消耗大量不可再生资源，同时排放大量以CO_2为主的温室气体。我国幅员辽阔、人口众多，基础设施建设规模大，对混凝土的需求量巨大，如何在保障混凝土供给的同时降低水泥用量，从而降低混凝土生产的碳排放，是混凝土科学研究领域面临的重大挑战。

我国金属矿产资源丰富，各种金属矿的开采总量巨大，在矿产加工过程中产生大量尾矿。尾矿的长期堆放造成环境污染、土地占用、生态损害以及资源浪费，严重影响建设资源节约型和环境友好型社会的战略目标的实现。为此，国务院、国家发展和改革委员会等部门联合发文，相继出台相关政策，大力推动固废资源综合利用与循环经济发展，倡导利用尾矿等大宗固体废物生产建材，鼓励发展新型胶凝材料。

我国铁矿资源的地质品位低、开采量大，所以铁尾矿产生量巨大，成为我国产生量最大、堆存量最多的大宗工业固体废弃物之一。据统计，2019 年我国重点调查企业的铁尾矿产生量为 4.4 亿 t，但综合利用率只有 23.4%[1]。图 1.1 为辽宁省本溪市某铁尾矿库实景。因此，铁尾矿的高效、高值、规模化利用越来越受到各级政府和工业界的重视，已成为热点科研课题之一。

图 1.1　辽宁省本溪市某铁尾矿库周围环境及堆放状况

1.2　铁尾矿综合利用研究现状

我国是全球最大的铁矿消费国，消费量约占全球消费总量的 2/3。而我国的铁矿资源以贫矿为主(约占总储量的 80%)，原矿平均品位只有 34.5%，远低于全球 49.4%的平均水平[2]。此外，我国铁矿资源的禀赋条件较差，具有矿物嵌布粒度微细，矿石类型复杂，共(伴)生组分多，中、小型矿床多，大型、超大型矿床少等特点，导致国内铁矿开采难度较大，采选成本较高，尾矿产生量大。

尾矿是指在对原矿的品位提升过程中，由选矿厂排放的尾矿浆经自然脱水后所形成的固体废料。受选矿技术的限制以及当地经济发展水平的制约，这些尾矿得不到充分利用。一般情况下，选厂都将其排至尾矿库堆放。堆放的尾矿不仅占用大量的土地资源，而且会对周围的生态环境造成严重的损害，选矿残留的化学药剂和矿石中的重金属随着时间的推移和雨水的冲刷，会渗透到土壤中，导致土壤污染、种植功能退化、植被死亡；由于铁尾矿粒度很细，粒径分布多在 0.075～0.15mm[3]，主要以细粒、微细粒的矿泥形式存在，风干后遇到暴风天气极易形成尾矿砂暴，造成严重的空气污染，危害人体健康；此外，大量堆放的尾矿也可能引发泥流灾害事故，造成生命财产损失。

铁尾矿是我国产生量最大、堆存量最多的大宗工业固体废弃物之一。2019 年，我国重点调查工业企业的尾矿产生量为 10.3 亿 t，综合利用量为 2.8 亿 t(其中利用往年储存量 1777.5 万 t)，综合利用率为 27.0%；其中，铁尾矿产生量为 4.4 亿 t，在各类尾矿中的占比最大[4]，但综合利用率仅为 23.4%[1]。尽管我国铁尾矿综合利用率在不断提升，但发达国家综合利用率普遍超过 60%，并且一些工业发达国家已把无废矿山作为矿山发展目标，把矿山固废综合利用程度作为衡量一个国家科技水平和经济发达程度的标志[5]。铁尾矿的利用极具复杂性，必须充分发挥规模效应、经济效应和生态环境效应才能促进铁尾矿综合利用率的提高。

1.2.1 铁尾矿种类与成分

我国铁尾矿以赤铁尾矿和磁铁尾矿为主，分布集中于内蒙古、四川、辽宁、河北、湖北等地区。按照铁尾矿的化学成分组成，可分为五种类型：高硅型、高铝型、高钙镁型、低钙镁铝硅型、多金属型。我国铁尾矿的全铁品位平均值为 8%～12%，最高达 27%。我国各地铁矿床的成矿条件与矿床成因不同，使得铁尾矿性质和种类繁杂。铁尾矿的主要矿物组成包括石英、长石、辉石、角闪石、石榴石、云母、绿泥石、蚀变矿物等脉石矿物以及少量的金属组分，是一种复合矿物原料，其化学成分以硅、铝、铁、钙、镁的氧化物为主，还伴有少量的硫、磷等。

我国铁尾矿按照伴生元素的含量，可以分为单金属类铁尾矿和多金属类铁尾矿两类。单金属类铁尾矿主要有四种：第一种是高硅鞍山型铁尾矿，此类铁尾矿是数量最多的铁尾矿类型，特点是硅含量高(SiO_2 含量在 73%左右)，平均粒度为 0.04～0.2mm，不含伴生元素，如首钢密云，鞍钢东鞍山、齐大山、弓长岭、大孤山，本钢南芬、歪头山，唐钢石人沟、棒磨山，太钢峨口等矿山产生的尾矿都属于高硅鞍山型铁尾矿。第二种是高铝马钢型铁尾矿，此类铁尾矿排放量相对较少，主要分布在长江中下游宁芜一带，其特点是 Al_2O_3 含量较高，大多数不含有伴生元素，如马钢姑山、江苏吉山、南山和黄梅山等矿山产生的尾矿都属于高铝马钢型铁尾矿。第三种是高钙镁邯郸型铁尾矿，此类尾矿集中在邯郸地区，尾矿中主要伴生元素有 S、Co 及微量的 Cu、Ni、Zn、Pb、As、Ag 等，小于 0.075mm 粒级含量占 70%左右，如玉石洼、玉泉岭、西石门、符山和王家子等矿山产生的尾矿都属于高钙镁邯郸型铁尾矿。第四种是低钙镁铝硅酒钢型铁尾矿，此类铁尾矿伴生元素主要有 Co、Ni、Ge、Ga 和 Cu 等，含有重晶石和碧玉等非金属矿物，粒度小于 0.075mm 的尾矿占 70%左右。单金属类铁尾矿可以根据其含有的主要元素选择不同的利用途径。

多金属类铁尾矿主要分布在我国攀西、内蒙古包头和武钢地区，其特点是矿物成分复杂，伴生元素相对较多。从价值来看，回收其中的伴生元素远超过回收其主金属铁。例如，大冶型铁尾矿中铁含量较高，并含有 Cu、Co、S、Ni、Au、Ag 和 Se 等元素，大冶、金山店、程潮、张家洼和金岭等铁矿所产出的尾矿都属于此类铁尾矿；攀枝花矿铁尾矿除含有 V、Ti 外，还含有 Co、Ni、Se、Ga、S 等元素；包钢铁尾矿属于典型的白云鄂博型铁尾矿，含有 22.9%左右的铁矿物、8.6%左右的稀土矿物，其粒度小于 0.075mm 的尾矿占 89.7%左右。表 1.1 列举了我国部分地区铁尾矿的主要成分[6]。

表 1.1　我国部分地区铁尾矿主要成分的质量分数　　（单位：%）

地区名称	SiO_2	Al_2O_3	Fe_2O_3	CaO	MgO	TFe	MnO	P_2O_5
邯郸铁矿	31.98	6.49	10.23	30.77	13.84	—	0.12	0.210
梅山铁矿	27.88	7.27	25.00	14.62	1.78	—	—	—
安徽铁矿	43.58	12.21	—	1.00	2.70	17.54	—	—
唐山铁矿	72.79	6.08	6.20	4.85	3.16	4.48	0.085	0.160
密云铁矿	61.7	9.09	14.8	5.85	3.52	—	0.24	—
陕西铁矿	48.92	12	15.02	10.8	7.319	—	—	—
迁安铁矿	68.1	6.8	10.9	3.5	3.8	—	—	—
金岭铁矿	6.47	5.32	8.27	19.48	13.21	—	—	—
他达铁矿	21.06	6.57	—	0.50	0.50	38.00	0.64	0.057
鞍山铁矿	75.91	0.65	—	1.82	1.51	11.69	—	—

1.2.2 铁尾矿综合利用途径

铁尾矿由于其成分复杂、产量大及分布广的特点，其综合利用是一项涉及多层次、多因素的重大课题。目前，铁尾矿综合利用方式主要包括有价元素及矿物回收、制备建筑及筑路材料、用于元素肥料及土壤改良剂、用于充填矿山采空区和尾矿库复垦等。其中，有价元素及矿物回收是尾矿资源的二次再选，其他方式是尾矿的直接利用。针对尾矿堆积引发的一系列严重问题，国内外学者广泛寻找适用于不同种类尾矿的多种利用途径，开展了一系列尾矿综合利用研究。

1. *有价元素及矿物回收*

尾矿中有价元素及矿物回收是提高有价资源回收率的重要途径。目前，从铁尾矿中回收铁元素的技术相对成熟[7]，国外铁矿选厂主要采用高梯度磁选机，从弱磁选、重选和浮选尾矿中回收细粒赤铁矿。印度采用水利旋力和磁力分离技术从铁尾矿中回收含铁 61%～65%的精矿，另外还可以从铁尾矿中回收钒、钛、钼、钴等多种有色和稀有金属元素[8,9]。美国的 Sivas-Divrigi 选矿厂采用浮选法，在最佳浮选条件下从铁尾矿中回收钴、镍和铜，回收率分别达到 94.7%、84.6%和 76.8%，还可以回收硫等非金属元素以及石英等矿物[10]。

国内对铁尾矿有价成分回收的研究起步较晚，但发展较快，主要是通过对工艺流程的改进来提高相应精矿和元素的回收率。李强等[11]对品位 24.93%的铁尾矿采用强磁选抛尾-分级-摇床工艺处理后，获得的铁精矿品位和回收率分别为 51.07%和 40.90%。Chernysheva 等[12]采用磁选-絮凝-反浮选工艺从品位 19.97%的铁尾矿中回收铁，最终可得品位 65.43%的铁精矿，回收率为 53.34%。霍松洋等[13]采用 1 粗 3 精工艺流程从铁尾矿中回收磷、钛两种元素。王宇斌等[14]采用 1 粗 1 精 2 扫的闭路流程从铁尾矿中回收硫。万丽和高玉德[15]采用 1 粗 3 精 3 扫锌钼硫混浮、1 粗 4 精 1 扫抑硫浮锌钼流程处理，获得锌钼混合精矿和硫精矿，锌、钼、硫品位分别为 41.53%、0.797%、51.75%，回收率分别为 92.87%、67.26%、91.51%。崔春利等[16]采用先脱硫后 1 粗 5 精浮钛的工艺流程从含硫 2.05%的铁尾矿中回收钛精矿，获得的钛精矿品位为 36.50%，回收率为 61.01%。韦敏等[17]采用 1 粗、4 精的工艺流程获得碳品位为 65.29%的石墨精矿，回收率为 52.85%。吕昊子等[18]采用 1 粗 1 扫 5 精的浮选闭路流程获得钾品位和回收率分别为 7.82%和 64.74%的云母精矿。回收铁尾矿中主要金属元素和部分矿物可有效提高资源利用率，对实现资源循环利用具有重要意义。

2. 制备建筑及筑路材料

铁尾矿因其主要成分中含有 SiO_2、Al_2O_3 等，可以作为煅烧水泥的原材料，也可以替代天然砂石作为混凝土的粗细骨料[19]。铁尾矿用于生产建筑材料原料是相对成熟的研究方向，研究主要集中于充分利用铁尾矿的同时，进一步提升建筑材料的性能。国外在 20 世纪 60 年代就将铁尾矿应用到建筑材料的生产中，我国也于 20 世纪 80 年代逐渐利用铁尾矿作建筑材料原料，经过近 40 年的发展，已经取得了一系列标志性成果。

用铁尾矿制备建筑原材料主要包括生产性能优异的铁尾矿水泥[20,21]，或将铁尾矿作为骨料制备不同种类砂浆或混凝土[22-24]。Young 等[25]利用高镁低硅型铁尾矿替代黏土，采用常规烧结工艺生产水泥熟料。尽管生产出的水泥熟料力学性能与 42.5R 级相当，但铁尾矿掺量不足 10%。Xiong 等[26]的研究表明在铁尾矿水泥中加入 $BaCO_3$ 可以提高水泥的抗硫酸盐腐蚀性。Oladeji 和 Aduloju[27]发现，将铁尾矿粉加入三类水泥(Burham、Dangote 和 Elephant)中均可以提高水泥的抗压强度。

由于铁尾砂在水泥熟料中的掺量较少，因此为了提高铁尾矿的综合利用率，研究者将研究方向更多地聚焦于制备砂浆和混凝土。Fontes 等[28]利用铁尾矿制备了多用途砂浆，与传统砂浆相比，尽管铁尾矿砂浆的容重稍有增加，但其力学性能得到显著改善。Carrasco 等[29]通过破坏性实验对比了铁尾矿砂浆在静弹性模量与动弹性模量方面的变化，结果表明弹性模量变化是由动静值间的近似线性关系引起的。程云虹等[30]发现随着铁尾矿掺量的提高，混凝土抗碳化性能在不同龄期均降低；但混凝土抗硫酸盐腐蚀性能会由于二次水化反应的持续进行而随龄期增长得到提高。Shettima 等[31]利用铁尾矿替代河沙探究了其对普通混凝土工作性能、力学性能和耐久性能的影响，他们发现，除工作性能降低外，铁尾矿的加入对力学性能和耐久性都有稍许提高。Mendes Protasio 等[32]通过计算机断层扫描对孔径分布进行综合分析，揭示了铁尾矿替代天然砂对可持续混凝土工作性能和抗压强度的影响机制。宋少民和陈泓燕[33]的研究表明铁尾矿微粉掺量控制在 20%以内可使混凝土满足强度与耐久性的相关规范要求。

为了扩大铁尾矿在混凝土中的利用范围，一些学者进行了铁尾矿用于不同种类混凝土的研究。Lv 等[34,35]探究了利用铁尾矿完全替代天然骨料用于大坝混凝土的可行性，结果表明，铁尾矿混凝土的相对密度和需水量比天然骨料混凝土高，力学性能、极限拉伸应变、弹性模量和抗冻性能基本持平；铁尾矿混凝土具有优异的热性能，热传导和线膨胀系数均低于天然骨料混凝土。Liu 等[36]比较了石灰石和铁尾矿作为粗骨料对混凝土抗压强度的影响，结果表明，在相同条件下，铁尾矿混凝土抗压强度高于石灰石混凝土；铁尾矿混凝土界面过渡区中的 Ca/Si 比低于石灰石混凝土；硅酸钙相衍射峰在 $2\theta=29.5°$处且 Si—O 键向低波移动，表明铁尾矿表面的 Si—O—Si 键与 $Ca(OH)_2$进行了重建。张鸿儒等[37]采用铁尾矿粉取代石英粉配制超高性能混凝土，结果表明蒸压养护可显著激发铁尾矿粉的活性，提高水泥水化程度，进而提高超高性能混凝土的抗压强度。

此外，一些学者对于铁尾矿用于蒸压加气混凝土的可行性也开展了大量研究。Cai 等[38]探究了铁尾矿细度和掺量对蒸压加气混凝土力学性能与水化特性的影响，发现铁尾矿掺量的增加对力学性能有负面影响，但铁尾矿细度的增加可以有效提高强度。Ma 等[39]确定了 A2.5B05 级铁尾矿蒸压加气混凝土的制备条件，揭示了在制备过程中铁尾矿在蒸压加气混凝土体系中矿物组成的转化演变，并对制品环境安全性进行了评估。罗立群等[40]以低贫钒钛铁尾矿为主要原料制备蒸压加气混凝土，其制品的抗压强度超过 3.5MPa，干体积密度为 620kg/m^3，达到了 A3.5B06 级合格品要求。Wang 等[41]利用铁尾矿和煤矸石制备蒸压加气混凝土，其抗压强度为 3.68MPa，干体积密度为 609kg/m^3，达到了 A3.5B06 级合格品要求，满足 GB/T 11969—2008 标准。

国内外对于铁尾矿制备各类建材制品也开展了大量探索，产品包括建筑砌块、墙材、透水砖[42]、空心砖[43]和黏土砖[44]等，还有制备铁尾矿陶粒[45]、微晶玻璃、涂料燃料[46]以及 3D 打印建材[47]等。

张丛香和钟钢[48]利用铁尾矿制备轻质保温墙板，墙板整体不脱层、不剥落并且无贯通裂缝，导热系数达到 0.14，吸水率为 14%，性能指标满足建筑使用要求。陈永亮等[49]利用铁尾矿与稻壳制备了轻质保温墙体材料（LTIWM），确定了最佳原料配比（铁尾矿 46%、膨润土 35%、稻壳 9%、长石 10%），LTIWM 的密度为 1.2294g/cm^3，抗压强度为 7.6MPa，导热系数为 0.2925W/(m·K)。刘俊杰等[50]利用铁尾矿、熟石灰、标准砂、水泥、石膏原材料（质量比为 100∶25∶22∶15∶2），在水固比 10%、成型压力 20MPa 的条件下，制备出 7d 抗压强度达 12.14MPa 的免烧砖。罗立群等[51]探究了铁尾矿-煤矸石-污泥复合烧结砖的可行性，得出了原料的最优配比、成型压力、烧结温度及保温时间，复合烧结砖的重金属离子浸出率满足 GB 5085.3—2007 规范要求。Luo 等[52]利用页岩、污泥、煤矸石粉和铁尾矿制备复合烧结砖，并测试了其容重、烧结收缩率、吸水率和抗压强度，确定了最佳制备条件（污泥含量、成型压力、烧结温度和保温时间）。Li 等[53]利用细粒低硅铁尾矿和无水泥固化剂制备出环境友好型砖，在防水剂和固化剂质量分数均达 0.3%、初始养护温度为 60℃的条件下，养护 28d 的抗压强度、饱和抗压强度分别达到 27.2MPa、24.3MPa，物理性能和耐久性均满足《非烧结垃圾尾矿砖》（JC/T 422—2007）要求。陈永亮等[54]以湖北某地低硅铁尾矿为主要原料，高岭土、石英砂、长石为辅料制备出瓷质砖，其产品符合国家标准《陶瓷砖》（GB/T 4100—2006）中对于干压瓷质砖的要求及《环境标志产品技术要求 陶瓷砖》（HJ/T 297—2006）中的规定。

潘德安等[55]研发了抗压强度为 7.65MPa、吸水率为 3.95%的泡沫陶瓷，铁尾矿掺量达到 55%，但烧成温度需达到 1160℃的高耗能问题尚未解决。李晓光等[56]以低硅铁尾矿为主要原料，使用膨润土和铝矾土作为调节基质，采用烧结法制备铁尾矿陶粒，当铁尾矿、膨润土、铝矾土的质量比为 7∶2∶1 时，在 1140℃温度下烧结 15min 可以制备出性能优异的 800 级陶粒。王德民等[57]以低硅铁尾矿为主要原料，黏土为黏结剂，煤粉为造孔剂，在焙烧温度 1160℃和保温时间 60min 的条件下，制成的陶粒符合《轻集料及其试验方法 第 1 部分：轻集料》（GB/T 17431.1—2010）中 900 级轻粗集料的技术要求。南宁等[58]采用烧结法制备了耐酸、耐碱质量损失率分别为 0.11%、0.13%的铁尾矿微晶玻璃，但是其晶化温度高达 900℃，高耗能问题尚待解决。

铁尾矿也用于筑路材料[59]，包括路基填料、路基土的改性加固材料等。刘甲荣等[60]将水泥与铁尾矿复配用于路基填筑，水泥添加量为 6%～8%时能够提高铁尾矿的水稳定性、无侧限抗压强度和抵抗局部压入形变的能力。张智豪等[61]研究了加入无机结合料对铁尾矿压实性能的影响，结果表明，铁尾矿掺量≥5%时，其路基填料的最小强度（CBR）值大于 80%，满足道路基层填料的要求。

虽然关于铁尾矿制备建材的研究较多，但技术较单一，产品附加值不高。大力发展尾矿建材能够充分体现可持续发展战略，必将为我国的矿产资源综合利用、环境保护、墙体材料革新以及发展新型建材开辟新途径。

3. 用于元素肥料及土壤改良剂

铁尾矿中富含植被所需的Zn、Mn、Cu、B、Fe、P等微量元素，应用到土壤中能够有效改善土壤的结构及酸碱性，提高农作物的产量。我国对于铁尾矿用于土壤改良进行了大量研究。崔照豪[62]采用植物-微生物联合修复技术，通过添加适量铁尾矿使得土壤由强碱性变为弱碱性，多种典型离子(Cu^{2+}、Zn^{2+}、Cd^{2+}、Pb^{2+}、Mn^{2+})的去除率均达 50%以上。铁尾矿颗粒细、比表面积大，可大幅提升土壤孔隙度，进而增强土壤的保水保肥能力。杨孝勇[63]设计的铁尾矿基组合改良剂对盐碱土壤的改良效果十分理想，满足植物正常生长条件。改良剂成分主要包括铁尾矿、脱硫石膏、碎秸秆、生物炭、有机肥。孙希乐等[64]利用铁尾矿及其副产品白云石、云母等设计出活化效果更佳的土壤改良剂，对酸性土壤改良具有良好效果。赵淑芳等[65]利用高硅型铁尾矿和NaOH溶液的水热反应，通过试验生产出高硅肥料。虽然该肥料对植物生长有一定帮助，但碱性过大导致烧苗现象，出苗率不高。张丛香等[66]于 2013～2015 年在东北某地利用铁尾矿改良剂成功改良了中、重盐碱地，使昔日的不毛之地变为金黄色的稻田。

4. 用于充填矿山采空区

矿山采空区给矿区生产带来极大安全隐患，利用铁尾矿回填采空区是大量处理尾矿和消除隐患的重要途径。张静文[67]利用铁尾矿-钢渣-脱硫石膏-粉煤灰-矿渣多固废粉体，通过优化胶砂比以及固废粉体之间的比例制备了两种满足矿山充填强度要求的料浆，充填体28d抗压强度分别为4.09MPa和5.98MPa。杨陆海[68]用铁尾矿替代河沙作为充填骨料，当充填料浆的质量分数为 73%～79%时，铁尾矿物理性能满足相关要求，可作为下向胶结充填采矿法的充填骨料。Ke等[69]探讨了不同细度铁尾矿对水泥浆充填体孔结构的影响，他们发现，铁尾矿细度增加使充填体总孔隙率增加。Chu 等[70]将河流沉积物(DRS)、铁尾砂(ITS)和电石渣(CCS)等用作矿山采空区的回填材料，以解决沉降问题。结果表明，当DRS与ITS的质量比为 7∶3、水泥质量占比为 16.7%时，流动性达到最大，坍落度值约为160mm，养护7d后的无侧限抗压强度约为2.8 MPa。

铁尾矿综合利用不仅能回收有价成分，提高资源利用率，还能变废为宝，改善生态环境，促进经济社会的可持续发展。铁尾矿综合利用的效益主要体现在以下四方面。

(1)资源效益：缓解工业领域对矿产资源的需求程度，缩减矿产资源开采规模，对固有矿产资源起到一定的保护作用[71]；

(2)经济效益：提升企业综合产值，进而为企业稳定经营发展提供充裕的流动资金；

(3)环境效益：减少环境污染，改善尾矿库周边生态环境；

(4)社会效益：在建设回收基地与后期运营生产中都需要大量人力资源，可以有效解决员工的就业问题，同时提高资源利用率，减少资源浪费，符合我国可持续发展的战略方针[72]。

1.3 铁尾矿活化研究现状

我国铁矿资源大多呈现杂、贫、细的特点，为了选出更多的铁精矿，许多企业不得不增大铁矿石的粉磨程度，铁尾矿中值粒径(D_{50})由200μm降至40μm左右，甚至更低。过细的铁尾矿不适合作为建筑用砂应用到混凝土中，因此对铁尾矿的综合利用逐渐向水泥混合材和混凝土掺合料发展。将磨细的铁尾矿微粉替代传统矿物掺合料应用于混凝土中，不仅可以解决铁尾矿处理和回收利用问题，还能够缓解我国大部分地区传统矿物掺合料资源供应不足的困难。

火山灰质材料本身几乎不具备胶凝性能，但在常温下，有水存在时能与$Ca(OH)_2$发生化学反应，进而生成水硬性产物。铁尾矿的化学组成与天然火山灰相似，成分以SiO_2、Al_2O_3为主，具有潜在的火山灰活性。然而与玻璃质、高活性的天然火山灰不同，大部分铁尾矿是由晶质矿物组成，需要通过一些活化手段来激发其活性。目前，铁尾矿活化方式主要有机械活化(从颗粒分布、特性出发)、化学活化(从矿物组成、结构出发)和热活化。

1.3.1 机械活化

机械活化是利用球磨、棒磨和振磨等方式减小铁尾矿颗粒的粒径，增大其比表面积，破坏其矿物结构，使其内部结构由不规则化转变为多相晶形，形成大量活性质点，从而对铁尾矿起到活化作用。在粉碎和细磨过程中，因受到机械冲击力、剪切力以及压力等的作用，凝聚状态下的矿物发生变化，产生晶格畸变、晶格缺陷以及局部破坏，矿物内能增大，从而反应活性得到增强。

不少学者从不同角度对铁尾矿机械活化进行了实验研究。Yao 等[73,74]在铁尾矿机械活化实验中发现铝硅酸盐矿物对活性增强起到关键作用。Yang 等[75]通过实验给出了铁尾矿作为掺合料的最优比表面积为 469m^2/kg，并建议掺量不宜超过30%。Cheng 等[76]通过添加减水剂使混凝土中的高硅型铁尾矿掺量从 30%提高到了 40%。蒙朝美等[77]明确了高硅型铁尾矿的最优粉磨时间为 3.5h，此时的铁尾矿掺量可达 48%。Lange 等[78]揭示了机械活化对铁尾矿掺量提高的作用机制，机械活化后的铁尾矿中拥有大量粒径小于 5μm 的细颗粒，这些细颗粒可以降低胶凝材料的初始水胶比，减少因水分蒸发而带来的空隙，进而提升水泥基材料的密实度。黄晓燕等[79]进一步定量分析了小于 5μm 的细颗粒群的分布状态，发现小于 5μm 颗粒的质量分数占整体颗粒群的 62.60%，同时颗粒群中含有大量亚微米级和纳米级颗粒。郑永超等[80]的研究使铁尾矿掺量大幅提高，在铁尾矿掺量高达 70%的情况下混凝土抗压强度达到 89MPa。李德忠等[81]通过对骨料粒度、第三级混磨时间和减水剂用量的优化，在铁尾矿掺量高达 70%的情况下将 28d 抗压强度提高到 97.63MPa。朴春爱等[82]对高铁尾矿掺量下混凝土强度依旧很高的机理进行了解释。

一些学者就机械活化铁尾矿与常用掺合料（矿渣粉和粉煤灰）对混凝土相关项性能的影响进行了比较研究。侯云芬和赵思儒[83]的研究表明机械活化后的铁尾矿粉与矿渣粉需要严格控制复掺级配，良好的级配是提高混凝土抗压强度的关键。刘娟红等[84]通过实验发现活化后的铁尾矿微粉对工作性能和抗压强度的改善效果都优于粉煤灰，但二者对混凝土耐久性影响都不大。Wu 等[85]采用 Bingham 塑性模型对铁尾矿砂浆的流变性能（屈服应力和塑性黏度）和力学性能（弯曲强度和抗压强度）进行了研究，实验结果表明机械活化后的铁尾矿对新拌砂浆的流变性能具有有利影响，可以克服颗粒粗糙和多棱角的不利影响。随着铁尾矿掺量的增加，其力学性能随之降低，但火山灰活性指数 28～90d 的增幅得到提高。Cai 等[86]利用机械活化后的铁尾矿和电石渣混磨使得蒸压加气混凝土抗压强度得到提高，且二者掺量高达 90%。此外，由于单一机械活化对铁尾矿活性提升效果并不显著，陈梦义等[87]探究了铁尾矿粉在不同养护制度下（标准养护、90℃热养及 200℃高温养）的活性变化情况，发现蒸压养护对铁尾矿粉活性提升效果最为显著。

1.3.2 化学活化

化学活化是通过掺入一定量的有机或无机化学激发剂来激发铁尾矿的活性。化学活化主要是使玻璃体中原有$[SiO_4]^{4-}$四面体结构中的共价键断裂，再重新组合，形成新的结构。目前对碱激发胶凝材料的研究比较多，碱性激发剂的作用主要是使粉体在碱性介质中受 OH^-离子的作用，原先聚合度较高的玻璃态网络中的部分 Si—O 和 Al—O 键发生断裂，形成不饱和活性键，进而促使网络解聚及硅铝的溶解扩散，加速形成水化物。化学激发剂主要包括以下几类：碱性激发剂［NaOH 和 $Ca(OH)_2$］、硫酸盐激发剂（Na_2SO_4 和石膏）、硅酸盐激发剂（固体硅酸钠和水玻璃）、碳酸盐激发剂（Na_2CO_3）、亚硝酸盐、铝酸盐以及明矾石等。

铁尾矿化学活化一般与机械活化同步进行，即在进行机械活化的同时加入化学试剂助力整个活化过程。Duan 等[88]探究了铁尾矿地质聚合物的性能变化，发现加入 20%铁尾矿可以使地质聚合物微观结构更致密，表面硬度更高；掺量低于 30%可以提高地质聚合物的抗热性能。Keoma 等[89]利用强碱激发使铁尾矿基地质聚合物抗压强度和弯曲强度分别达到 100MPa 以上和 20 MPa 以上 。刘淑贤等[90]以矿渣和铁尾矿为主要原料、NaOH 为激发剂、工业液体硅酸钠为结构模板剂，探究了不同制备条件下铁尾矿-矿渣地质聚合物 7d 和 14d 抗压强度，结果表明铁尾矿-矿渣地质聚合物 7d 最大抗压强度为 63.79MPa，14d 最大抗压强度为 71.25MPa。

1.3.3 热活化

热活化主要是通过煅烧物料中的结构水，使其处于介稳状态。与常温常压下的水相比，煅烧热活化作用下释放出的结构水极性较强，会对周边固体物料产生较强的蚀变作用。同时，在高温作用下，固相反应生成了介稳态物质，使得体系活性得到显著提高。

铁尾矿在高温煅烧的作用下表面和内部稳定的硅氧四面体和铝氧八面体配位结构会发生较大的改变，Si—O、Al—O 键发生断裂，原子排列出现不规则现象，呈现热力学介稳状态，因此具有较高的火山灰活性。

De Magalhaes 等[91]的研究表明，随着铁尾矿热活化温度的增加，铁尾矿着色水泥在酸侵蚀下质量损失较少且微观损伤较小，原因在于机械-热活化协同作用优化了铁尾矿火山灰活性。同时还发现改变活化温度可以调控着色水泥的颜色。易忠来等[92]的研究表明，在 700℃下铁尾矿经热活化后高岭石可以完全分解，进而胶凝活性得到提升；但温度进一步提高时，因为方解石分解产生的 CaO 会消耗高岭石分解产生的活性 SiO_2 和 Al_2O_3，导致胶凝活性再度下降。查进等[93]的研究发现，蒸压养护下富硅铁尾矿粉活性激发效果最为显著，主要是由于在蒸压条件下铁尾矿粉可以参与水泥水化反应，生成更多的水化硅酸钙(C-S-H)凝胶，进而促进强度的发展。经实验总结后得到富硅铁尾矿粉适宜细度为 500m^2/kg，适宜掺量为 20%。

1.4 矿物掺合料制备混凝土研究现状

水泥制备是高碳排放产业，其中有煤的燃烧，也有石灰石的分解。我国是水泥生产大国，目前水泥年产量已经接近 24 亿 t，占世界水泥总产量的 55%，每年排放的 CO_2 近 15 亿 t。水泥生产造成的巨大生态环境压力正促使水泥混凝土行业努力探求与环境协调的可持续发展之路。

矿物掺合料以其活性低、细度高、填充效应良好的特性，可以部分取代水泥作为胶凝材料应用到混凝土制备中。矿物掺合料用于混凝土制备，不仅可以满足各等级混凝土的强度要求，而且能够在耐久性等方面优于普通混凝土。矿物掺合料在混凝土行业中的广泛应用，既降低了能耗，又起到了环保的作用，完全符合当前绿色高性能混凝土的发展方向。

矿物掺合料在混凝土中的作用主要体现在以下三方面。

(1)形态效应：矿物掺合料的颗粒形态在混凝土中能起到减水作用；

(2)微集料效应：矿物掺合料的微细颗粒能够填充到水泥颗粒填充不到的孔隙中，使混凝土中浆体与集料的界面缺陷减少、致密性提高，从而大幅提高混凝土的强度和抗渗性；

(3)化学活性效应：矿物掺合料的胶凝性或火山灰活性将混凝土中尤其是浆体与集料界面处的大量 $Ca(OH)_2$ 晶体转化成对强度及致密性更有利的 C-S-H 凝胶，从而改善界面缺陷，提高混凝土强度。

《混凝土用复合掺合料》(JG/T 486—2015)指出：矿物掺合料发展的必然趋势是复合化，这样既能解决优质矿物掺合料供应不足的问题，又能提高矿物掺合料的应用水平。传统矿物掺合料如矿渣粉和粉煤灰由于其地域分布不均匀，在许多地区供应不足，因此亟须开发新的矿物掺合料应用到混凝土中。就粉煤灰而言，随着环境保护意识的增强以及“双碳”政策的实施，煤炭发电在能源结构中所占比例日益下降，电厂的粉煤灰排放明显缩减，而混凝土需求量仍在增加，这就加剧了掺合料的供需矛盾。而且，我国各地粉煤灰分布不均，质量参差不齐，山西、内蒙古等地粉煤灰资源较多，南部很多地区粉煤灰短缺问题比较严重。因此，在绿色高性能混凝土中科学应用矿物掺合料，既可以提高混凝土的各方面性能，又可以减少混凝土对水泥熟料的需求；既可降低煅烧水泥熟料产生的大气污染物排放，又可使固废材料得以有价应用，从而实现环境效益、资源效益和经济效益的综合提升。

1.4.1 矿渣粉

矿渣的全称为粒化高炉矿渣，是炼铁炉中浮于铁水表面的熔渣，排除时用水急冷，得到水淬矿渣。矿渣粉是将这种粒状高炉水淬矿渣干燥，再采用专门的粉磨工艺磨至规定细度，其活性比粉煤灰高，其主要化学组成为 CaO、SiO_2、Al_2O_3 和 Fe_2O_3 等。根据比表面积和活性指数可以把矿渣粉分为 S75、S95、S105 三个等级，等级越高，比表面积越大。粒径大于 45μm 的矿渣颗粒很难参与水化反应，因此用于高性能混凝土中的矿渣粉要求其比表面积超过 $400m^2/kg$；但矿渣粉的比表面积也不宜过大，要综合考虑混凝土温升、自收缩以及电耗成本等诸多因素确定最佳比表面积。从生产施工的实际经验中发现，矿渣粉比表面积在 600～

$950m^2/kg$ 范围对混凝土强度的提高效果最为显著。

张洁等[94]全面系统地揭示了矿渣在不同龄期对复合浆体的作用机理。3d 时矿渣在复合浆体中仅起到微集料物理填充效应；7d 时矿渣火山灰活性显现，硬化浆体密实度逐渐提高；28d 时在掺量分别为 10%、20%、30%和 50%时，硬化浆体强度分别为纯水泥样品的 113.87%、120.94%、124.10%和 115.18%。矿渣最佳掺量为 30%且水化产物总量变化不大，养护 7d 和 28d 时水化产物结晶点增多，结晶体尺寸小且排列紧密，结构整体致密。

在明确矿渣粉在不同龄期下的作用机理的基础上，研究集中于矿渣粉等级和掺量对不同种类混凝土性能的影响。向鹏等[95]研究了矿渣粉掺量对普通混凝土收缩的影响。同一掺量下，S95 矿渣粉的收缩率高于 S75。当矿渣粉掺量超过 25%时，混凝土收缩比较明显，收缩幅度也同步提升；当矿渣粉掺量超过 30%时，混凝土出现轻微泌水现象，不利于泵送施工。Shen 等[96]探究了矿渣粉掺量对内养护高性能混凝土早期开裂性能的影响。随着矿渣粉含量的增加，自收缩应变、残余拉应力、应力松弛、开裂电位参数和应力速率均降低；基于开裂电位参数和应力速率的早期开裂电位随矿渣粉含量的增加而降低。李晟文和李果[97]探究了矿渣粉加入后对自密实混凝土碳化性能的影响。矿渣粉对混凝土抗碳化能力的综合影响较好，矿渣粉加入自密实混凝土后需要较长时间的养护，待二次水化反应充分后，微集料效应发挥出的效果更加明显，其抗碳化能力也显著提高。

掺入矿渣粉后会造成混凝土早期水化热过高的问题，一些研究者将矿渣粉与其他固废粉体进行复配来解决这一问题。Zhao 等[98]研究发现矿渣-粉煤灰复合掺合料应用于自密实混凝土中可以增加初始坍落度，减少坍落度损失，延长水泥的凝结时间。在耐久性方面，尽管矿渣粉与粉煤灰的掺入使得自密实混凝土碳化深度增加，但氯离子扩散系数和干缩都得到降低。Liu 等[99]对比了超细矿渣粉和钢渣粉对胶凝材料水化性能的影响。超细矿渣粉对胶凝材料的初期和后期水化均有促进作用，但钢渣粉对后期水化的促进作用较大，对初期水化的促进作用较小。

1.4.2 粉煤灰

粉煤灰又称为飞灰，是由在高温锅炉中燃烧磨细的煤粉再捕集获得的细灰。粉煤灰颗粒大多数呈球形，粒径在微米级别。粉煤灰作为矿物掺合料起初仅用于大体积混凝土，主要发挥其降低混凝土早期水化反应温升从而降低开裂风险的作用。Zhao 等[100]探究了在超高粉煤灰掺量下（80%粉煤灰、0.26 水胶比）大体积混凝土的蠕变与热开裂情况。与常规粉煤灰掺量（35%粉煤灰、0.43 水胶比）的大体积混凝土相比，超高粉煤灰掺量可以降低水化温升、压缩蠕变和拉伸蠕变。粉煤灰掺入混凝土后不但可以增强新拌混凝土的工作性能，也使混凝土耐久性得到提升。

粉煤灰通常有低钙粉煤灰和高钙粉煤灰两种，我国粉煤灰以低钙粉煤灰为主。低钙粉煤灰中 CaO 的含量通常小于 10%，反应初期火山灰活性低。余舟等[101]对比了不同等级粉煤灰对混凝土各项性能的贡献作用。对于混凝土抗压强度、轴向拉伸强度和极限拉伸值，Ⅰ级粉煤灰优于Ⅱ级粉煤灰；对于抗冻性，则Ⅱ级粉煤灰更好；在同强度等级和水胶比条件下，Ⅰ级粉煤灰对混凝土的抗冲磨强度提升更多。

已有很多关于粉煤灰作为矿物掺合料应用于不同种类混凝土的研究。崔正龙等[102]探究了不同养护环境下粉煤灰掺量对再生混凝土强度和碳化性能的影响。实验结果表明：在相同养护条件下，掺粉煤灰的再生混凝土的长期强度发展更优；随着粉煤灰掺量的增加，再生混凝土早期强度明显降低；在相对较高温度(35℃)下养护能够加速粉煤灰的火山灰反应，对提高混凝土的强度及抗碳化性能非常有利。Wang 等[103]探究了粉煤灰微球(FAM)对胶凝材料水化硬化过程及高强混凝土宏观性能的影响。结果表明，FAM 具有较高的早期活性；尽管 FAM 对硬化浆体早期孔结构的改善低于硅灰，但 FAM 可以显著改善后期孔隙结构。此外，FAM 还可以改善混凝土的流动性、后期强度和氯离子渗透性，同时减少早期自收缩。李悦等[104]研究了粉煤灰掺量对高强混凝土盐冻环境下耐久性的影响。结果表明：在相同冻融循环次数下，随着粉煤灰掺量的增加，试样的质量损失率逐渐上升；粉煤灰掺量越高，混凝土的相对动弹性模量下降越明显。曹润倬等[105]系统研究了超细粉煤灰(UFA)对超高性能混凝土(UHPC)流变性、力学性能、孔结构及微观结构的影响。结果表明：在 UFA 掺量小于 50%时，对 UHPC 流动性的改善效果最佳，UHPC 浆体的屈服应力和塑性黏度也显著降低；UHPC 的抗压强度和抗折强度随 UFA 掺量的增加而提高，当 UFA 掺量达到 100%时，UHPC 抗压强度和抗折强度分别达到峰值 167.2MPa 和 25.2MPa。彭艳周等[106]探究了粉煤灰掺量对膨胀混凝土抗压强度、抗冻性(抗水冻和抗盐冻)、抗氯离子渗透性的影响。结果表明：随着粉煤灰掺量的提高，混凝土 28d 抗压强度降低，抗冻性和抗氯离子渗透性变差，原因在于在需水量和水胶比相同的条件下，粉煤灰掺量增加时，混凝土中因水泥用量减少而导致水化产物数量减少，水泥石微观结构密实度下降。Demir 和 Sevim[107]通过对粉煤灰颗粒级配进行优化，显著改善了砂浆吸水性能和氯离子渗透性，优化后粉煤灰掺量提高了 10%。Satpathy 等[108]探索了以粉煤灰微珠(FAC)和烧结粉煤灰集料(SFA)分别替代天然细集料(NFA)和天然粗集料(NCA)，制备可持续轻质混凝土(LWC)的可行性。研究发现含 50%FAC 和 50%SFA 的轻质混凝土符合 ACI 213R-03 要求。Liu 等[109]阐明了粉煤灰对轻质泡沫混凝土的加固机理。28d 后粉煤灰的火山灰反应和水泥的水化反应共同作用使轻质泡沫混凝土结构更致密。从特征孔隙参数和水化产物来看，粉煤灰的建议掺量约为 25%。Lopez-Carrasquillo 和 Hwang[110]研究了粉煤灰和纳米材料对透水混凝土抗压强度、耐久性、渗透性、水质性能和制备成本的影响。研究表明粉煤灰掺量达到 60%时对强度和耐久性的不利影响最大。

充分利用粉煤灰的活性效应、形态效应和微集料效应，可以使胶凝材料掺量达到 50%以上，不仅可以提高混凝土的强度，同时还可以有效改善混凝土的耐久性。

1.4.3 硅灰

硅灰也称凝聚硅灰或活性硅。硅铁合金和高纯度石英冶炼硅的工厂在冶炼过程中排出烟尘，从中提取到超细粉末，经过还原再氧化过程得到 SiO_2 含量 90%以上的粉末，这就是硅灰。无定形结构的非晶体硅灰的化学性质不稳定，利用其高火山灰活性可以实现高强、超高强水泥基材料的制备。Lee 等[111]阐明了微硅粉在 UHPC 中的水化作用机理。具有高火山灰活性的微硅粉能促进 C-S-H 凝胶中铝对硅的取代，使 UHPC 结构更为致密，而填充效应的增高限制了 $Ca(OH)_2$ 的消耗，即使在高温养护后，AFm 相数量也相当高。在表现出高填充效应的 UHPC 中，C_3S 和 C_2S 在后期发生进一步水化，增加了 C-S-H 中 Q^1 位点，降低了 10nm 以下孔径区域的孔隙率。因此，UHPC 的抗压强度得到显著提高。Bingoel 和 Tohumcu[112]探究了三种养护条件下不同硅灰掺量对自密实混凝土抗压强度的影响。研究发现硅灰掺量为 15%且在水养护条件下 28d 混凝土抗压强度达到峰值。含矿物掺合料的混凝土在蒸汽养护条件下强度提高比较明显。硅灰的作用主要体现在三方面：颗粒填充效应、火山灰活性效应以及孔隙溶液化学效应。

1.4.4 铁尾矿粉

铁尾矿粉能否作为胶凝材料应用于混凝土中，主要取决于其是否具有火山灰活性以及活性的大小。与矿渣和粉煤灰相比，铁尾矿的优势在于含有丰富的硅，然而，要实现胶凝材料的制备通常要求铁尾矿具有一定的火山灰活性，而铁尾矿的火山灰活性较低。因此，对铁尾矿粉作为活性与非活性掺合料的研究成为焦点。

Han 等[113]探究了铁尾矿粉对胶凝材料早期水化特性的影响，研究发现铁尾矿粉早期水化反应活性较低，可以通过增大铁尾矿粉细度来改善净浆和砂浆的性能，在低水胶比下铁尾矿粉对水化的促进效果比较明显。宋少民等[114]探究了铁尾矿微粉对混凝土水化后期强度、耐久性、孔结构及微观形貌的影响。结果表明：铁尾矿微粉掺量为 20%时，混凝土抗压强度基本不降低且对后期强度发展有促进作用，混凝土后期抗碳化和抗氯离子渗透能力有一定的提高；适量添加铁尾矿微粉可以使硬化体内部缺陷减少，有害孔和多害孔数量减少，而且铁尾矿微粉比表面积越大，对水泥-铁尾矿微粉硬化体的孔结构优化作用越显著。马雪英[115]系统研究了不同比表面积铁尾矿粉在不同水胶比、不同掺量和不同复合比例下的混凝土强度，引入强度影响系数和强度贡献率来分析铁尾矿粉对混凝土强度的影响规律。研究表明：随着铁尾矿粉掺量的增加，同龄期混凝土早期强度逐渐减低，但后期强度增幅明显；随着水胶比的降低，同龄期混凝土单位强度贡献率显著提高。

王安岭等[116]发现将铁尾矿粉与矿渣粉复配可以制备出具有较高水化活性的辅助胶凝材料。程兴旺[117]探究了铁尾矿粉-矿渣粉复合掺合料对混凝土抗压强度、抗氯离子渗透性、冻融质量损失率和相对动弹性模量的影响。结果表明：当铁尾矿粉-矿渣粉复合掺量为30%时，混凝土后期强度提高最为明显；当铁尾矿粉-矿渣粉复合掺合料总掺量保持不变、复掺比例为3∶7时，在成本上的性价比最高。张伟等[118]在铁尾矿粉-矿渣粉复合掺合料体系中引入粉煤灰，探究了铁尾矿粉-矿渣粉-粉煤灰复合掺合料对混凝土坍落度、抗压强度的影响。发现随着铁尾矿粉掺量的增加，混凝土坍落度先增大后减小，抗压强度下降明显，铁尾矿粉的适宜掺量为15%。

除了对矿渣、粉煤灰与铁尾矿粉复配的研究外，对铁尾矿-钢渣复合掺合料的研究也是热点之一。Han等[119]研究发现铁尾矿粉大掺量加入可以降低混凝土的总温升，但对混凝土后期性能有不利影响，此时可以通过降低水胶比或加入钢渣来提高铁尾矿粉掺量并保证混凝土后期性能。此外，Han等[120]在开展蒸汽养护工艺用于铁尾矿预制混凝土的研究中发现，当单独掺入50%铁尾矿粉时，预制混凝土的性能不佳，但利用50%的铁尾矿粉-钢渣复合掺合料后，预制混凝土的性能得到大幅改善。Han等[121]进一步研究了弥补铁尾矿粉-钢渣复合胶凝材料早期强度不足的可行措施，即通过掺入一定量的石膏弥补早期强度不足，但对后期性能产生的负面影响并未得到解决。总体来看，大掺量铁尾矿粉-钢渣复合掺合料可以用于高性能绿色混凝土的制备。此外，张肖燕等[122]重点研究了铁尾矿粉作为惰性掺合料对混凝土力学性能、抗冻性能和抗渗性能的影响。结果表明：铁尾矿粉掺量为23%时，混凝土强度增长较快，相对于基准混凝土而言，铁尾矿粉混凝土28d强度增长了29%；铁尾矿粉的掺入对混凝土的抗冻性能和抗渗性能均有不同程度的改善。

综上所述，矿物掺合料对水泥混凝土中水化和微观结构演变的影响，主要分为物理作用和化学作用。物理作用主要是填充效应，对于颗粒填充效应的机理解释主要有以下几点：

(1)由于矿物掺合料取代部分水泥，提高了真实的水灰比，从而使更多的水分能够参与到水泥水化的进程中，并且可以为水化产物的生长提供更多的空间；

(2)对于粒径较小的颗粒，由于其具有较大的比表面积，可以为水泥水化产物C-S-H提供更多的晶核位点，进而促进水泥水化的进程；

(3)颗粒间距影响颗粒之间的剪切作用，间距越短，颗粒间剪切力越大。在拌合物搅拌过程中，颗粒的剪切作用扰乱了水泥颗粒周围溶解离子形成的双电子层，加速了处于溶度梯度内离子的迁移运动，使水泥颗粒能够更好地被分散，有助于搅拌过程中经水化反应形成的C-S-H微小晶核移动到颗粒表面或者孔隙中[123,124]。

由于不同矿物掺合料的化学成分、矿物组成及活性组分等不同，其表现出的化学性质也不尽相同。除少数惰性或几乎惰性的材料外，矿物掺合料大致可以分为水硬性材料和火山灰质材料。水硬性材料指的是在少量激发剂下能够依靠自身的化学组分形成胶凝性的物质，这与波特兰水泥类似。火山灰质材料指的是硅质或铝质材料在常温且一定湿度条件下，能与$Ca(OH)_2$发生化学作用产生胶凝性的水化产物，如硅灰、偏高岭土等。

国内外学者对矿物掺合料的开发与应用进行了大量实验研究，一些成果已经在现场工程得到示范应用，一些成果目前尚处于实验室研发阶段，还需进一步深入研究。水泥基材料中掺入不同种类矿物掺合料所产生的效应是不同的，并且每种矿物掺合料存在各自的优势和劣势。因此，对于水泥制品与混凝土行业来讲，亟须研发活性较高且存量较广以及物料组成和性能都相对稳定的高品质矿物掺合料。

1.5 绿色混凝土与固废混凝土研究现状

1.5.1 绿色混凝土

绿色混凝土是普通混凝土发展到高强混凝土阶段后，进一步结合可持续发展理念而衍生出的混凝土新概念。绿色混凝土是指既能减少环境负荷，又能与自然生态系统协调共生，为人类构造舒适环境的混凝土材料[125]。“绿色”包含三个层面的意义：第一层面是使用工业废弃物和建筑废弃物作为原料，降低水泥的用量和“三废”的排放量；第二层面是具有良好的使用性能，在环境协调性和功能性方面更智能化；第三层面是在全生命周期循环中尽可能延长使用寿命，使拆除物更易回收和循环利用，以达到低碳排放的目标。

绿色混凝土根据不同的性能特点，衍生出了很多品种，包括既能消纳工业废弃物又能提高耐久性的绿色高性能混凝土、无熟料或少熟料的节能混凝土、利用再生骨料制备出的节材混凝土、高粉体含量无须振捣的自密实混凝土、与植物共生的生态混凝土和高渗透性能的透水混凝土等。不难看出，混凝土原料的可持续供给和混凝土材料服役寿命是绿色混凝土研究的主要内容，这当中最重要的研究方向就是矿物掺合料的多元复合技术。

1997 年，吴中伟[126]提出“绿色高性能混凝土”的概念，现已成为混凝土的重要发展方向。混凝土在将来是否可以长期作为建筑行业的主要建筑结构材料，取决于低碳混凝土技术的深入开发和广泛应用。绿色高性能混凝土将是未来混凝土发展的必然选择。刘娟红和宋少民[127]对绿色高性能混凝土给出以下定义：“绿色高性能混凝土是依据先进现代混凝土理念和技术，在合理结构设计与严格施工措施下，减少水泥熟料用量，大量采用固体废弃物制备出的具有高体积稳定性和高耐久性的结构混凝土。”可以看出，利用固体废弃物作为原材料中的一部分加工混凝土是绿色高性能混凝土的内在需求。

对于绿色概念的含义随认识的不断深化，将会不断扩展，主要可概括为：节约资源、能源；不破坏环境，更有利于环境；可持续发展，满足当代和后代人的需求。因此，基于各种矿物掺合料的不同特性构建协同作用的多元掺合料是绿色高性能混凝土研发的重要方向。

低碳发展正在成为中国经济最重要的主线。2021 年 10 月 26 日，国务院发布了《2030 年前碳达峰行动方案》，在其中的“推动建材行业碳达峰”章节中，明确指出要“加强新型胶凝材料、低碳混凝土、木竹建材等低碳建材产品研发应用”。“低碳混凝土”的概念首次出现在国务院颁发的重要文件中，意味着低碳混凝土将在国家推动实现“双碳”目标的历史性进程中，成为建材产业中的一个重要引擎和推手，承载和寄托着全行业低碳发展的期待与希望。

所谓“低碳”就是减少二氧化碳的排放量。我国是世界上水泥生产第一大国，连续数年年产量都达到 22 亿 t 以上，水泥产业成为我国最大的碳排放源之一。而在产业链上，混凝土是距水泥最近的一门产业，水泥的全部产能产量几乎都需要混凝土与水泥制品承接与转化成产品或部品。因此，低碳混凝土要从混凝土整个寿命周期内的总碳排放来考量，包括原材料生产、混凝土服役使用、维护和维修，直至拆除的全生命周期内的碳排放。

水泥熟料的碳足迹主要来源于其自身生产制造过程中碳酸盐分解及煤的燃烧排放。水泥的碳足迹主要取决于水泥熟料的碳足迹，混凝土的碳足迹则取决于水泥的带入碳足迹。按全生命周期碳足迹衡量，水泥在混凝土的碳足迹中约占 80%；其次是运输碳足迹，约占 9%。而在建筑碳足迹中，混凝土、钢材等建筑材料的碳足迹，根据建筑形式不同占 8%～20%。混凝土的碳排放中，90%以上来自水泥的碳排放。因此，降低混凝土的碳排放本质上是要降低水泥的碳排放。对于低熟料水泥，需合理使用矿渣、粉煤灰等辅助性胶凝材料。

从全国来看，目前高炉矿渣的利用率几乎为 100%，粉煤灰利用率大约为 70%，而钢渣、建筑垃圾等的利用率较低。降低水泥的碳排放，不仅需要实现水泥产品的低碳化，而且需要实现水泥生产过程的低碳化。例如，开发替代燃料，每替代 10%的煤，吨熟料的碳排放可降低 20～30kg。此外，低碳混凝土还可以从骨料的角度来降低水泥的用量，如开发精品骨料。因此，应用级配和粒形良好的砂石骨料来减小空隙率，同时采用大掺量矿物掺合料以及品质良好的外加剂，可实现低水泥用量、低用水量的混凝土配制，并获得良好应用效果。

提高混凝土的耐久性，延长结构的使用寿命，是发展“低碳混凝土”的应有之义。当今影响混凝土结构耐久性的最重要因素，来自混凝土中的水泥熟料粉磨细度大、水化快、用量高、温升大且迅速，造成所谓的热裂缝(thermal cracking)。根据德国慕尼黑大学教授 Springenschmid 率领多位研究生历时 20 余年的研究，热裂缝已经代替干缩成为近几十年来钢筋混凝土出现开裂并且造成结构耐久性危机的主因。低碳混凝土正是针对当今水泥活性高、粉磨细度大，且在混凝土中用量不断加大所带来的弊病，通过优化骨料填充效应减小其堆积体的空隙率，同时采用大掺量矿物掺合料，大幅度降低拌合物用水量和水泥用量，达到满足工程施工对拌合物和易性以及硬化后混凝土各项性能指标要求的目标。

近几年，国内河沙资源日趋枯竭，机制砂生产与应用异军突起，质量也在不断提升。这为我国混凝土走向低碳提供了一个良好契机。机制砂与天然沙是两种不同的材料，在应用过程中不能将二者简单地进行置换。机制砂棱角多、表面粗糙，需要用良好的石子级配去减小空隙率，用更多的浆体去润滑和填充。所以在改善石子级配的同时，增大粉煤灰或其他掺合料用量并适当增加含气量，同时减少水化快、亲水性强的水泥用量，是用机制砂配制混凝土的“诀窍”。提高机制砂的品质，必须在原岩破碎之前筛掉或冲洗掉覆土，遵循优胜劣汰规律才能获得优良效果。

促进低碳混凝土发展与应用的措施有以下几方面：

(1) 加大政策引导，努力提升装配式技术的应用比例，拓展混凝土预制桩、预制构件等在工程建设各个领域中的应用范围；

(2) 持续提升预制构件的各种性能，开发适用于各类工程、各种使用条件的高性能预制混凝土制品，将混凝土制品和生态环境功能的改善有效融合，充分发挥预制混凝土制品的“低碳”功能属性；

(3) 降低预制混凝土产品生产中的能源消耗，淘汰落后产能，提升清洁能源的使用比例，通过设备改进和升级降低电耗与煤耗；

(4) 提高工业固废在预制混凝土制品中的使用比例，加强制品生产过程中废弃物的循环利用。

1.5.2 固废混凝土

矿渣、粉煤灰、钢渣、精炼渣、煤矸石、尾矿等固废粉体材料，含有不同比例的硅铝成分，拥有制备胶凝材料的潜质。因此将多种固废粉体复合后用于混凝土中，发挥各组分的特长，有助于提高混凝土的综合性能。

崔孝炜等[128]以钢渣、矿渣和脱硫石膏为主要原料，研究了钢渣掺量对全固废混凝土强度的影响，给出了最优原料复配方案。在脱硫石膏的激发作用下，钢渣和矿渣可以相互促进水化，水化产物以钙矾石（AFt）和水化硅酸钙（C-S-H）凝胶为主。反应后期水化产物数量迅速增加，针棒状的 AFt 晶体穿插于 C-S-H 凝胶之中，使得硬化浆体的结构更加致密，整个混凝土体系的稳定性显著提高。刘晓圣等[129]利用钢渣、矿渣和脱硫石膏制备全固废泡沫混凝土，研究了发泡剂稀释比例和养护温度对其抗压强度的影响。实验表明：当发泡剂稀释比例为 1∶40 且养护温度为 70℃时，体积密度为 600kg/m^3 的泡沫混凝土的 28d 抗压强度可达到 6.29MPa，强度来源于大量 AFt 的生成。Duan 等[130]研究了粉煤灰、脱硫石膏和转炉渣复合胶凝体系的抗压强度协同效应。实验表明：三元体系>二元体系>一元体系，协同效应主要出现在 28d，此时抗压强度最高且吸水率最低；协同效应主要源于三元体系可以产生更多的钙硅比较低的 C-S-H 凝胶和 AFt。吴鹏[131]的研究表明，以废石和尾矿替代混凝土中的粗细骨料，强度几乎无损失的同时对混凝土降低收缩率、提高抗裂能力和抗碳化性能都有积极作用。Suk 和 Cheol[132]探究了利用转炉渣（掺量大于 30%）、精炼渣（掺量为 10%～20%）、水泥（掺量为 50%）和少量石膏制备胶凝材料的可行性。实验表明多固废混凝土强度几乎不损失且早期强度较高，精炼渣与转炉渣的复合使用可以有效克服大掺量转炉渣对早期强度的不利影响。Wang 和 Suraneni[133]通过火山灰实验证明了在体系中碱度足够大的条件下，矿渣比转炉渣更容易与 $Ca(OH)_2$ 发生二次水化反应，转炉渣比精炼渣更容易与 $Ca(OH)_2$ 发生二次水化反应。如果富含钙、铝元素的精炼渣能够很好地发挥早强作用，并给体系提供足够的碱度，那么它将成为取代水泥的良好组分。

第一部分　铁尾矿基掺合料性能研究

本部分对铁尾矿活化及不同体系的铁尾矿基掺合料性能进行了系统的实验研究。第 2 章研究铁尾矿的活化问题，通过对铁尾矿进行不同研磨时间的机械活化实验和加入不同化学活化剂的机械化学耦合活化实验，分析不同活化条件对铁尾矿活性的影响，得出适宜的研磨时间和化学活化剂。第 3 章～第 5 章分别研究三种铁尾矿基掺合料体系的胶凝活性，这三种体系为铁尾矿与粉煤灰和矿渣粉构成的 IFG 体系、铁尾矿与陶瓷粉和钢渣粉构成的 ICS 体系、铁尾矿与磷渣和锂渣构成的 IPL 体系。通过实验，研究 IFG、ICS 和 IPL 三元体系的胶凝活性随铁尾矿活化条件、水胶比、水泥取代率、三元体系配合比等参数的变化规律，得出这些参数的适宜取值，并分析掺合料体系的水化机理。

第2章

铁尾矿的机械化学耦合活化

铁尾矿用于制备混凝土掺合料是一种在建筑行业大量消耗铁尾矿的途径，由于铁尾矿中大量的晶体二氧化硅很难发生二次水化反应，因此其在建筑行业中的应用主要是作为机制骨料。铁尾矿本身不具备胶凝活性，必须对其进行活化后才可以用作混凝土掺合料。经历活化后的铁尾矿具备部分火山灰活性，存在发生二次水化反应的可能性，可以用于开发新型胶凝材料，提高铁尾矿的附加价值，在带来经济效益的同时实现铁尾矿的资源化利用。

本章以高硅铁尾矿为研究对象，对其进行机械化学耦合活化实验，测试其活性指数，研究机械化学耦合活化参数对铁尾矿活性指数的影响及其发展规律。采用激光粒度与比表面积分析（BET）、扫描电子显微镜（SEM）、X射线衍射（XRD）、X射线荧光（XRF）光谱与X射线光电子能谱法（XPS）等微观检测手段，对铁尾矿在机械化学耦合活化过程中的颗粒特征、微观形貌、元素表面结合能、结晶度的变化进行分析研究，探索铁尾矿胶凝活性的来源，为铁尾矿的活性增长提供理论依据。

2.1 实验概况

2.1.1 实验材料

水泥为辽宁省抚顺市抚顺水泥股份有限公司生产的P.I42.5级基准水泥，高硅铁尾矿（IOTs）取自辽宁省本溪市歪头山地区铁矿，标准砂为中国ISO标准砂，水为自来水，化学活化剂为天津科茂责任有限公司生产的纯度大于99%的NaOH、Na_2SiO_3、Na_2SO_4。铁尾矿的化学成分与含量见表2.1。

表2.1 铁尾矿的化学成分与含量（质量分数） （单位：%）

项目	SiO_2	Fe_2O_3	Al_2O_3	CaO	SO_3	MgO	K_2O	Na_2O	TiO_2	MnO
含量	62.25	14.37	4.78	7.76	0.47	6.33	1.39	1.34	0.53	0.21

2.1.2 实验方案

本实验基于机械活化理论[134]测试不同机械研磨时间与化学活化剂种类对铁尾矿活性指数的影响。铁尾矿均以 30%的取代率代替水泥，水泥胶砂试件分组见表 2.2。机械研磨时间取 4 个时间梯度，分别为 0h、1.5h、2h、2.5h，其中 1.5h 作为基本组。化学活化剂包括 NaOH、Na_2SiO_3(模数=1)、Na_2SO_4，其中 Na_2SiO_3 为基本组，化学活化剂均以铁尾矿质量的 0.5%掺入。

表 2.2 水泥胶砂试件分组

试件编号	研磨时间/h	化学活化剂	水泥取代率/%	水胶比
0	0	—	0	0.5
IOT-1	0	—	30	0.5
IOT-2	1.5	—	30	0.5
IOT-3	2	—	30	0.5
IOT-4	2.5	—	30	0.5
IOT-5	1.5	NaOH	30	0.5
IOT-6	1.5	Na_2SiO_3	30	0.5
IOT-7	1.5	Na_2SO_4	30	0.5

本实验采用 XQM-4 立式行星球磨机(图 2.1)。对烘干后的铁尾矿进行 1.5h、2h、2.5h 机械研磨，得到对应研磨时间下的铁尾矿粉。机械化学耦合活化下的铁尾矿粉制备方法为：将化学活化剂以 0.5%掺量与烘干后的铁尾矿粉均匀混合后，放入 XQM-4 立式行星球磨机中混合研磨 1.5h。

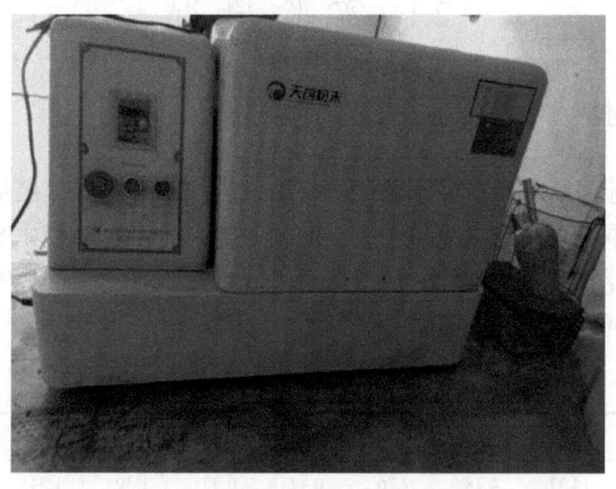

图 2.1 XQM-4 立式行星球磨机

2.1.3　试件制备养护与强度测定

依据国家标准《用于水泥混合材的工业废渣活性试验方法》(GB/T 12957—2005)，对铁尾矿的活性指数进行测试。水泥胶砂试件的抗折强度、抗压强度依据现行国家标准《水泥胶砂强度检验方法(ISO 法)》(GB/T 17671—2021)测试。

(1)材料称量与模具准备。称量每组需要的水、水泥、铁尾矿粉、标准砂的质量，采用 40mm×40mm×160mm 棱柱钢模，清理模具的内外表面，并在模具内壁均匀刷涂润滑油。

(2)搅拌。首先将标准砂加入 JJ-5 型搅拌机的漏斗中，将称量好的水置于搅拌机的搅拌缸中，然后加入称量好的水泥与铁尾矿粉，调节自动模式，开始搅拌。

(3)成型。搅拌机搅拌结束后，将胶砂分两次装入试模中，第一次用拨料器将拌合物填入模具深度的约 1/2 处，开始第一次振实，振实时长为 60s。然后开始第二次填料，用拨料器将剩余部分拌合物全部填入试模中，并用拨料器将边缘处溢出的拌合物涂抹均匀，填料结束后进行第二次振实，振实时长为 60s。第二次振实结束后，取出试模并用钢尺将表面溢出的浆体抹平，然后将试模静置于地面，并用不透水的塑料薄膜置于试模顶面，静置 24h 后拆模。

(4)拆模。对静置 24h 后的试件进行编号、拆模。

(5)养护。采取水中养护形式，将拆模后的试件置于水箱中，加水没过试件表面，放置于标准养护室，养护至 7d、28d，进行力学性能测试。

(6)强度测定加载制度。抗折强度测定：将水泥胶砂试件的一个侧面放在试验机支撑圆柱上(禁止折成型面)，试体长轴垂直于支撑圆柱，通过加荷圆柱以 50N/s 的速率均匀将荷载垂直加在棱柱体相对侧面上，直至折断。保持两个半截棱柱体处于潮湿状态直至抗压实验。抗压强度测定：抗压强度实验通过规定的仪器与夹具，在半截棱柱体的侧面上进行，半截棱柱体中心与压力机压板受压中心差应在 0.5mm 内，棱柱体露在压板外的部分约有 10mm，以 2400N/s 的速率均匀加荷直至破坏。

2.2　铁尾矿粉颗粒特征

2.2.1　比表面积与粒度分布

不同研磨时间下铁尾矿粉的比表面积如表 2.3 和图 2.2 所示，研磨时间从 0h 增至 2h，铁尾矿粉的比表面积大幅增加，研磨时间从 2h 增至 2.5h 比表面积出现下降，2h 机械研磨得到的铁尾矿粉的比表面积最大。研磨时间超出 2h 后，粉体表面的分子间作用力增强，产生团聚现象，从而导致了比表面积下降。铁尾矿粉的粒度分布见图 2.3。机械研磨使铁尾矿颗粒产生小于 1μm 的细微颗粒，研磨时间的增加使小于 1μm 的细微颗粒增多，颗粒级配得到改善。但无法通过研磨产生小于 0.1μm 的超细粉。

表 2.3 不同研磨时间下铁尾矿粉的比表面积

项目	研磨时间/h			
	0	1.5	2	2.5
比表面积/(m^2/kg)	45.6	1290	1587	1311

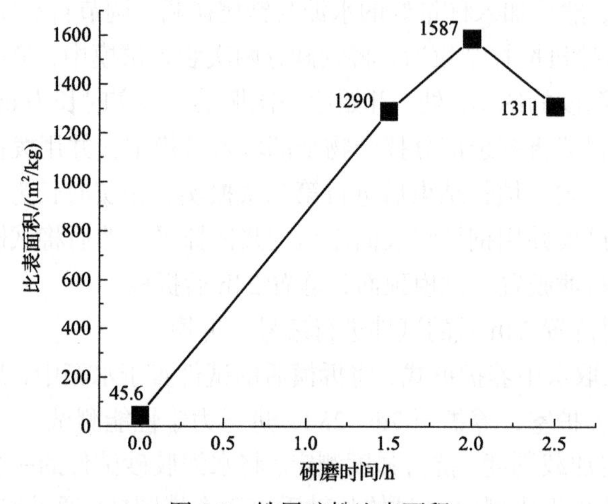

图 2.2 铁尾矿粉比表面积

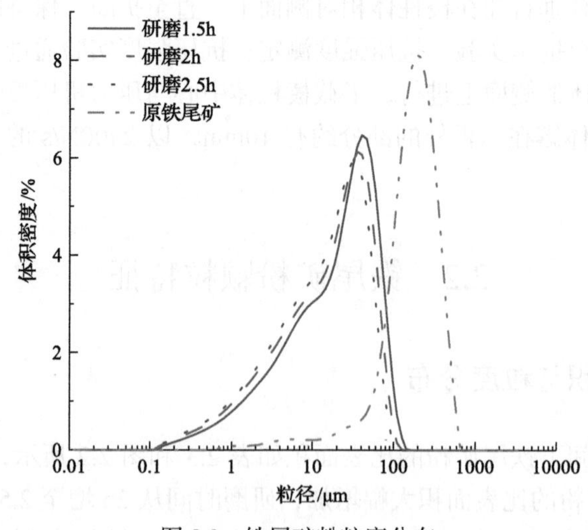

图 2.3 铁尾矿粉粒度分布

2.2.2　微观形貌

不同研磨时间下铁尾矿粉的微观形貌见图 2.4。原铁尾矿颗粒呈多棱角不规则多面体形态，颗粒较为粗大，无细小颗粒。经过机械研磨后铁尾矿细颗粒增多，但仍存在部分大颗粒，仍呈多棱角不规则多面体形态。随研磨时间的增加，大颗粒减少，但增加到 2h 以上铁尾矿颗粒细度变化不大。因此，机械活化可以使铁尾矿颗粒细化，但活化并不彻底，仍然有大颗粒存在，而且机械活化引起的颗粒形貌变化微小。

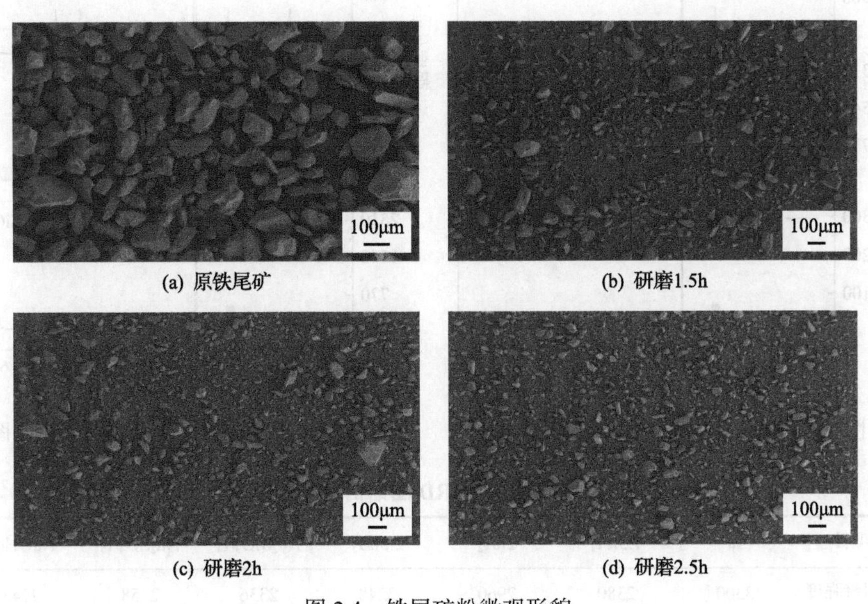

图 2.4　铁尾矿粉微观形貌

2.2.3　结晶构造与结晶度

不同活化方式下的铁尾矿 XRD 图谱如图 2.5 和图 2.6 所示。将 XRD 图谱导入 JADE 软件中进行寻峰，并在标准 PDF 对比卡片中读出铁尾矿的物相组成。XRD 图谱衍射峰强度如表 2.4 所示。从矿物组成可看出，铁尾矿主要以石英以及角闪石等矿物组成，其中石英含量占 85%以上。试样结晶度及无序程度如表 2.5 所示。

机械活化后的铁尾矿相较原铁尾矿各物相的衍射峰强度变低，表明铁尾矿颗粒在机械活化的作用下发生了晶格畸变，晶胞间距变大，破坏了晶体原生结构，增加了晶体的无序程度。有趣的是，当研磨时间由 1.5h 增加到 2h 时，位于衍射角 27.25°的石英相的衍射峰强度出现上升，而当研磨时间增加到 2.5h 时，其衍射峰强度又降至最低。

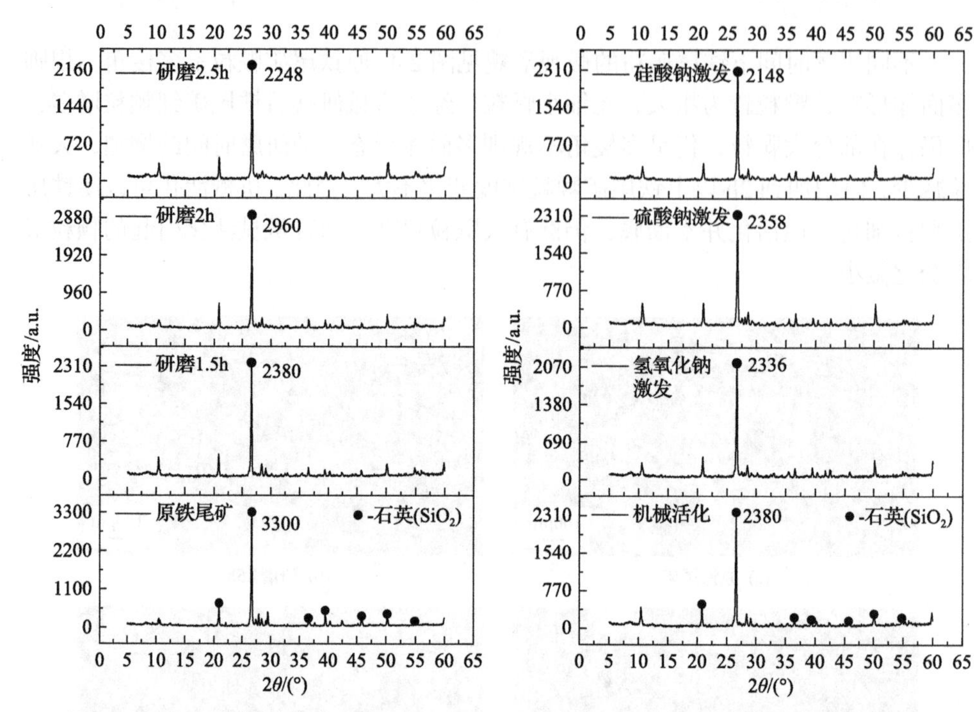

图 2.5 机械活化铁尾矿 XRD 图谱　　图 2.6 机械化学耦合活化铁尾矿 XRD 图谱

表 2.4 铁尾矿 XRD 图谱衍射峰强度　　(单位：a.u.)

项目	I_0	1.5h/I_1	2h/I_2	2.5h/I_3	Na_2SiO_3/I_4	Na_2SO_4/I_5	NaOH/I_6
衍射峰强度	3300	2380	2960	2248	2336	2358	2148

表 2.5 铁尾矿试样结晶度及无序程度　　(单位：%)

编号	结晶度	无序程度
I_0	100	0
I_1	72.12	27.88
I_2	89.69	10.31
I_3	68.12	31.88
I_4	70.78	29.22
I_5	71.45	28.55
I_6	65.09	34.91

与单一机械活化相比，化学活化剂的引入使石英相衍射峰强度进一步降低。

在化学活化剂的作用下，铁尾矿的晶格发生质变，二氧化硅晶体的共价键开始松动，释放更多无序物，晶体原生结构的破坏程度进一步加深。在 Na_2SO_4 与 Na_2SiO_3 的作用下各物相的衍射峰强度降幅不明显，在 NaOH 作用下各物相衍射峰强度降幅较大。在对碱激发矿渣的研究中也发现 NaOH 作为强碱对物相表面溶解性更大。因此，Na_2SO_4 与 Na_2SiO_3 作为盐类化学活化剂，较 NaOH 的碱性弱，对铁尾矿中二氧化硅晶体表面的溶解程度较低。相比单一机械活化，机械化学耦合活化对铁尾矿的活化更加充分，对晶体的破坏程度更大，生成的无序物质更多。

在机械活化的作用下，铁尾矿的结晶度降低，无定形物含量增多。研磨时间为 2.5h 时，铁尾矿的结晶度降至 68.12%，无序程度为 31.88%。引入化学活化剂后，铁尾矿的结晶度进一步降低，NaOH 的效果优于 Na_2SiO_3 与 Na_2SO_4。1.5h 研磨时间+NaOH 使铁尾矿的结晶度降至 65.09%，其无序程度为 34.91%，二者均优于 2.5h 单一机械活化。由此可见，NaOH 作为化学活化剂对铁尾矿结晶度的降低效果优于延长研磨时间。研磨时间的增加意味着更多的电能损耗。因此，无论是从活化效果还是节能环保角度而言，机械化学耦合活化带来的有益效果均优于单一机械活化。

2.2.4　元素表面结合能

由于粉体的表面电子结合能的大小与其活性的高低呈负相关，因此可通过测定铁尾矿中不同元素与 O 表面结合能的方法来判断相应元素发生的变化。各铁尾矿试样中 Al_{2p}、Si_{2p}、Ca_{2p} 与 O 的表面结合能列于表 2.6，各元素的表面结合能曲线见图 2.7～图 2.9。

表 2.6　铁尾矿试样元素的表面结合能

试样	表面结合能/eV		
	Al_{2p}	Si_{2p}	Ca_{2p}
原铁尾矿	74.35	102.87	347.47
1.5h	74.19	102.66	347.34
2h	74.27	102.68	347.39
2.5h	74.14	102.62	347.30
1.5h+Na_2SiO_3	74.06	102.61	346.93
1.5h+Na_2SO_4	74.14	102.67	347.25
1.5h+NaOH	73.89	102.39	346.88

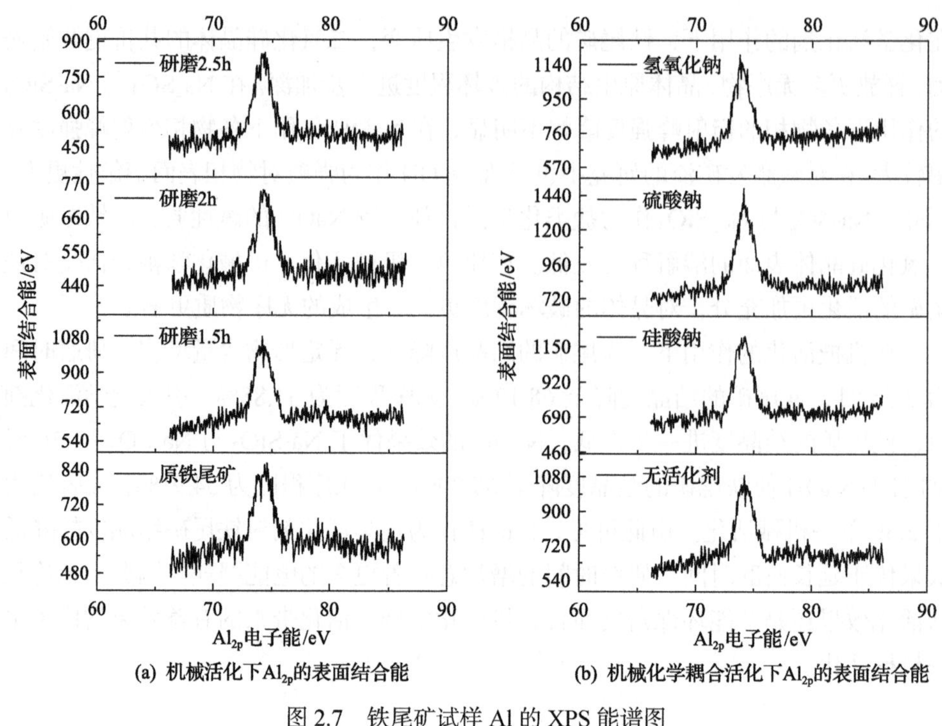

(a) 机械活化下Al_{2p}的表面结合能　(b) 机械化学耦合活化下Al_{2p}的表面结合能

图 2.7　铁尾矿试样 Al 的 XPS 能谱图

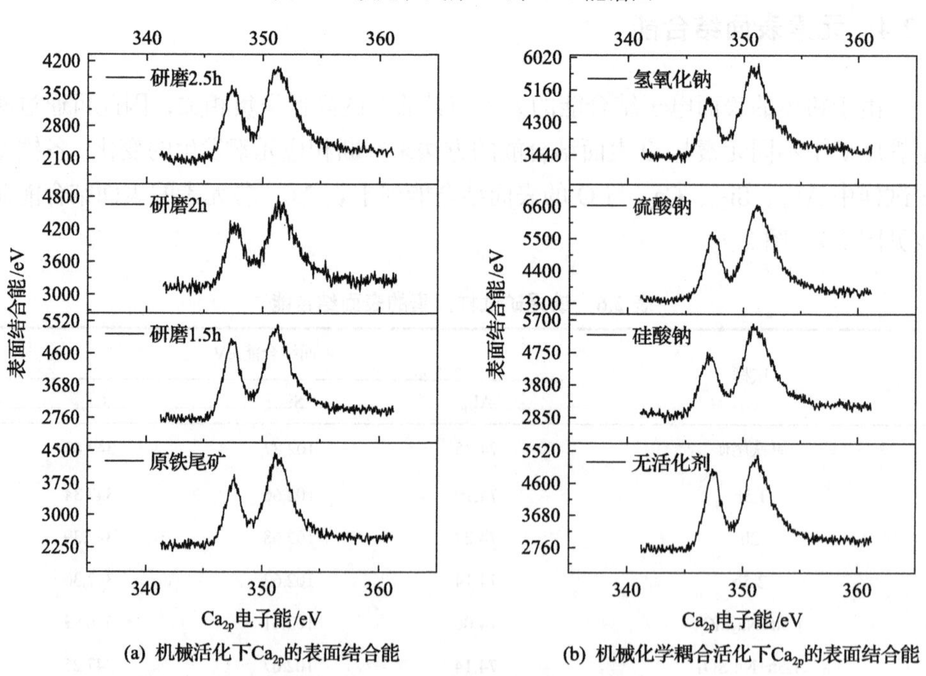

(a) 机械活化下Ca_{2p}的表面结合能　(b) 机械化学耦合活化下Ca_{2p}的表面结合能

图 2.8　铁尾矿试样 Ca 的 XPS 能谱图

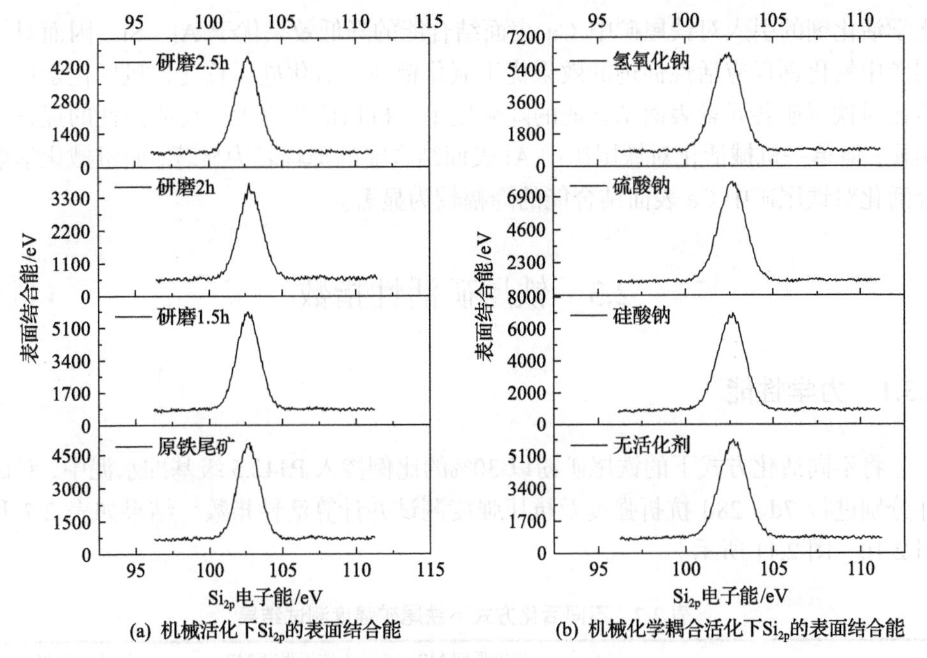

(a) 机械活化下Si_{2p}的表面结合能 (b) 机械化学耦合活化下Si_{2p}的表面结合能

图 2.9 铁尾矿试样 Si 的 XPS 能谱图

对于铁尾矿这种惰性硅酸盐矿物，其中的 Al、Si、Ca 均以氧化物形式存在，所以检测 Al、Si、Ca 与 O 之间的表面结合能变化可以反映出铁尾矿中氧化铝、二氧化硅、氧化钙的活性的变化规律。

机械活化使铁尾矿 Al_{2p}、Si_{2p}、Ca_{2p} 的表面结合能明显下降，并表现出不同的变化趋势。当研磨时间为 1.5h 时，Al、Si、Ca 表面结合能的降幅分别为 0.16eV、0.21eV、0.13eV，对 Si 的降低效果较为显著。从氧化物角度来看，机械活化通过降低元素表面结合能提高了铁尾矿中氧化铝、二氧化硅、氧化钙的反应活性，且对氧化铝的活性提升较为显著。有趣的是，研磨时间从 1.5h 增至 2h 时，Al、Si、Ca 表面结合能提高了，这与 XRD 图谱衍射峰相对强化趋势相符。当研磨时间由 1.5h 增至 2.5h 时，Al、Si、Ca 表面结合能分别降低了 0.05eV、0.04eV、0.04eV，Al 的降幅最大。与研磨时间由 0 增至 1.5h 相比，由 1.5h 增至 2.5h 引起的 Al、Si、Ca 表面结合能的降低都放缓了。

与相同研磨时间（1.5h）的单一机械活化相比，在 Na_2SiO_3 作用下，Al、Si、Ca 表面结合能分别降低 0.13eV、0.05eV、0.41eV；在 Na_2SO_4 作用下，分别降低 0.05eV、增加 0.01eV、降低 0.09eV；在 NaOH 作用下，分别降低 0.30eV、0.27eV、0.46eV。可见，化学活化剂的引入进一步促进了铁尾矿中 Al、Si、Ca 表面结合能的下降（Na_2SO_4 对 Si 的作用除外）。对比三种不同的化学活化剂，NaOH 的效果由于碱性较强而优于 Na_2SiO_3 与 Na_2SO_4，Na_2SO_4 的效果最差。与单一机械活化不同的是，化学活化剂的引入对铁尾矿中 Ca 表面结合能的降低效果优于 Al、Si，因而对铁尾矿中氧化钙反应活性促进的效果优于氧化铝与二氧化硅。总之，机械化学耦合活化对铁尾矿各元素表面结合能的降幅比单一机械活化更大、反应活性的提升更明显；但单一机械活化对铁尾矿中 Al 表面结合能的降幅较为显著，而机械化学耦合活化对铁尾矿中 Ca 表面结合能的降幅较为显著。

2.3 铁尾矿活性指数

2.3.1 力学性能

将不同活化方式下的铁尾矿粉以 30%的比例掺入 P.I42.5 级基准水泥中，对试件分别进行 7d、28d 抗折强度及抗压强度测试并计算活性指数，结果如表 2.7 和图 2.10、图 2.11 所示。

表 2.7 不同活化方式下铁尾矿强度测试结果

试件编号	研磨时间/h	化学活化剂	抗折强度/MPa		抗压强度/MPa		活性指数/%	
			7d	28d	7d	28d	7d	28d
0	—	—	6.3	8.2	39.4	58.8	—	—
IOT-1	0	—	4.1	5.9	24.5	35.4	62.39	60.24
IOT-2	1.5	—	4.6	6.4	29.7	42.5	75.38	72.28
IOT-3	2	—	4.7	6.6	30.6	43.2	77.66	73.47
IOT-4	2.5	—	4.7	6.8	31.4	45.7	79.69	77.72
IOT-5	1.5	NaOH	5.2	6.9	30.8	45.7	78.26	77.69
IOT-6	1.5	Na_2SiO_3	5.4	7.1	31.6	46.9	80.27	79.84
IOT-7	1.5	Na_2SO_4	4.9	6.6	30.5	43.6	77.34	74.15

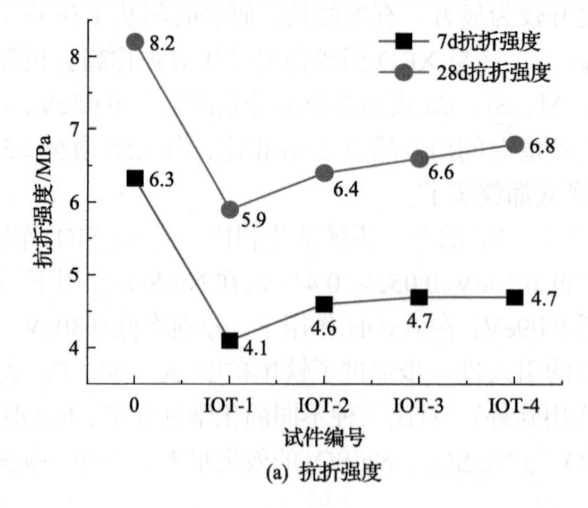

(a) 抗折强度

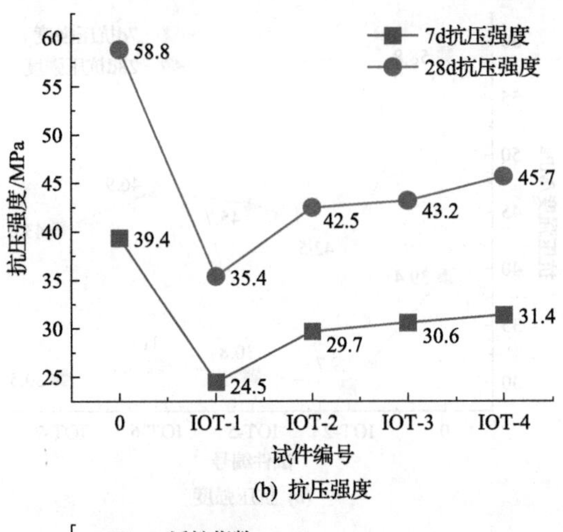

(b) 抗压强度

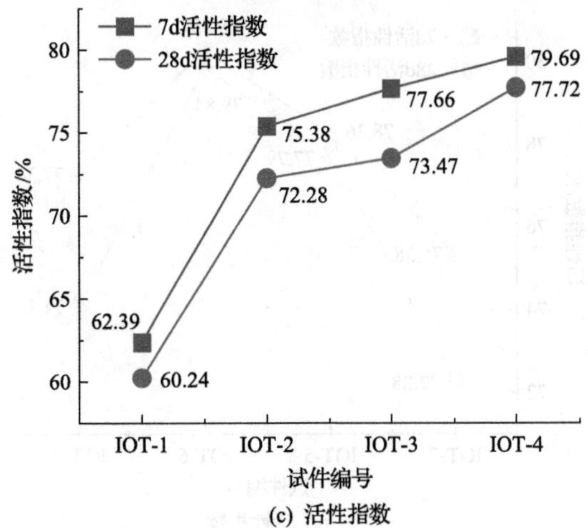

(c) 活性指数

图 2.10　机械活化下铁尾矿力学性能

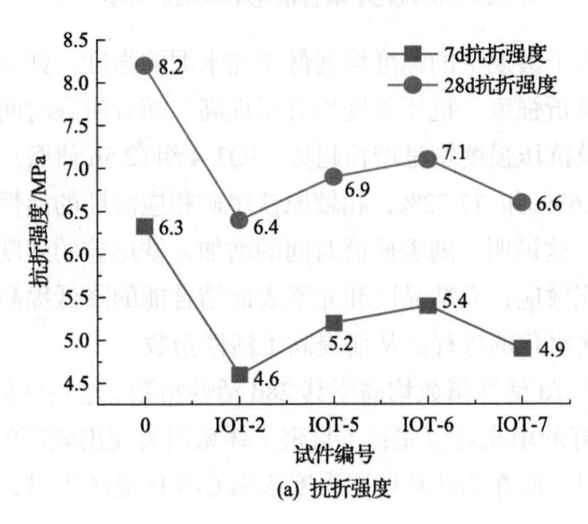

(a) 抗折强度

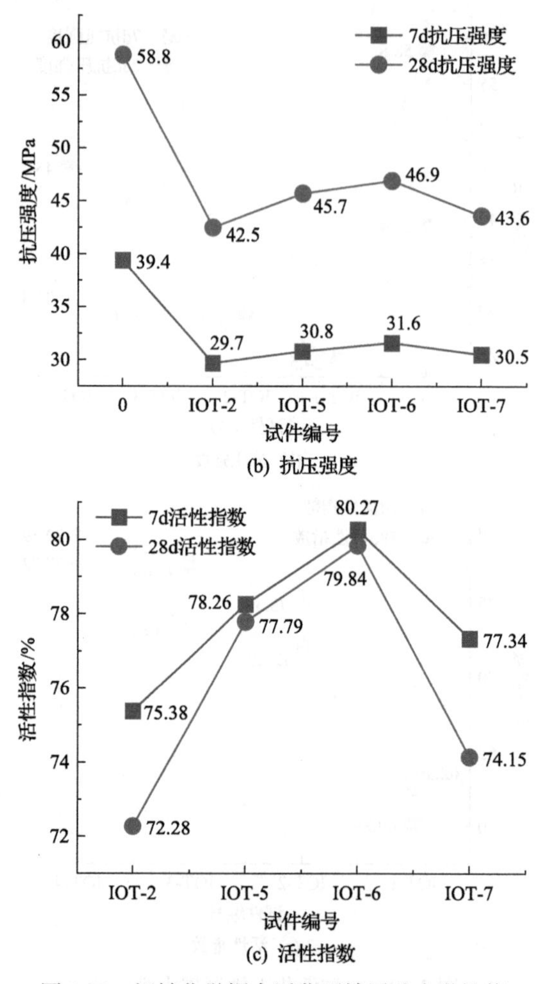

图 2.11 机械化学耦合活化下铁尾矿力学性能

原铁尾矿在各个龄期下的强度均远低于纯水泥的强度。铁尾矿经过机械活化后各个龄期下的抗折强度、抗压强度均有所提高。随着研磨时间的增加，各个龄期下的抗折强度及抗压强度均呈增长趋势。IOT-4 组(2.5h 研磨)的 7d 和 28d 活性指数分别达到 79.69%和 77.72%，相较原铁尾矿相应龄期的活性指数分别提高了 17.3%和 17.48%。这说明，随着研磨时间的增加，铁尾矿的细度降低、比表面积增大，提高了填充效应；而结晶度和元素表面结合能的降低提高了铁尾矿的反应活性，促进了二次水化的进程，从而提高了活性指数。

在机械活化下 7d 活性指数均高于其 28d 活性指数。这一现象说明：铁尾矿在 7d 龄期时由于良好的填充效应完善了自密实体系而表现出较高的强度，但填充效应提供的强度有限，而在 28d 龄期下强度依靠 C-S-H 凝胶提供，虽然铁尾矿经过机械活化有少部分参与二次水化，但大部分颗粒仍然以不发生水化的晶体形式存在。正是由于铁尾矿的填充效应可以有效提高早期强度，但对后期强度贡献微乎其微，所以其 7d 活性指数均高于 28d 活性指数。

机械化学耦合活化下的铁尾矿在各个龄期下均表现出优于单一机械活化的力学性能。与单一机械活化（IOT-2）相比：在 Na_2SiO_3 的作用下 7d 和 28d 活性指数分别提高了 4.89%和 7.56%；在 NaOH 的作用下 7d 和 28d 活性指数分别提高了 2.88%和 5.41%；在 Na_2SO_4 的作用下 7d 和 28d 活性指数分别提高了 1.96%和 1.87%。化学活化剂的引入对活性指数的提高效果较为显著，其中 Na_2SiO_3 的活化效果明显优于 NaOH 与 Na_2SO_4。有趣的是，NaOH 对铁尾矿结晶度与表面结合能的降低程度最为显著，而 Na_2SiO_3 对铁尾矿活性指数的提升最为显著。由此可见，结晶度与表面结合能只是影响铁尾矿活性指数的因素之一，并不是决定性因素，化学活化剂对铁尾矿活性指数提升的机理研究还需进一步探索。虽然机械化学耦合活化下铁尾矿的活性指数较单一机械活化有所提升，但并没有改变 7d 活性指数高于 28d 活性指数的情况。这说明引入化学活化剂可以进一步提升铁尾矿的反应活性，但无法在水化后期通过二次水化生成更多的 C-S-H 凝胶。因此机械化学耦合活化后的铁尾矿，其强度来源仍以填充效应为主。

2.3.2　水化产物 SEM 分析

SEM 可直接观察水泥水化过程中的水化产物。本实验通过 SEM 观察含铁尾矿胶凝材料的水化产物，并与纯水泥浆体进行对比分析。将上述实验中活性指数最高的 IOT-6 组（1.5h 研磨+Na_2SiO_3）制备净浆，其 7d、28d 试样的 SEM 图以及相同龄期下纯水泥的 SEM 图如图 2.12 所示。

龄期为 7d 时，纯水泥样品中絮状 C-S-H 凝胶开始生成，并存在较多孔隙。龄期为 7d 时的铁尾矿样品有少量絮状 C-S-H 凝胶生成，可以观察到未水化的铁尾矿颗粒，样品并未出现较多孔隙。龄期为 28d 时，纯水泥样品中有较多絮状的

(a) 纯水泥7d SEM图

(b) IOT-6组7d SEM图

(c) 纯水泥28d SEM图

(d) IOT-6组28d SEM图

图 2.12 水化产物微观形貌

C-S-H 凝胶，结构相对密实，孔隙较少，存在少量还未水化的水泥颗粒。而铁尾矿样品在 28d 龄期时，仍可以清晰观察到较多未发生水化的铁尾矿颗粒，生成的 C-S-H 凝胶量明显少于纯水泥样品，但样品并未出现大量孔隙，原因在于细小的铁尾矿颗粒虽然未发生水化但仍可以填补部分孔隙。对比 7d 与 28d 铁尾矿样品的 SEM 图，28d 龄期下样品中未水化颗粒有所减少，说明小部分铁尾矿颗粒发生了二次水化反应。

2.4 小 结

机械活化可以增大铁尾矿的比表面积，改善颗粒级配，但当研磨时间达到 2.5h 时出现团聚现象，导致比表面积减小。球磨方式下的机械活化只能改变颗粒的大小，并不能改变铁尾矿不规则多面体的形貌。

在机械活化的作用下，铁尾矿发生了晶格畸变，晶胞间距变大，破坏了晶体原生结构，结晶度下降，无定形物含量增多。机械活化下研磨时间由 1.5h 增加至 2.5h，结晶度降低了 4%。在研磨 1.5h 下引入 NaOH 进行机械化学耦合活化，使结晶度降低了 7.03%，所以引入 NaOH 对铁尾矿结晶度的降低效果优于再延长 1h 研磨时间。

机械活化可以降低铁尾矿中 Al、Si、Ca 的表面结合能，增强原子最外层电子的跃迁能力，从而提高其氧化物的反应活性，对 Al 的表面结合能降低效果最为显著。化学活化剂的引入可以进一步降低元素表面结合能，其中对 Ca 的表面结合能降低效果最为显著。对比三种化学活化剂 NaOH、Na_2SiO_3 和 Na_2SO_4，强碱 NaOH 对元素表面结合能的降幅最大。

随着研磨时间的增加，铁尾矿的活性指数提高。相比单一机械活化，引入化学活化剂可以进一步提升铁尾矿的活性指数，最大增幅可达 7.56%。铁尾矿二次水化程度较低，大部分均以不水化的晶体存在，因此具备优异的填充效应，但填充效应提供的强度有限，这导致铁尾矿 7d 龄期下的活性指数高于 28d。

SEM 观察显示，含活化铁尾矿的胶凝体系在各龄期下的水化程度不及纯水泥浆体。在 28d 龄期下样品中未水化的铁尾矿颗粒虽比 7d 龄期下有所减少，但仍剩余较多未水化颗粒。这些颗粒虽然未发生水化但仍可以填补部分孔隙。因此，铁尾矿颗粒具有优异的填充效应。

机械化学耦合活化下的铁尾矿活性指数高于单一机械活化。虽然活性指数仍不能达到 I 级混凝土掺合料的标准，但具备良好的颗粒特性，可以与其他材料协同用作混凝土掺合料。所以应致力于开发活化铁尾矿多元胶凝体系。

第3章

IFG三元体系的胶凝活性

目前，混凝土掺合料主要为矿渣粉和粉煤灰，还有少量的硅灰、沸石粉等。随着商品混凝土的迅速发展，混凝土掺合料的用量大幅提升，矿渣粉、粉煤灰等传统掺合料供不应求。寻找合适的材料代替矿渣粉、粉煤灰制备掺合料是现阶段需要解决的问题。对于不同的工程应用，混凝土掺合料需要表现出不同的性能。因此需要多组分复合，并通过调节组分的配比来满足工程需求。复合掺合料可以显著改善单一掺合料流动性差或强度低的缺陷。

本章以高硅铁尾矿为研究对象，进行铁尾矿-粉煤灰-矿渣粉(IFG)三元掺合料的实验研究。通过测试流动度、活性指数来评价复合掺合料的性能；采用SEM、热重分析-差热分析(TG-DTA)与压汞法(MIP)等微观检测手段，对IFG掺合料的水化程度、胶凝产物、孔隙率进行分析，探索相关机理，为铁尾矿在多元体系掺合料中的应用提供理论依据。

3.1 实验概况

3.1.1 实验材料

水泥为辽宁省抚顺市抚顺水泥股份有限公司生产的P.I42.5级水泥，高硅铁尾矿(IOTs)取自辽宁省本溪市歪头山地区铁矿，粉煤灰(FA)为亚泰集团沈阳建材有限公司生产的Ⅰ级粉煤灰，矿渣粉(GGBFS)为河南省巩义钢厂生产的S105级矿渣粉，三种掺合料的化学成分与含量见表3.1。标准砂为中国ISO标准砂，水为

表3.1 IFG掺合料的化学成分与含量(质量分数) (单位：%)

掺合料	SiO_2	Fe_2O_3	Al_2O_3	CaO	SO_3	MgO	K_2O	Na_2O	TiO_2	MnO
铁尾矿	62.25	14.37	4.78	7.76	0.47	6.33	1.39	1.34	0.53	0.21
粉煤灰	60.06	6.74	25.09	2.93	0.26	0.86	1.61	0.11	1.49	0.16
矿渣粉	30.73	0.29	15.96	42.26	1.84	6.66	0.34	0.04	1.34	0.41

自来水，化学活化剂为天津科茂责任有限公司生产的纯度大于 99%的 $NaOH$、Na_2SiO_3、Na_2SO_4。

3.1.2　实验方案

本实验的目的是探讨铁尾矿的机械化学耦合活化条件、水胶比、水泥取代率与三元配合比对 IFG 三元体系活性指数的影响。水泥胶砂试件的分组见表 3.2，相关参数设置如下所述。

表 3.2　水泥胶砂试件分组

试件编号	研磨时间/h	三元配合比(铁尾矿：粉煤灰：矿渣粉)	化学活化剂	水泥取代率/%	水胶比
IFG-1	1.5	1：1：1	—	30	0.5
IFG-2	2	1：1：1	—	30	0.5
IFG-3	2.5	1：1：1	—	30	0.5
IFG-4	1.5	1：1：1	Na_2SiO_3	30	0.5
IFG-5	1.5	1：1：1	Na_2SO_4	30	0.5
IFG-6	1.5	1：1：1	$NaOH$	30	0.5
IFG-7	1.5	1：1：1	Na_2SiO_3	30	0.48
IFG-8	1.5	1：1：1	Na_2SiO_3	30	0.46
IFG-9	1.5	1：1：1	Na_2SiO_3	40	0.5
IFG-10	1.5	1：1：1	Na_2SiO_3	50	0.5
IFG-11	1.5	1：0：0	Na_2SiO_3	30	0.5
IFG-12	—	0：1：0	—	30	0.5
IFG-13	—	0：0：1	—	30	0.5
IFG-14	1.5	1：1：0	Na_2SiO_3	30	0.5
IFG-15	1.5	1：0：1	Na_2SiO_3	30	0.5
IFG-16	1.5	2：1：1	Na_2SiO_3	30	0.5
IFG-17	1.5	1：1：1	Na_2SiO_3	30	0.5
IFG-18	1.5	1：2：2	Na_2SiO_3	30	0.5
IFG-19	1.5	3：4：2	Na_2SiO_3	30	0.5
IFG-20	1.5	3：2：4	Na_2SiO_3	30	0.5
IFG-21	1.5	5：6：4	Na_2SiO_3	30	0.5

活化条件：取 1.5h、2h、2.5h 三个研磨时间梯度，1.5h 作为基本组；化学活化剂选取 NaOH、Na_2SiO_3(模数=1)、Na_2SO_4，Na_2SiO_3 作为基本组，化学活化剂均以铁尾矿质量的 0.5%掺入。

水胶比：取 0.5、0.48、0.46 三个水胶比，0.5 作为基本组。

水泥取代率：取 30%、40%、50%三个水泥取代率，30%作为基本组。

三元配合比：共取 11 种三元配合比(表 3.2)，以铁尾矿：粉煤灰：矿渣粉=1：1：1 为基本组。三元配合比的设置同时包括了一元体系与二元体系，也体现了铁尾矿占比以及粉煤灰与矿渣粉比例的变化。

3.2 IFG 三元体系活性分析

本节基于实验数据对 IFG 体系的活性进行分析，以寻找 IFG 体系的最佳铁尾矿活化条件、水胶比、三元配合比以及满足力学性能要求的最高水泥取代率，为 IFG 体系的应用提供理论基础。

3.2.1 铁尾矿活化条件对活性的影响

第 2 章的研究表明，铁尾矿在不同活化条件下表现出不同的力学性能。本节对不同铁尾矿活化条件下 IFG 体系的力学性能进行分析，以明确铁尾矿活化条件会对 IFG 体系的活性产生何种影响。相关试件的实验结果见表 3.3 和图 3.1。

表 3.3 不同铁尾矿活化条件下 IFG 体系的力学性能

试件编号	研磨时间/h	化学活化剂	抗折强度/MPa		抗压强度/MPa		活性指数/%	
			7d	28d	7d	28d	7d	28d
0	—	—	6.3	8.2	39.4	58.8	—	—
IFG-1	1.5	—	5.7	6.9	33.5	48.9	85.03	83.16
IFG-2	2	—	5.6	7.3	32.3	49.4	81.98	84.01
IFG-3	2.5	—	5.5	7.7	31.4	51.4	79.70	87.41
IFG-4	1.5	Na_2SiO_3	6.1	7.9	35.4	57.4	89.85	97.62
IFG-5	1.5	Na_2SO_4	5.8	7.6	33.6	51.1	85.28	86.73
IFG-6	1.5	NaOH	6.1	7.7	34.5	53.9	87.56	91.67

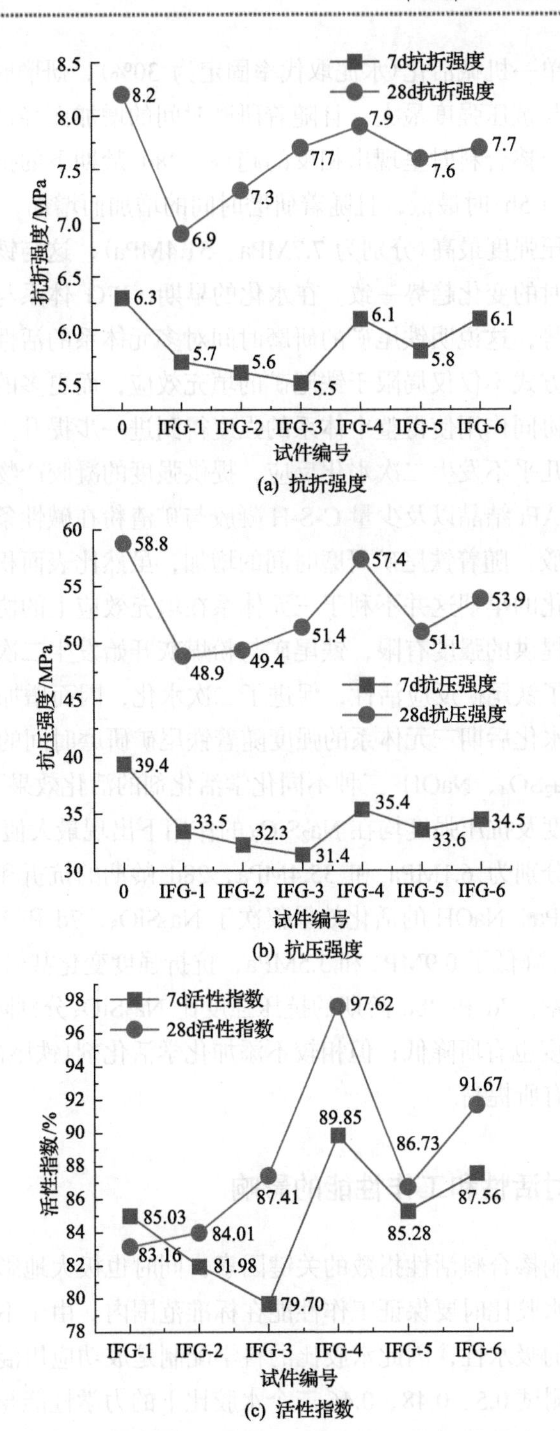

(a) 抗折强度

(b) 抗压强度

(c) 活性指数

图 3.1　不同铁尾矿活化条件下 IFG 体系的力学性能

对于铁尾矿单一机械活化(水泥取代率固定为 30%)，研磨时间为 1.5h 时 7d 龄期的抗折强度与抗压强度最大，且随着研磨时间的增加而降低，这与铁尾矿以单一组分作混凝土掺合料时呈现出相反的趋势。28d 龄期下的抗折强度及抗压强度在研磨时间为 1.5h 时最低，且随着研磨时间的增加而增加，研磨时间为 2.5h 的抗折强度及抗压强度最高(分别为 7.7MPa、51.4MPa)，这与铁尾矿以单一组分作混凝土掺合料时的变化趋势一致。在水化的早期，IFG 体系与单一铁尾矿相比出现了不同的趋势，这说明铁尾矿的研磨时间对多元体系的活性有影响。多元体系对强度的贡献方式不仅仅局限于铁尾矿的填充效应，而更多的是材料间的协同作用，正是这种协同作用使得整个体系的强度得到进一步提升。在水化的早期，铁尾矿与粉煤灰几乎不发生二次水化反应，提供强度的凝胶产物主要来源于水泥早期水化产生的 AFt 结晶以及少量 C-S-H 凝胶与矿渣粉在碱性条件下通过水硬性生成的 C-S-H 凝胶。随着铁尾矿研磨时间的增加，虽然比表面积与粒度分布都有所优化，但在水化的早期这并不利于三元体系在填充效应上的协同。在水化的后期，由填充效应提供的强度有限，铁尾矿与粉煤灰开始发生二次水化反应，研磨时间的增加提升了铁尾矿反应活性，促进了二次水化，因而增加了 C-S-H 凝胶的产生量，使得在水化后期三元体系的强度随着铁尾矿研磨时间的增加而增加。

Na_2SiO_3、Na_2SO_4、NaOH 三种不同化学活化剂的活化效果不同。7d 与 28d 龄期下的抗折强度及抗压强度均在 Na_2SiO_3 的作用下出现最大值，7d 龄期的抗折强度和抗压强度分别为 6.1MPa 和 35.4MPa，28d 龄期的抗折和抗压强度分别为 7.9MPa 和 57.4MPa。NaOH 的活化效果仅次于 Na_2SiO_3，7d 和 28d 龄期的抗压强度分别比 Na_2SiO_3 降低了 0.9MPa 和 3.5MPa，抗折强度变化甚微。Na_2SO_4 的活化效果在三者中最差，7d 和 28d 龄期的抗压强度比 Na_2SiO_3 分别降低了 1.8MPa 和 6.3MPa，抗折强度也有所降低；但相较不添加化学活化剂(铁尾矿研磨时间相同)的试件强度依然有所提高。

3.2.2 水胶比对活性和工作性能的影响

水胶比是影响掺合料活性指数的关键因素，同时也极大地影响浆体的工作性能，所以在改变水胶比时要保证工作性能在标准范围内。由于不同种类的混凝土掺合料具备不同的吸水性，因此水胶比的科学配制是成功应用混凝土掺合料的关键。本小节通过测试 0.5、0.48、0.46 三个水胶比下的力学性能与工作性能，找到水胶比的影响规律以及既满足力学性能又满足工作性能的最佳水胶比。相关试件的实验结果见表 3.4 和表 3.5 及图 3.2 和图 3.3。

表 3.4 不同水胶比下 IFG 体系的力学性能

试件编号	水胶比	抗折强度/MPa		抗压强度/MPa		活性指数/%	
		7d	28d	7d	28d	7d	28d
0	0.5	6.3	8.2	39.4	58.8	—	—
IFG-4	0.5	6.1	7.9	35.4	57.4	89.85	97.62
IFG-7	0.48	6.3	7.8	38.2	57.6	96.59	97.96
IFG-8	0.46	6.1	7.7	39.4	57.1	100.00	97.11

表 3.5 不同水胶比下 IFG 体系的工作性能

试件编号	0	IFG-4	IFG-7	IFG-8
水胶比	0.5	0.5	0.48	0.46
流动度	184	196	188	182

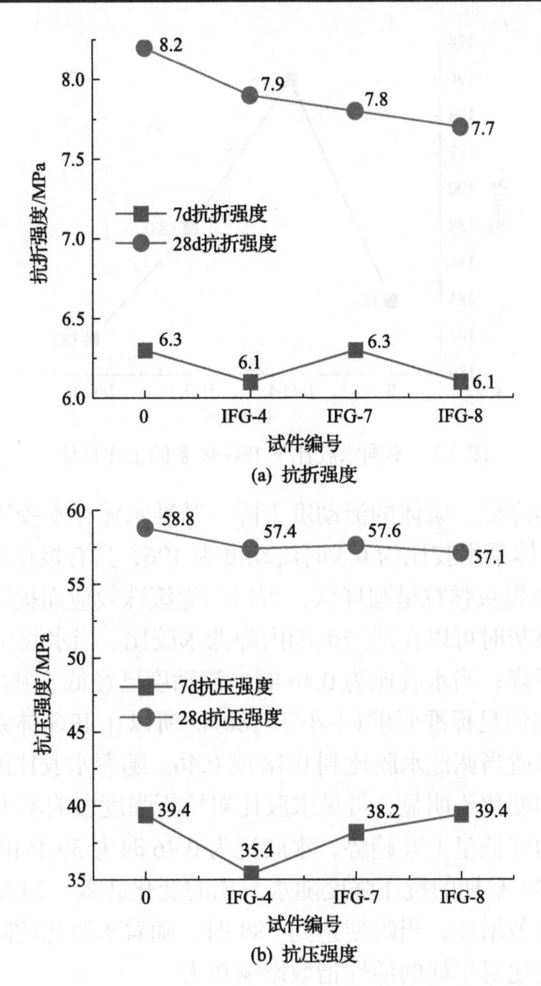

(a) 抗折强度

(b) 抗压强度

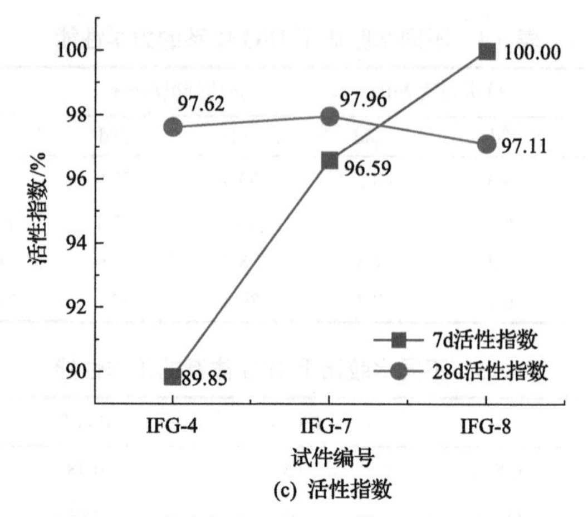

(c) 活性指数

图 3.2 不同水胶比下 IFG 体系的力学性能

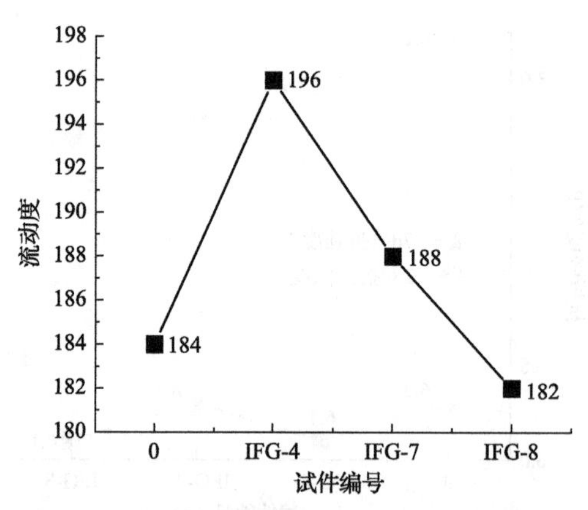

图 3.3 不同水胶比下 IFG 体系的工作性能

随着水胶比的降低，浆体的流动度下降。基准水泥在水胶比为 0.5 时的流动度为 184，当 IFG 体系水胶比为 0.5 时流动度为 196，具有极佳的流动度。这是因为 IFG 体系中的粉煤灰颗粒呈圆球状，可以产生滚珠效应而提高流动度，所以当掺合料中含有粉煤灰时可以在适当范围内降低水胶比。当水胶比为 0.48 时，流动度出现了明显的下降；当水胶比为 0.46 时，流动度已经低于基准水泥的流动度，但其流动度 182 仍满足标准要求(不小于 180)。所以在 IFG 体系能够保证力学性能的前提下，可以适当调低水胶比到 0.48 或 0.46。随着水胶比的降低，7d 和 28d 龄期的抗折强度均变化不明显，可见水胶比对抗折强度影响不大。7d 龄期的抗压强度随着水胶比的降低呈上升趋势，水胶比为 0.46 时为 39.4MPa，达到了基准水泥的抗压强度；28d 龄期的抗压强度随水胶比的变化甚微。7d 龄期的活性指数随着水胶比的降低显著增加；当龄期达到 28d 时，随着水胶比的降低，活性指数基本不变，可见水胶比对早期的活性指数影响较大。

3.2.3 水泥取代率对活性的影响

水泥取代率是衡量混凝土掺合料性能的重要指标之一。在保证力学性能的前提下，优异的混凝土掺合料能以 50%以上的取代率取代水泥，普通的混凝土掺合料也应达到 30%的水泥取代率。本节通过测试不同水泥取代率下 IFG 体系的活性指数，来衡量这一复合体系胶凝材料的质量。相关试件的实验结果见表 3.6 和图 3.4。

表 3.6 不同水泥取代率下 IFG 体系的力学性能

试件编号	水泥取代率/%	抗折强度/MPa		抗压强度/MPa		活性指数/%	
		7d	28d	7d	28d	7d	28d
0	—	6.3	8.2	39.4	58.8	—	—
IFG-4	30	6.1	7.9	35.4	57.4	89.85	97.62
IFG-9	40	5.2	6.9	29.8	48.1	75.63	81.80
IFG-10	50	4.7	6.8	24.9	44.2	63.20	75.17

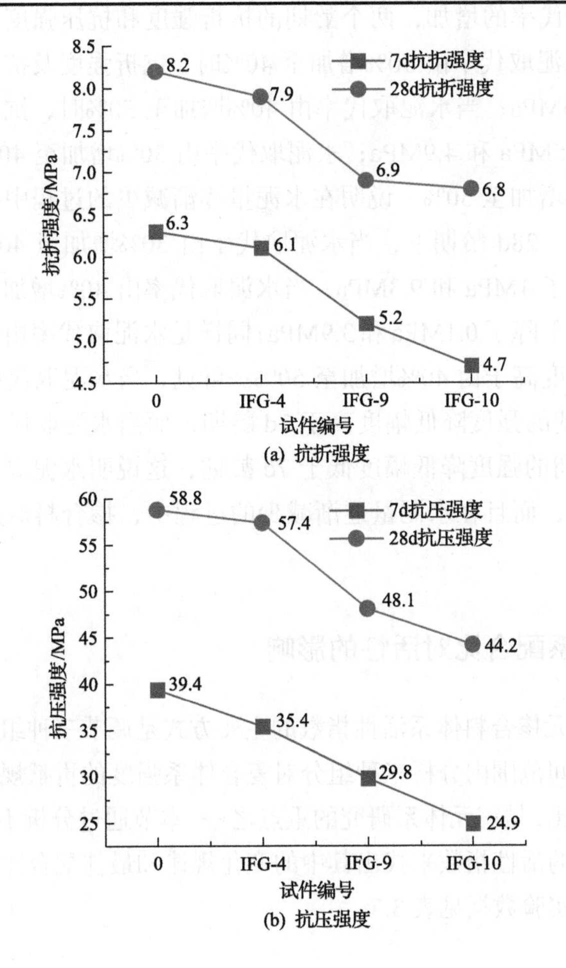

(a) 抗折强度

(b) 抗压强度

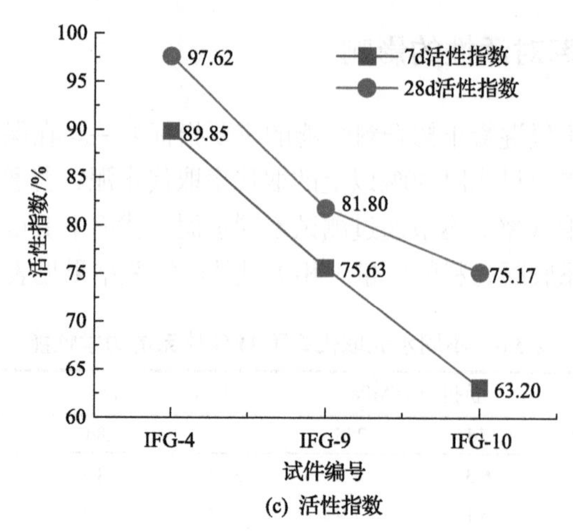

(c) 活性指数

图 3.4　不同水泥取代率下 IFG 体系的力学性能

随着水泥取代率的增加，两个龄期的抗折强度和抗压强度均大幅度降低。7d 龄期下，当水泥取代率由 30%增加至 40%时，抗折强度及抗压强度分别下降了 0.9MPa 和 5.6MPa；当水泥取代率由 40%增加至 50%时，抗折强度及抗压强度分别下降了 0.5MPa 和 4.9MPa；水泥取代率由 30%增加至 40%时的强度下降量略高于由 40%增加至 50%，说明在水泥量逐渐减少的过程中掺合料对强度的贡献程度在提高。28d 龄期下，当水泥取代率由 30%增加至 40%时，抗折及抗压强度分别下降了 1MPa 和 9.3MPa；当水泥取代率由 40%增加至 50%时，抗折及抗压强度分别下降了 0.1MPa 和 3.9MPa；同样是水泥取代率由 30%增加至 40%时的强度下降幅度高于由 40%增加至 50%。可见，当水泥取代率由 30%增加至 40%时，28d 龄期的强度降低幅度高于 7d 龄期，而当水泥取代率由 40%增加至 50%时，28d 龄期的强度降低幅度低于 7d 龄期，这说明水泥取代率对后期强度的影响大于早期，而且在水泥量逐渐减少的过程中，掺合料对后期强度的贡献程度高于早期。

3.2.4　三元体系配合比对活性的影响

优化 IFG 三元掺合料体系活性指数的主要方式是调节三种组分的配合比。因此，在合理的区间范围内分析三种组分对复合体系强度的贡献规律，进而寻找三元体系最佳配合比，是三元体系研究的重点之一。本节通过分析不同配合比下 IFG 三元掺合料体系的活性指数来找出其中的变化规律和最佳配合比。不同掺合料体系与配合比下的实验数据见表 3.7。

表 3.7 不同掺合料体系与配合比下的力学性能

试件编号	配合比（铁尾矿：粉煤灰：矿渣粉）	抗折强度/MPa		抗压强度/MPa		活性指数/%	
		7d	28d	7d	28d	7d	28d
0	—	6.3	8.2	39.4	58.8	—	—
IFG-11	1∶0∶0	5.4	7.1	31.6	46.9	80.27	79.84
IFG-12	0∶1∶0	4.7	7.2	26.0	45.6	66.00	77.52
IFG-13	0∶0∶1	5.9	8.8	33.9	63.2	86.23	107.56
IFG-14	1∶1∶0	5.0	6.6	30.9	46.2	78.43	78.66
IFG-15	1∶0∶1	5.6	7.6	33.1	53.8	84.01	91.50
IFG-16	2∶1∶1	5.3	7.4	32.4	49.6	82.23	84.35
IFG-17	1∶1∶1	6.1	7.9	35.4	57.4	89.85	97.62
IFG-18	1∶2∶2	5.8	7.7	36.8	57.9	93.40	98.47
IFG-19	3∶4∶2	5.3	7.1	32.8	50.6	83.25	86.05
IFG-20	3∶2∶4	5.4	7.6	35.9	57.6	91.12	97.95
IFG-21	5∶6∶4	5.2	7.4	33.2	52.7	84.26	89.63

试件 IFG-11～IFG-13 为一元体系、IFG-14 和 IFG-15 为二元体系，这两种体系的力学性能见图 3.5。测试一元体系和二元体系是为了分析不同掺合料对力学性能的影响并与三元体系进行对比。试件 IFG-16～IFG-21 为三元体系，其力学性能见图 3.6。三元体系中，试件 IFG-16～IFG-18 组的铁尾矿的占比逐渐降低而粉煤灰∶矿渣粉保持 1∶1 不变，用于分析铁尾矿的占比对三元体系的影响；试件 IFG-17 和 IFG-19～IFG-21 组的铁尾矿的占比固定为 1/3 而改变粉煤灰与矿渣粉之间的比例，用于分析粉煤灰与矿渣粉的比例对三元体系的影响。

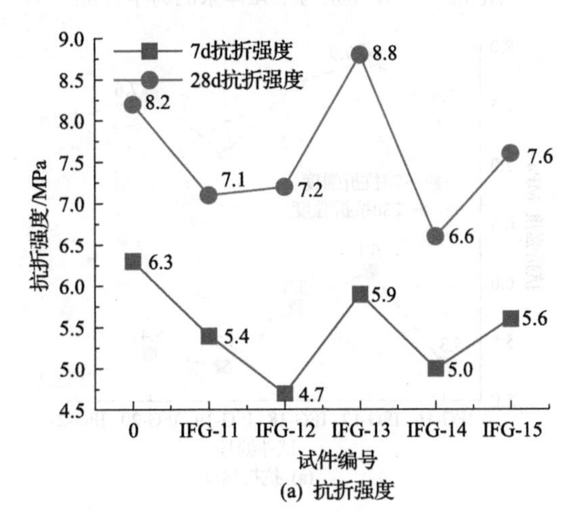

(a) 抗折强度

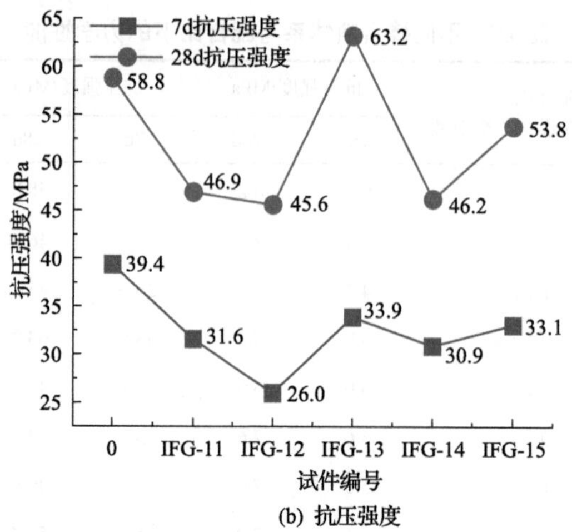

(b) 抗压强度

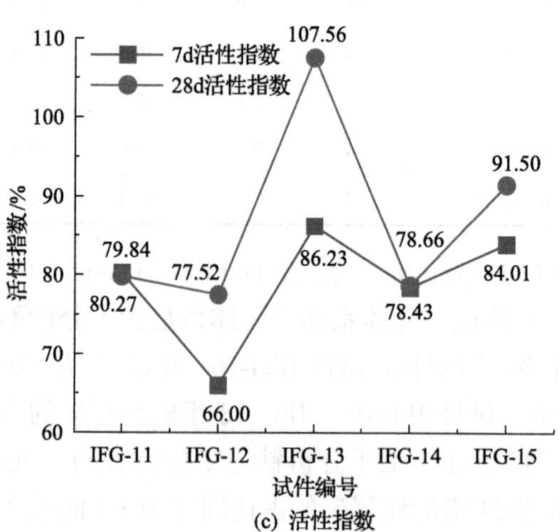

(c) 活性指数

图 3.5 一元体系与二元体系的力学性能

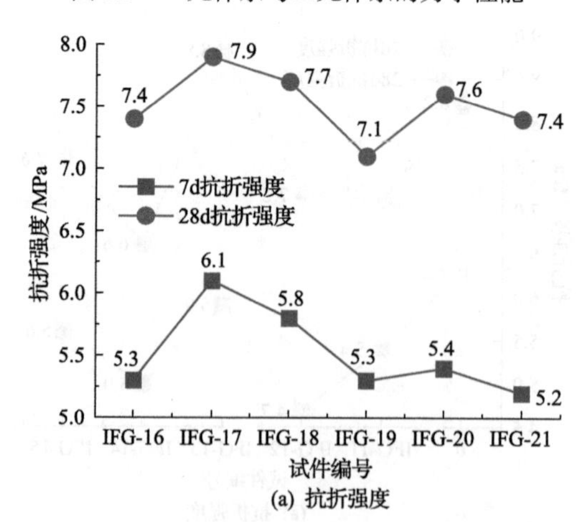

(a) 抗折强度

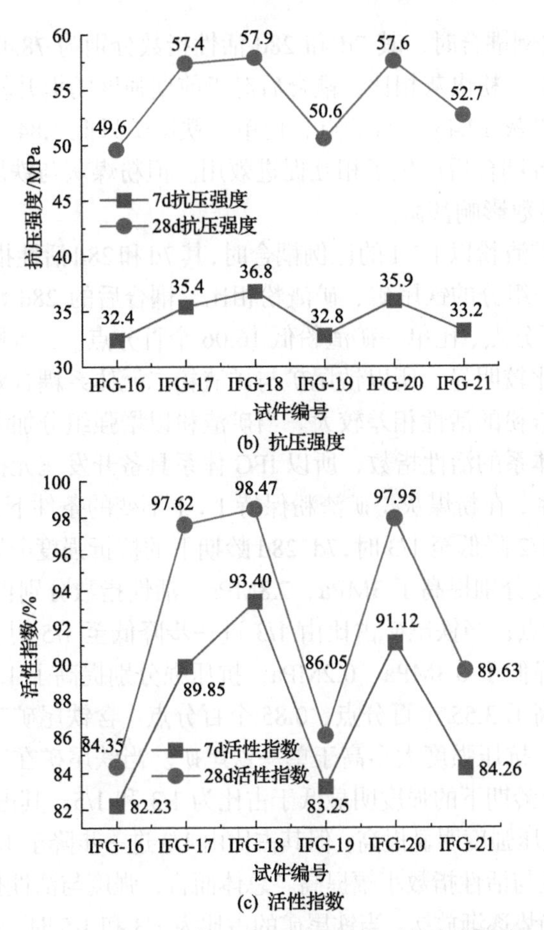

(b) 抗压强度

(c) 活性指数

图 3.6　IFG 三元体系在不同配合比下的力学性能

铁尾矿、粉煤灰、矿渣粉三种材料分别以单一组分作混凝土掺合料(水泥取代率均为 30%)时，7d 活性指数分别为 80.27%、66.00%、86.23%，28d 活性指数分别为 79.84%、77.52%、107.56%。两种龄期下三种掺合料中矿渣粉的活性指数最高，铁尾矿次之，粉煤灰最低。单独用矿渣粉或粉煤灰作为掺合料的活性指数均随龄期增长而增长，但单独使用铁尾矿的活性指数趋于平稳。铁尾矿粉以填充效应为主，所以后期的强度难以提高；而对于粉煤灰和矿渣粉这类具备火山灰活性的材料而言，随着龄期的增长，通过二次水化反应逐渐生成 C-S-H、C-A-H 凝胶，龄期越长则强度越高。矿渣粉与粉煤灰相比，由于矿渣粉中含有大量的活性氧化钙和二氧化硅，发生二次水化的进程相较粉煤灰更快，生成的胶凝产物更多，所以强度高于粉煤灰。

正是因为铁尾矿、粉煤灰、矿渣粉三种材料对前、后期的强度贡献各有不同，所以当用它们组成复合体系后可以综合发挥每种材料的优异性能。当铁尾矿与粉煤灰以 1∶1 的比例耦合时，其 7d 和 28d 活性指数分别为 78.43%和 78.66%。与单一组分的铁尾矿、粉煤灰相比，耦合后对于前期强度的提升较为明显，7d 活性指数高出单一粉煤灰 12.43 个百分点，比单一铁尾矿只低 1.84 个百分点，说明粉煤灰与铁尾矿二者耦合后产生了相互促进效用。但粉煤灰与铁尾矿二者耦合对于 28d 龄期的活性指数影响甚微。

当铁尾矿与矿渣粉以 1∶1 的比例耦合时，其 7d 和 28d 活性指数分别为 84.01%和 91.5%。与单一组分的铁尾矿、矿渣粉相比，耦合后的 28d 活性指数比单一铁尾矿高 11.66 个百分点、比单一矿渣粉低 16.06 个百分点。二者耦合对单一矿渣粉强度的降低效应比较明显，所以铁尾矿与矿渣粉二元体系耦合效果较差，其原因在于铁尾矿与矿渣粉的活性相差较大。当矿渣粉以增强组分加入三元体系时，可以明显改善三元体系的活性指数，所以 IFG 体系具备开发三元掺合料的潜力。

对于三元体系，在粉煤灰∶矿渣粉保持 1∶1 不变的条件下，当铁尾矿在三元体系中的占比由 1/2 降低至 1/3 时，7d、28d 龄期下的抗折强度分别提高了 0.8MPa、0.5MPa，抗压强度分别提高了 3MPa、7.8MPa，活性指数分别提高了 7.62 个百分点、13.27 个百分点；当铁尾矿占比由 1/3 进一步降低至 1/5 时，7d、28d 龄期下的抗折强度分别降低了 0.3MPa、0.2MPa，抗压强分别提高了 1.4MPa、0.5MPa，活性指数分别提高了 3.55 个百分点、0.85 个百分点。含铁尾矿三元体系在两个龄期下的抗折强度、抗压强度大多高于单一铁尾矿。当铁尾矿在三元体系中的占比达到 1/2 时，两个龄期下的强度明显低于占比为 1/3 和 1/5；其占比由 1/2 降至 1/3 时，抗折强度和抗压强度明显提高；但其占比由 1/3 进一步降至 1/5 时，抗折强度小幅下降而抗压强度与活性指数小幅提高。总体而言，强度与活性指数随铁尾矿占比的降低而增长的趋势逐渐放缓，当铁尾矿的占比为 1/3 和 1/5 时，强度与活性指数相差不大。可以预见，把铁尾矿占比降到 1/5 后继续降低不会对强度与活性指数起到较显著的提升作用。所以在 IFG 三元掺合料体系中，铁尾矿占比取 1/5～1/3 为宜。

在铁尾矿在三元体系中的占比固定为 1/3 的条件下，当粉煤灰∶矿渣粉=1∶1 时，7d 和 28d 龄期下的抗折强度分别为 6.1MPa 和 7.9MPa，抗压强度分别为 35.4MPa 和 57.4MPa，活性指数分别为 89.85%和 97.62%；当提高粉煤灰的占比至粉煤灰∶矿渣粉=2∶1 时，与粉煤灰∶矿渣粉=1∶1 时相比，7d 和 28d 龄期下的抗折强度分别降低了 0.8MPa 和 0.8MPa，抗压强度分别降低了 2.6MPa 和 6.8MPa；当降低粉煤灰的占比至粉煤灰∶矿渣粉=1∶2 时，与粉煤灰∶矿渣粉=1∶1 时相比，7d 和 28d 龄期下的抗折强度分别降低了 0.7MPa 和 0.3MPa，抗压强度分别提高了 0.5MPa 和 0.2MPa；当调整粉煤灰的占比至粉煤灰∶矿渣粉=3∶2 时，与粉煤灰∶矿渣粉=1∶1 时相比，7d 和 28d 龄期下的抗折强度分别降低了 0.9MPa 和 0.5MPa，抗压强度分别降低了 2.2MPa 和 4.7MPa。

可见，当铁尾矿占比固定为 1/3 而改变粉煤灰与矿渣粉之间的比例时，IFG

体系的力学性能呈规律性变化。当粉煤灰：矿渣粉由 1：1 增加至 2：1 时，抗折强度和抗压强度均呈较明显的降低趋势，所以铁尾矿含量不变而增加粉煤灰的占比对强度有较明显的降低效应。当粉煤灰：矿渣粉由 1：1 降低至 1：2 时，抗折强度和抗压强度变化不大，所以铁尾矿含量不变而增加矿渣粉的占比对强度的影响不大。当粉煤灰：矿渣粉由 1：1 增加至 3：2 再增加至 2：1 时，抗折强度的降低趋势较为平缓，抗压强度的降低呈增大趋势，说明粉煤灰的配比不宜过大，粉煤灰与矿渣粉的配比在 1：1～3：2 区间为宜。

以上实验结果表明，铁尾矿活化条件、水胶比、水泥取代率、三元体系配合比都会对 IFG 三元掺合料体系产生影响。研磨时间为 2.5h、Na_2SiO_3 活化作用下的铁尾矿与粉煤灰、矿渣粉组成的三元体系的活性指数最高；水胶比的减小对三元体系早期活性指数的影响较大，对后期影响较小；随着水泥取代率的增加，三元体系的活性指数持续减小；三元体系的配合比对掺合料体系的活性指数有较大的影响，且铁尾矿、粉煤灰、矿渣粉三种材料的影响作用不同。

3.3　IFG 三元体系的水化机理

3.3.1　水化产物 DTA-TG 分析

在掺合料-水泥复合体系中，掺合料的二次水化反应可降低体系中的 CH 含量。采用 DTA-TG 技术分析硬化浆体中的 CH 含量进一步证明了二次水化反应的存在。因为在水泥基硬化浆体试样的加热过程中，不同温度下各种水合物分解与脱水的速度不同，这样就能通过测量水合物在特定温度下的质量损失计算出水合物的含量。

水泥基材料的硬化浆体在 TG 测试过程中，不同类型的水化产物会在不同的温度下脱水或分解。C-S-H 凝胶与 AFt 颗粒中的结合水在 100～400℃开始发生脱水，CH 开始脱水的温度为 350～550℃；发生碳化部分的浆体中的 $CaCO_3$ 在温度 600～800℃开始分解。因此，通过测量特定温度阶段的物质的质量损失能够定量计算出对应物质的含量。水泥的主要水化产物是 C-S-H 凝胶和 CH，C-S-H 凝胶是结构和化学计量式难以确定的水化产物，而 CH 为可以定量测量的晶体结构。因此通过 TG 测试可以定量计算出 CH 的含量，进而对水泥的水化进程做出评价。本节通过 DTA-TG 技术分析硬化浆体中不同温度下发生的质量损失，来定性评价水化产物的类型，以及定量计算和评价水化进程，并通过计算不同铁尾矿活化方式与水泥取代率下 CH 的含量，揭示不同龄期下掺合料-水泥复合体系的水化进程与掺合料发生二次水化的程度。

图 3.7 和图 3.8 分别为 7d 和 28d 龄期下不同铁尾矿活化方式的 DTA-TG 曲线，

图 3.9 和图 3.10 分别为 7d 和 28d 龄期下不同水泥取代率的 DTA-TG 曲线。

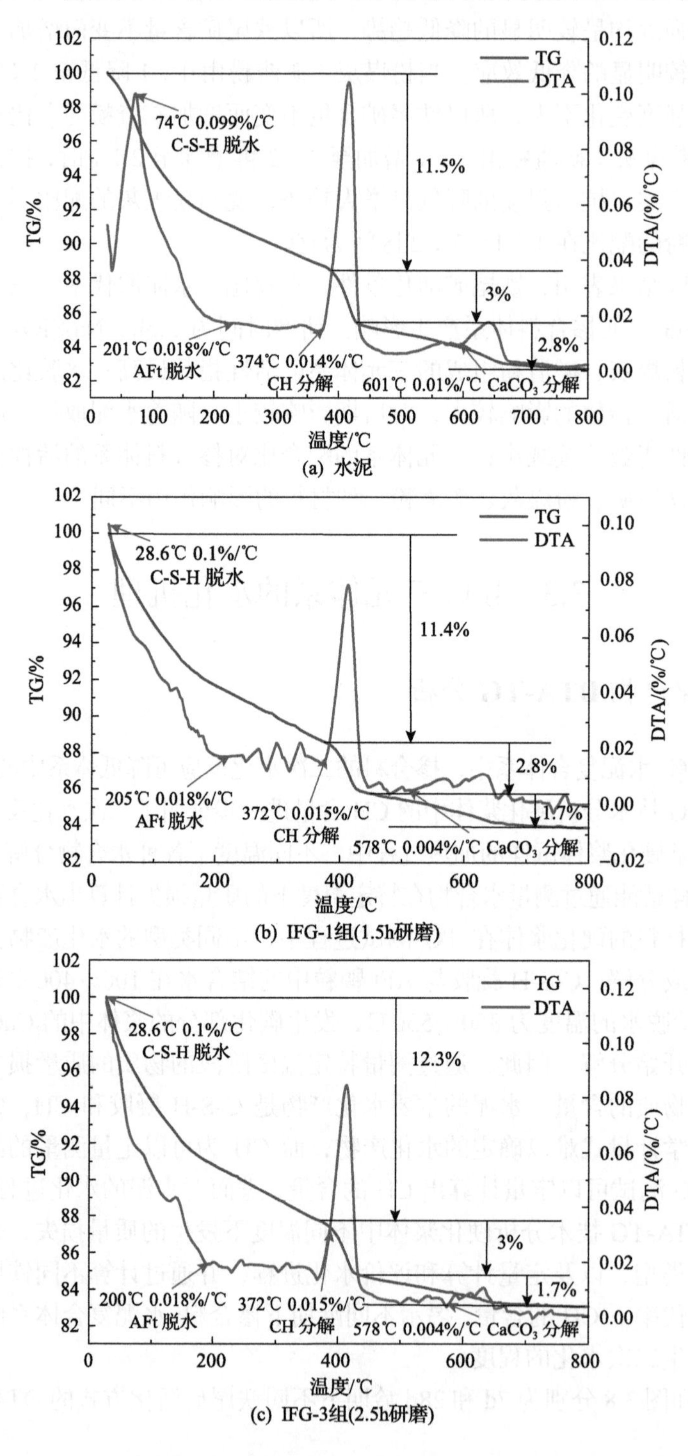

(a) 水泥

(b) IFG-1组(1.5h研磨)

(c) IFG-3组(2.5h研磨)

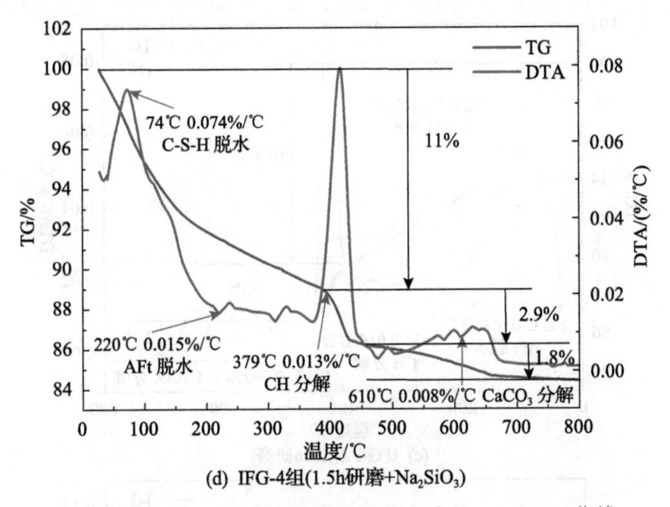

(d) IFG-4组(1.5h研磨+Na_2SiO_3)

图 3.7 7d 龄期下不同铁尾矿活化方式的 DTA-TG 曲线

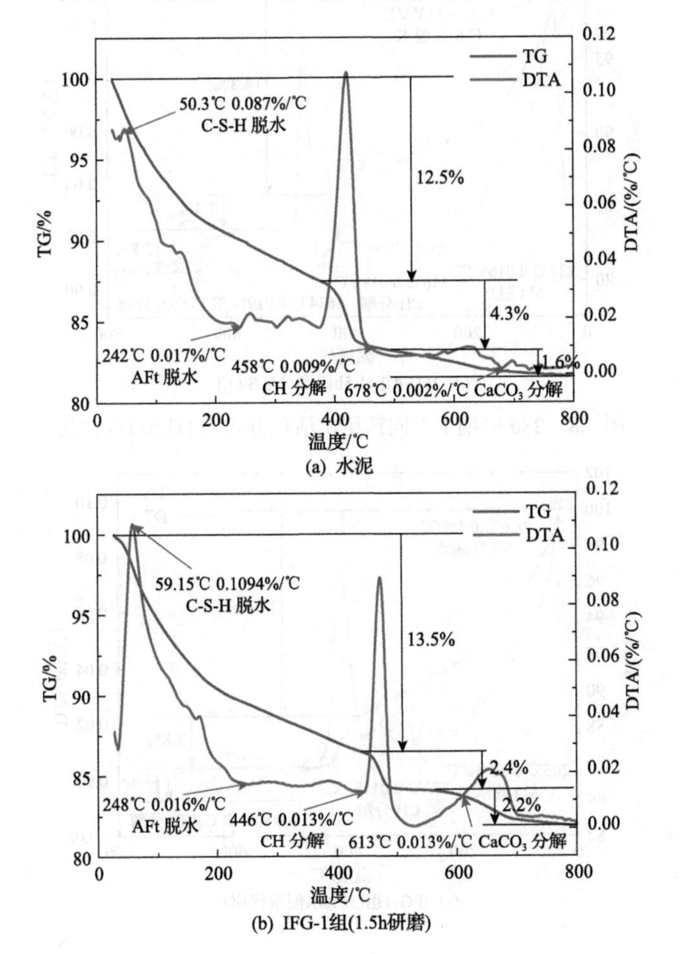

(a) 水泥

(b) IFG-1组(1.5h研磨)

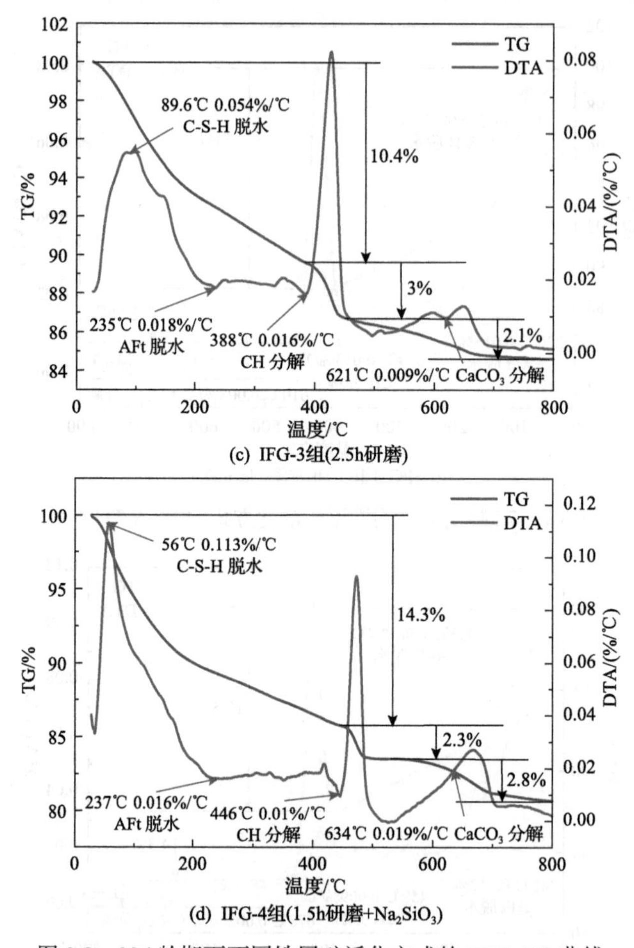

(c) IFG-3组(2.5h研磨)

(d) IFG-4组(1.5h研磨+Na_2SiO_3)

图 3.8 28d 龄期下不同铁尾矿活化方式的 DTA-TG 曲线

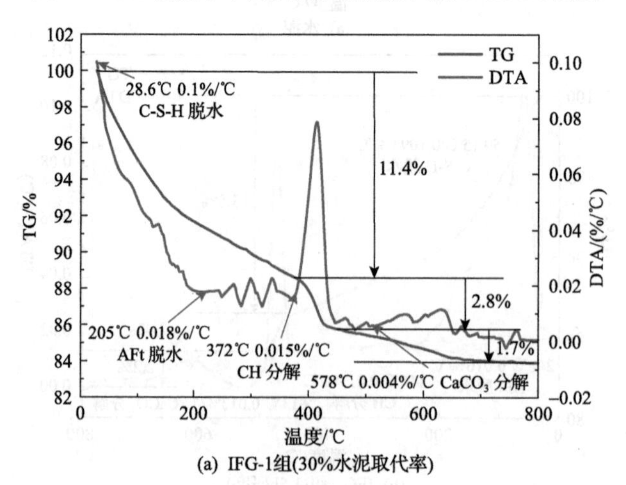

(a) IFG-1组(30%水泥取代率)

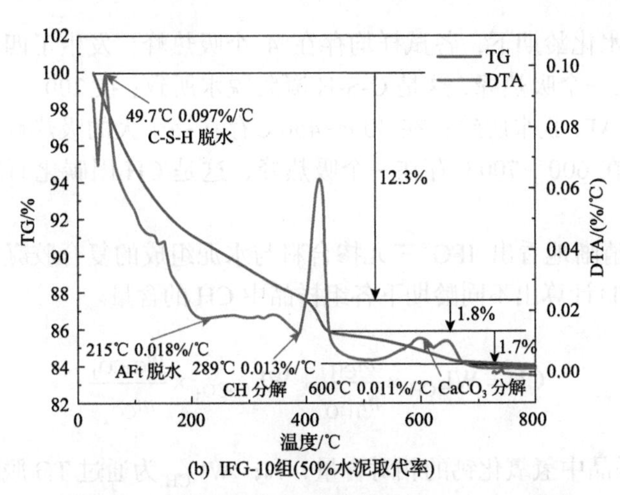

(b) IFG-10组(50%水泥取代率)

图 3.9　7d 龄期下不同水泥取代率的 DTA-TG 曲线

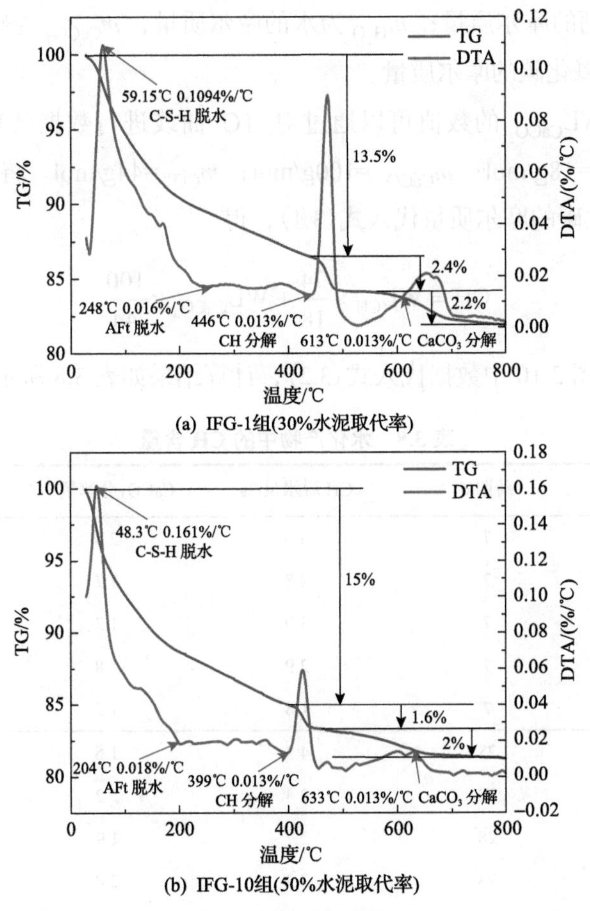

(a) IFG-1组(30%水泥取代率)

(b) IFG-10组(50%水泥取代率)

图 3.10　28d 龄期下不同水泥取代率的 DTA-TG 曲线

在不同的水化龄期下，各试样均存在 4 个吸热峰，发生了四次热失重。在 40～120℃存在一个吸热峰，这是 C-S-H 凝胶脱水所致；在 200～250℃存在一个吸热峰，这是 AFt 脱水所致；在 400～450℃存在一个大的吸热峰，这是 CH 受热脱水所致；在 600～700℃存在一个吸热峰，这是 CH 因碳化而形成的 $CaCO_3$ 的分解所致。

为了直观清晰地看出 IFG 三元掺合料与水泥组成的复合胶凝体系的水化进程，应用式(3.1)计算出不同龄期下各组样品中 CH 的含量。

$$\mathrm{CH} = \mathrm{WL_{CH}} \times \frac{m_{\mathrm{CH}}}{m_{\mathrm{H_2O}}} + \mathrm{WL_{CaCO_3}} \times \frac{m_{\mathrm{CaCO_3}}}{m_{\mathrm{CO_2}}} \tag{3.1}$$

式中，CH 为样品中氢氧化钙的相对含量，%；WL_{CH} 为通过 TG 脱除水后造成的氢氧化钙质量损失，%；WL_{CaCO_3} 为通过 TG 脱除水后造成的碳酸钙质量损失，%；m_{CH} 为氢氧化钙的摩尔质量；m_{H_2O} 为水的摩尔质量；m_{CaCO_3} 为碳酸钙的摩尔质量；m_{CO_2} 为二氧化碳的摩尔质量。

WL_{CH}、WL_{CaCO_3} 的数值可以通过对 TG 曲线进行数据处理得到；m_{CH} = 74g/mol；m_{H_2O} =18g/mol；m_{CaCO_3} =100g/mol；m_{CO_2} =44g/mol。将氢氧化钙、水、碳酸钙、二氧化碳的摩尔质量代入式(3.1)，得

$$\mathrm{CH} = \mathrm{WL_{CH}} \times \frac{74}{18} + \mathrm{WL_{CaCO_3}} \times \frac{100}{44} \tag{3.2}$$

将图 3.7～图 3.10 中数据代入式(3.2)，计算结果如表 3.8 所示。

表 3.8 水化产物中的 CH 含量

编号	龄期/d	CH 脱水量/%	$CaCO_3$ 分解量/%	CH 含量/%
0	7	3.0	2.8	18.7
IFG-1	7	2.8	1.7	15.4
IFG-3	7	3.0	1.7	16.2
IFG-4	7	2.9	1.8	16.0
IFG-10	7	1.8	1.7	11.3
0	28	4.3	1.6	21.3
IFG-1	28	2.4	2.2	14.9
IFG-3	28	2.7	1.9	15.4
IFG-4	28	2.3	2.8	14.7
IFG-10	28	1.6	2.0	11.1

在水泥基硬化浆体胶凝体系中，CH 的含量与水泥水化的程度密切相关。随着龄期的增加，水化程度不断增加。IFG 三元掺合料的引入明显降低了 CH 含量，这是由于掺合料的引入降低了水泥量，削弱了水泥水化的进程。IFG-1、IFG-3 与 IFG-4 中的 CH 含量随着水化龄期的增加而降低，说明 IFG 三元体系参与了二次水化反应并消耗了体系中的 CH。

代表不同铁尾矿研磨时间的 IFG-1 与 IFG-3 试样的 CH 含量在两种水化龄期下均不同。当龄期由 7d 增长至 28d 时，IFG-3 试样(研磨 2.5h)中 CH 含量的降幅为 0.8 个百分点、IFG-1 试样(研磨 1.5h)中 CH 含量的降幅为 0.5 个百分点。这表明不同研磨时间下的铁尾矿粉与 CH 发生二次水化反应的程度不同，随着研磨时间的增加铁尾矿活化程度变大，促进了二次水化的进程，消耗了体系内更多的 CH。化学活化剂 Na_2SiO_3 对 CH 含量也有作用，当龄期由 7d 增长至 28d 时，研磨 1.5h 加 Na_2SiO_3 活化的 IFG-4 试样中 CH 含量的降幅为 1.3 个百分点，而单一研磨 1.5h 活化的 IFG-1 试样中 CH 含量的降幅为 0.5 个百分点。这表明化学活化剂 Na_2SiO_3 的引入进一步促进了二次水化的进程，使 CH 含量的降幅比单一机械研磨更大，而且引入化学活化剂 Na_2SiO_3 比增加研磨时间对二次水化的促进效果更明显。

当 IFG 的水泥取代率由 30%提升至 50%时，水泥的掺入量减少，水泥水化生成的 CH 含量少。当龄期由 7d 增长至 28d 时，IFG-10 试样(50%水泥取代率)中 CH 含量的降幅仅为 0.2 个百分点。这一现象说明，当水泥量降低时，水泥水化程度降低，掺合料体系的二次水化程度也随之降低。

3.3.2 水化产物微观形貌 SEM 分析

利用 SEM 可直接观察水泥水化过程中的水化产物。将三元掺合料体系中的 IFG-4 和 IFG-10 组以水胶比 0.3 制备净浆试样，用 SEM 观察其 7d 和 28d 龄期的微观形貌，并与纯水泥浆体进行对比。观察结果如图 3.11～图 3.15 所示。

(a) 放大200倍

(b) 放大2000倍

(c) 放大10000倍　(d) 放大20000倍

图 3.11　纯水泥 7d 微观形貌

(a) 放大200倍　(b) 放大2000倍

(c) 放大10000倍　(d) 放大20000倍

图 3.12　三元掺合料体系 IFG-4 组 7d 微观形貌

(a) 放大200倍　(b) 放大2000倍

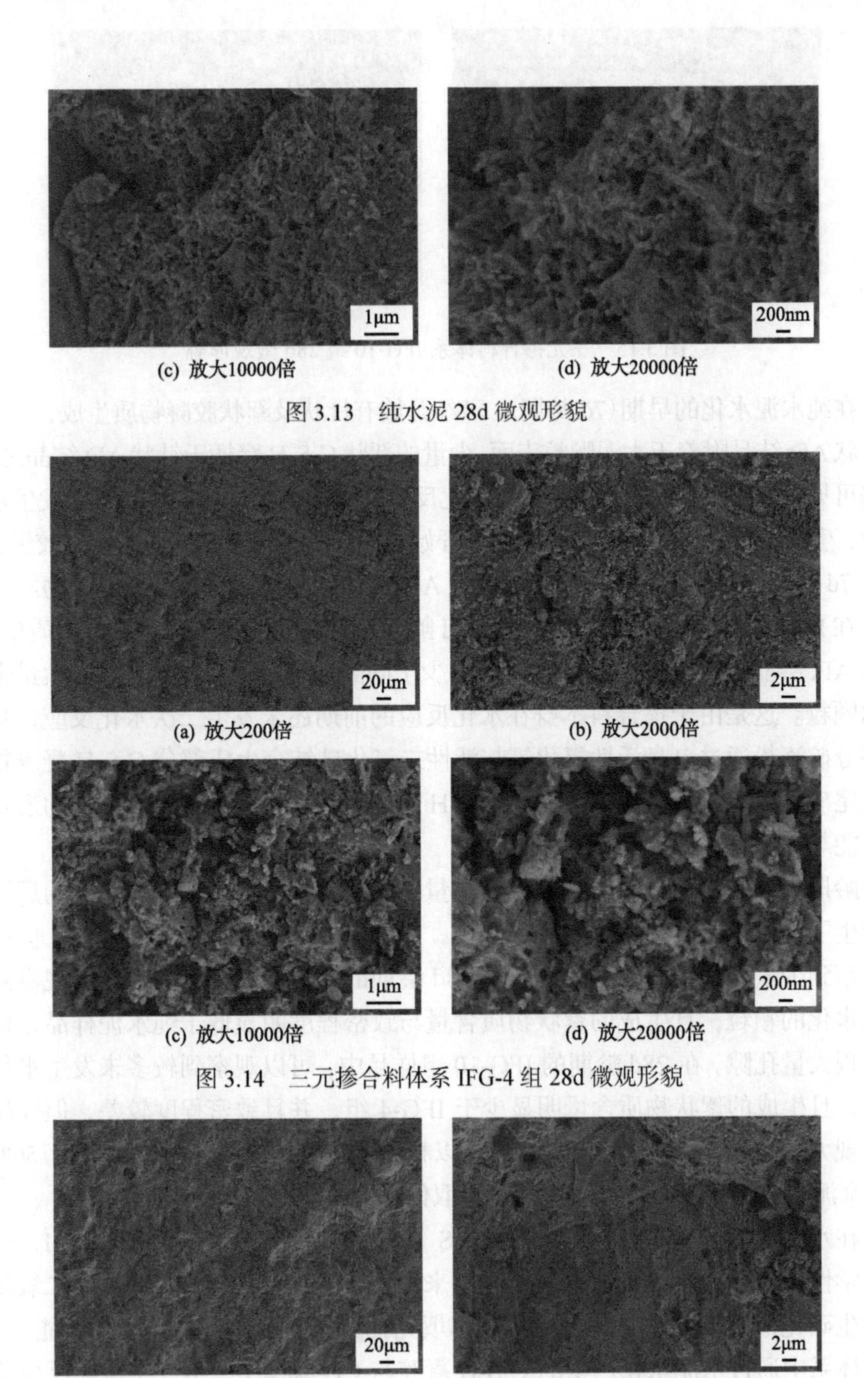

(c) 放大10000倍　(d) 放大20000倍

图 3.13　纯水泥 28d 微观形貌

(a) 放大200倍　(b) 放大2000倍

(c) 放大10000倍　(d) 放大20000倍

图 3.14　三元掺合料体系 IFG-4 组 28d 微观形貌

(a) 放大200倍　(b) 放大2000倍

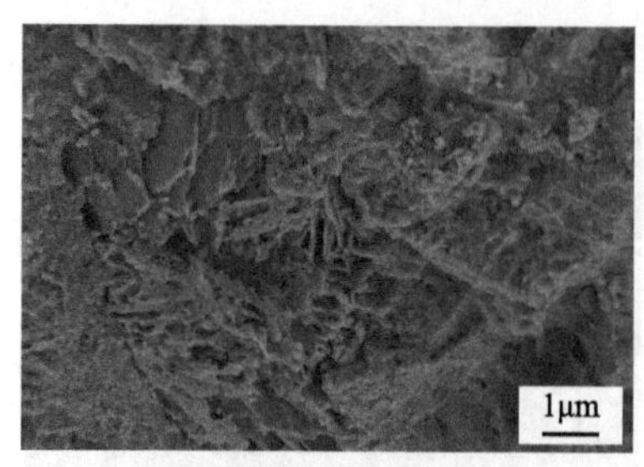

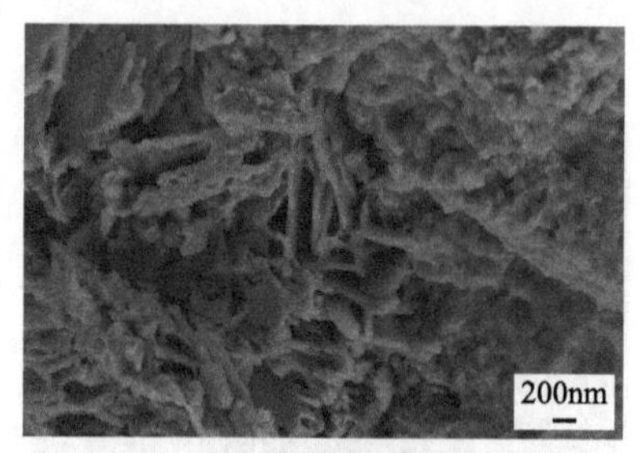

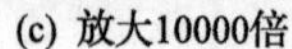
(c) 放大10000倍　　(d) 放大20000倍

图 3.15　三元掺合料体系 IFG-10 组 28d 微观形貌

在纯水泥水化的早期(7d 龄期)，已经开始有针状及絮状胶凝物质生成，有大量的针状 AFt 结晶附着于水泥颗粒表面，少量的絮状 C-S-H 穿插于针状 AFt 结晶之间，但仍可见未发生水化的水泥颗粒。在水化反应的初期，水泥中的 C_3A 率先发生水化反应，生成大量的 AFt 晶体，而后 C_3S 开始水化，但其生成 C-S-H 的速率较慢，所以在 7d 龄期下，可以观察到较多的针状 AFt 晶体和少量絮状 C-S-H 凝胶物。

在 IFG-4 组复合体系水化的早期(7d 龄期)，有部分针状及絮状胶凝物质生成，针状 AFt 结晶及絮状 C-S-H 的含量明显少于同龄期下纯水泥样品，存在大量未水化的颗粒。这是由于掺合料本身在水化反应的前期还未发生二次水化反应，只有少部分矿渣粉通过自身活性氧化钙与活性二氧化硅结合生成部分 C-S-H 凝胶物，而铁尾矿与粉煤灰无法向体系提供 C-S-H 凝胶，从而使得前期 IFG-4 组的宏观力学性能与纯水泥相比有较大差距。

龄期为 28d 时，纯水泥样品中有大量的絮状物质生成，在水泥水化的后期已经产生了大量的 C-S-H 胶凝，孔隙较少，分布较为均匀，且密实度较大，但还是能观察到少量未水化的水泥颗粒。在 28d 龄期的 IFG-4 组样品中，可以观察到未发生水化的颗粒，且生成的絮状物质含量与致密程度明显低于纯水泥样品，样品未出现大量孔隙。在 28d 龄期的 IFG-10 组样品中，可以观察到较多未发生水化的颗粒，且生成的絮状物质含量明显少于 IFG-4 组，并且致密程度较差，但样品并未出现大量孔隙。IFG-10 和 IFG-4 是以相同的三元掺合料体系分别取代 50%和 30%水泥制成的样品，可见，提高水泥取代率对水化有明显的负面影响。

在水泥水化的后期(28d)，C_3S、C_2S 水化生成大量 C-S-H 凝胶与 CH，这时的力学性能主要依靠大量的 C-S-H 凝胶来保证，但剩余部分的 CH 吸收二氧化碳后发生碳化形成碳酸钙晶体，这些晶体填充孔隙同时也能提高其力学性能。IFG 三元体系中通过水泥水化产生的 C-S-H 凝胶与 CH 减少了，但二次水化反应消耗了体系内游离的 CH，进一步生成了新的 C-S-H 凝胶与 C-A-H 凝胶，并且细小的铁尾矿颗粒虽然未发生水化但仍可以填充部分孔隙。在 IFG-10 组中，由于水泥取代率高(50%)，因此通过水泥水化产生的 C-S-H 凝胶与 CH 大量减少，通过二次水化反应生成的 C-S-H 凝胶与 C-A-H 凝胶也随之减少，从而导致水化后期(28d)的力学性能大幅度降低。

IFG 三元掺合料体系在早期由于颗粒间的填充效应与矿渣粉自身的水硬性反应，在后期由于二次水化生成 C-S-H 凝胶和 C-A-H 凝胶，再加上细小铁尾矿颗粒很好地填补了孔隙，因此三元掺合料体系的引入并没有产生大量的孔隙。

3.3.3　孔结构 MIP 分析

孔隙率是影响力学性能的关键因素之一。通过对胶砂试件进行 MIP 测试，可以分析不同铁尾矿活化条件与不同 IFG 三元体系掺量的水泥基复合胶凝材料的孔隙率、孔隙分布、最可几孔径等，并与空白试件进行对比。7d 和 28d 龄期试件的孔结构测试结果如图 3.16～图 3.19 所示，孔结构特征参数见表 3.9 和表 3.10。

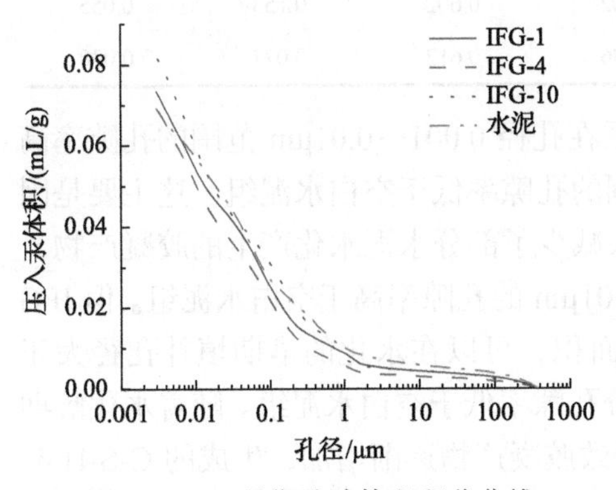

图 3.16　7d 龄期孔隙体积积分曲线

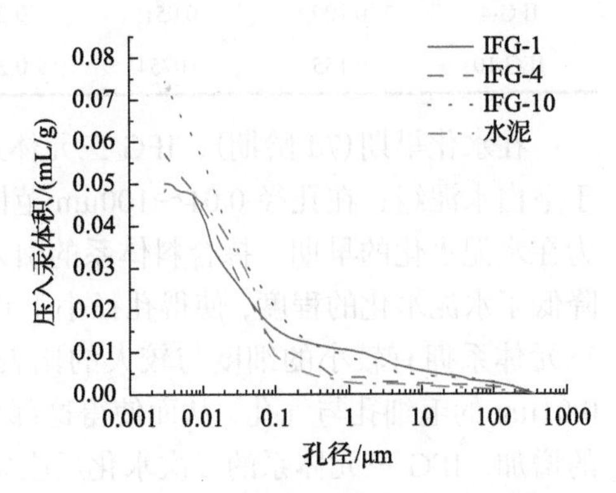

图 3.17　28d 龄期孔隙体积积分曲线

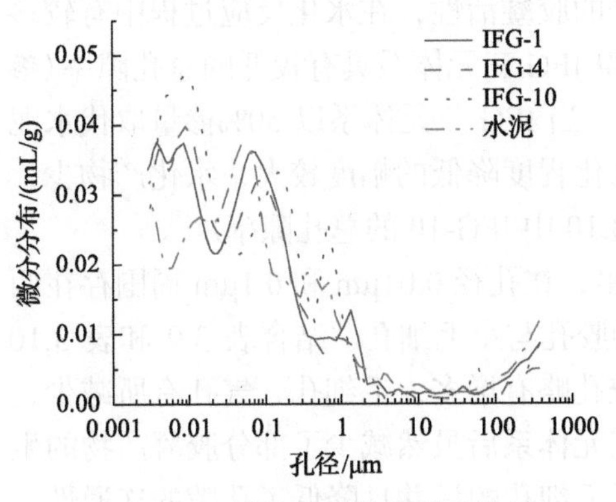

图 3.18　7d 龄期孔隙体积微分曲线

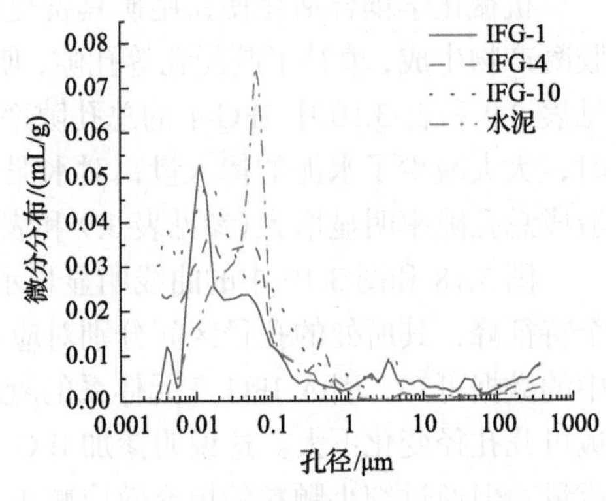

图 3.19　28d 龄期孔隙体积微分曲线

表 3.9 MIP 测试孔结构特征参数(7d 龄期)

试件编号	总孔隙体积/(mL/g)	最可几孔径/μm	孔径分布/μm			
			0～0.01	0.01～1	1～100	100
0	0.146	0.0696	0.195	0.669	0.088	0.054
IFG-1	0.157	0.0741	0.288	0.602	0.078	0.039
IFG-4	0.147	0.0702	0.254	0.675	0.054	0.025
IFG-10	0.173	0.0824	0.298	0.622	0.057	0.028

表 3.10 压汞测试孔结构特征参数(28d 龄期)

试件编号	总孔隙体积/(mL/g)	最可几孔径/μm	孔径分布/μm			
			0～0.01	0.01～1	1～100	100
0	0.105	0.05	0.111	0.852	0.035	0.021
IFG-1	0.124	0.057	0.256	0.682	0.041	0.031
IFG-4	0.109	0.051	0.202	0.602	0.153	0.055
IFG-10	0.155	0.0754	0.286	0.612	0.077	0.038

在水化早期(7d 龄期)，IFG 三元体系在孔径 0.001～0.01μm 范围的孔隙率高于空白水泥组；在孔径 0.01～100μm 范围的孔隙率低于空白水泥组。这主要是因为在水泥水化的早期，掺合料体系的引入减少了部分水泥水化产生的胶凝产物，降低了水泥水化的程度，使得孔径小于 0.01μm 的孔隙率高于空白水泥组。但 IFG 三元体系拥有较小的细度与较大的比表面积，可以在水化的早期填补孔径大于 0.01μm 的毛细孔与气孔，从而使得这部分孔隙率低于空白水泥组。随着水化龄期的增加，IFG 三元体系的二次水化反应导致胶凝产物逐渐增加，生成的 C-S-H 凝胶填补了部分孔隙，所以水化后期(28d 龄期)的总孔隙率低于水化早期。

机械化学耦合活化使铁尾矿具备更好的胶凝活性，在水化反应过程中有较多胶凝产物生成，填补了胶凝孔等孔隙，使得 IFG 三元体系具有较低的总孔隙率(参见表 3.9 和表 3.10 中 IFG-4 的总孔隙率)。当 IFG 三元体系以 50%掺量取代水泥时，大大减少了水泥的掺入量，对水泥水化程度降低的幅度较大，水化产物少，造成总孔隙率明显增大(参见表 3.9 和表 3.10 中 IFG-10 的总孔隙率)。

图 3.18 和图 3.19 中的曲线明显显示出，在孔径 0.01μm 和 0.1μm 周围存在两个特征峰，其所处的孔径区间分别对应凝胶孔与小毛细孔。结合表 3.9 和表 3.10 中的数据可知，引入 IFG 三元体系的凝胶孔略有增多，毛细孔、气孔有所减少，最可几孔径变化不大。这说明掺加 IFG 三元体系后虽然减少了部分胶凝产物的生成量，但通过细小颗粒的填充效应减少了毛细孔的量并且降低了孔隙的连通性，使得孔结构分布更加均匀。

3.4　小　　结

粉煤灰、矿渣粉与铁尾矿的比表面积相差不大，铁尾矿补充了 10～100μm 的颗粒，粉煤灰补充了 1～10μm 的颗粒，矿渣粉补充了小于 1μm 的颗粒。三者在三个粒度分布区间的颗粒相互补充，相较单一体系调整了颗粒级配。

在 IFG 三元体系中，铁尾矿研磨时间的增加使其反应活性提升，促进铁尾矿中的 SiO_2 参与二次水化反应，从而带动粉煤灰与矿渣粉的二次水化。化学活化剂的引入可以进一步促进铁尾矿的二次水化，生成更多 C-S-H 凝胶来提升活性指数，引入 Na_2SiO_3 后的 28d 活性指数最高达 98.47%。

降低水胶比会使浆体内部自由水含量减少，从而降低流动度；较少的自由水可以降低浆体中毛细孔含量，从而提升强度。当水胶比为 0.48 与 0.46 时，流动度均满足标准要求，因此应用 IFG 三元体系时可以适当降低水胶比至 0.48 或 0.46。提高水泥取代率会使水泥水化程度降低，生成的 C-S-H 凝胶与 CH 减少，抑制了 IFG 体系的二次水化反应，从而降低了 IFG 体系的活性指数。

在 IFG 三元体系中，铁尾矿的作用以填充效应为主，二次水化为辅；而粉煤灰和矿渣粉的作用主要依靠二次水化与水硬性反应。三种材料对强度的贡献各具优势，具备开发成为三元混凝土掺合料的潜力。在 IFG 三元体系中，铁尾矿的占比在 1/5～1/3 为宜，粉煤灰与矿渣粉的配比在 1∶1～3∶2 区间为宜。

DTA-TG 曲线显示：存在 4 个吸热峰，发生了四次热失重。证实了 IFG 掺合料体系参与了二次水化反应，消耗了 CH；增加研磨时间与 Na_2SiO_3 的引入均可以促进二次水化。相比单一的机械活化，机械化学耦合活化作用下 CH 含量的降幅更大，对二次水化的促进效果更明显。

SEM 观察显示：IFG 三元体系在水化的早期存在较多未水化的颗粒、少量 C-S-H 凝胶与较少的孔隙，证实了掺合料颗粒的填充效应；在水化的后期存在较多的 C-S-H 凝胶，证实了二次水化反应的存在。未水化的铁尾矿颗粒填补了因水化产生的部分孔隙。与单一铁尾矿相比，IFG 三元体系可以生成更多的 C-S-H 凝胶、填补更多浆体中的孔隙。

MIP 测试显示：IFG 三元体系的引入使总孔隙率与胶凝孔比纯水泥有所增加，毛细孔和气孔有所降低，而最可几孔径变化不大。虽然 IFG 三元体系使胶凝产物减少了，但细小颗粒所发挥的填充效应减少了毛细孔量并且降低了孔隙的连通性，使得孔结构分布更加均匀。

第 4 章

ICS 三元体系的胶凝活性

随着混凝土行业的发展，粉煤灰和矿渣粉这类优质混凝土掺合料面临供不应求的状态，开发新型混凝土掺合料代替粉煤灰和矿渣粉是混凝土领域需要解决的重点问题之一。从第 3 章的研究可知，将铁尾矿与粉煤灰和矿渣粉耦合可以制备出较高活性指数的高性能复合掺合料，达到降低粉煤灰和矿渣粉用量的目的。如果铁尾矿与其他类型的大宗固废协同制备复合混凝土掺合料能取得类似的效果，就可以进一步拓展混凝土掺合料的供给源，同时提高铁尾矿与其他固废的资源化利用水平。

本章使用常见的建筑垃圾废旧陶瓷和大宗固废钢渣，与铁尾矿协同制备 ICS 三元体系混凝土掺合料，对 ICS 三元体系进行力学性能试验，并通过 SEM 观察、DTA-TG 测试与 MIP 测试等，分析 ICS 三元体系对水化程度、胶凝产物、孔隙率等的作用效能，探索其作用机理，为 ICS 三元体系掺合料的应用提供理论依据。

4.1 实 验 概 况

4.1.1 实验材料

水泥为辽宁省抚顺市抚顺水泥股份有限公司生产的 P.I42.5 级水泥，高硅铁尾矿(IOTs)取自辽宁省本溪市歪头山地区铁矿，陶瓷粉(CP)取自潮州市新环科技有限公司，钢渣粉(SS)取自上海某建材公司生产的宝武钢渣微粉，三种掺合料的化学成分与含量见表 4.1。标准砂为中国 ISO 标准砂，水为自来水，化学活化剂为天津科茂责任有限公司生产的纯度大于 99%的 NaOH、Na_2SiO_3、Na_2SO_4。

表 4.1　ICS 掺合料的化学成分与含量(质量分数)　　(单位：%)

掺合料	SiO_2	Fe_2O_3	Al_2O_3	CaO	SO_3	MgO	K_2O	Na_2O	TiO_2	MnO
铁尾矿	62.25	14.37	4.78	7.76	0.47	6.33	1.39	1.34	0.53	0.21
陶瓷粉	62.56	1.32	23.41	6.43	0.06	1.56	1.34	0.91	0.12	0.09
钢渣粉	15.19	27.54	2.52	42.64	0.11	6.05	0.06	0.01	0.68	2.65

4.1.2　实验方案

实验的目的是揭示铁尾矿活化条件、水胶比、水泥取代率以及三元体系配合比对 ICS 三元体系活性指数的影响。水泥胶砂试件分组见表 4.2，相关参数设置如下。

表 4.2　水泥胶砂试件分组

试件编号	研磨时间/h	配合比(铁尾矿：陶瓷粉：钢渣粉)	化学活化剂	水泥取代率/%	水胶比
ICS-1	1.5	1∶1∶1	—	30	0.5
ICS-2	2	1∶1∶1	—	30	0.5
ICS-3	2.5	1∶1∶1	—	30	0.5
ICS-4	1.5	1∶1∶1	Na_2SiO_3	30	0.5
ICS-5	1.5	1∶1∶1	Na_2SO_4	30	0.5
ICS-6	1.5	1∶1∶1	NaOH	30	0.5
ICS-7	1.5	1∶1∶1	Na_2SiO_3	30	0.48
ICS-8	1.5	1∶1∶1	Na_2SiO_3	30	0.46
ICS-9	1.5	1∶1∶1	Na_2SiO_3	40	0.5
ICS-10	1.5	1∶1∶1	Na_2SiO_3	50	0.5
ICS-11	1.5	1∶0∶0	Na_2SiO_3	30	0.5
ICS-12	—	0∶1∶0	—	30	0.5
ICS-13	—	0∶0∶1	—	30	0.5
ICS-14	1.5	1∶1∶0	Na_2SiO_3	30	0.5
ICS-15	1.5	1∶0∶1	Na_2SiO_3	30	0.5
ICS-16	1.5	2∶1∶1	Na_2SiO_3	30	0.5
ICS-17	1.5	1∶1∶1	Na_2SiO_3	30	0.5
ICS-18	1.5	1∶2∶2	Na_2SiO_3	30	0.5
ICS-19	1.5	3∶4∶2	Na_2SiO_3	30	0.5
ICS-20	1.5	3∶2∶4	Na_2SiO_3	30	0.5
ICS-21	1.5	5∶6∶4	Na_2SiO_3	30	0.5

活化条件：取 1.5h、2h、2.5h 三个研磨时间梯度，1.5h 作为基本组；化学活化剂选取 NaOH、Na_2SiO_3(模数=1)、Na_2SO_4，Na_2SiO_3 为基本组，化学活化剂均

以铁尾矿质量的0.5%掺入。

水胶比：取0.5、0.48、0.46三个水胶比，0.5作为基本组。

水泥取代率：取30%、40%、50%三个水泥取代率，30%作为基本组。

三元体系配合比：共取11种三元配合比(表4.2)，以铁尾矿∶陶瓷粉∶钢渣粉=1∶1∶1为基本组。配合比的设置同时包括一元体系与二元体系，也体现了铁尾矿占比以及陶瓷粉与钢渣粉比例的变化。

4.2 ICS三元体系活性分析

铁尾矿、陶瓷粉、钢渣粉三者在颗粒形貌与细度方面具备协同作用的可能性。本节基于实验数据对ICS三元体系的活性进行分析，寻找ICS三元体系的最佳铁尾矿活化条件、水胶比、配合比以及在满足力学性能要求的情况下可能达到的最高水泥取代率，为ICS三元体系的应用提供理论基础。

4.2.1 铁尾矿活化条件对活性的影响

第2章的研究表明，铁尾矿在不同活化条件下表现出不同的力学性能。本节对掺入在不同活化条件下的铁尾矿的ICS三元体系的力学性能进行了分析，以明确铁尾矿活化条件会对ICS三元体系的活性产生何种影响。相关试件的实验结果见表4.3和图4.1。

表4.3 不同铁尾矿活化条件下ICS三元体系的力学性能

试件编号	研磨时间/h	化学活化剂	抗折强度/MPa		抗压强度/MPa		活性指数/%	
			7d	28d	7d	28d	7d	28d
0	—	—	6.3	8.2	39.4	58.8	—	—
ICS-1	1.5	—	5	6.2	23.6	44.6	59.90	75.85
ICS-2	2	—	5.4	6.1	26.6	46.2	67.51	78.57
ICS-3	2.5	—	5.2	6.5	27.2	49.0	69.04	83.33
ICS-4	1.5	Na_2SiO_3	5.3	6.7	30.9	49.9	78.58	84.86
ICS-5	1.5	Na_2SO_4	4.8	6.9	29.3	46.3	74.47	78.74
ICS-6	1.5	NaOH	4.9	6.8	30.1	47.8	76.50	81.29

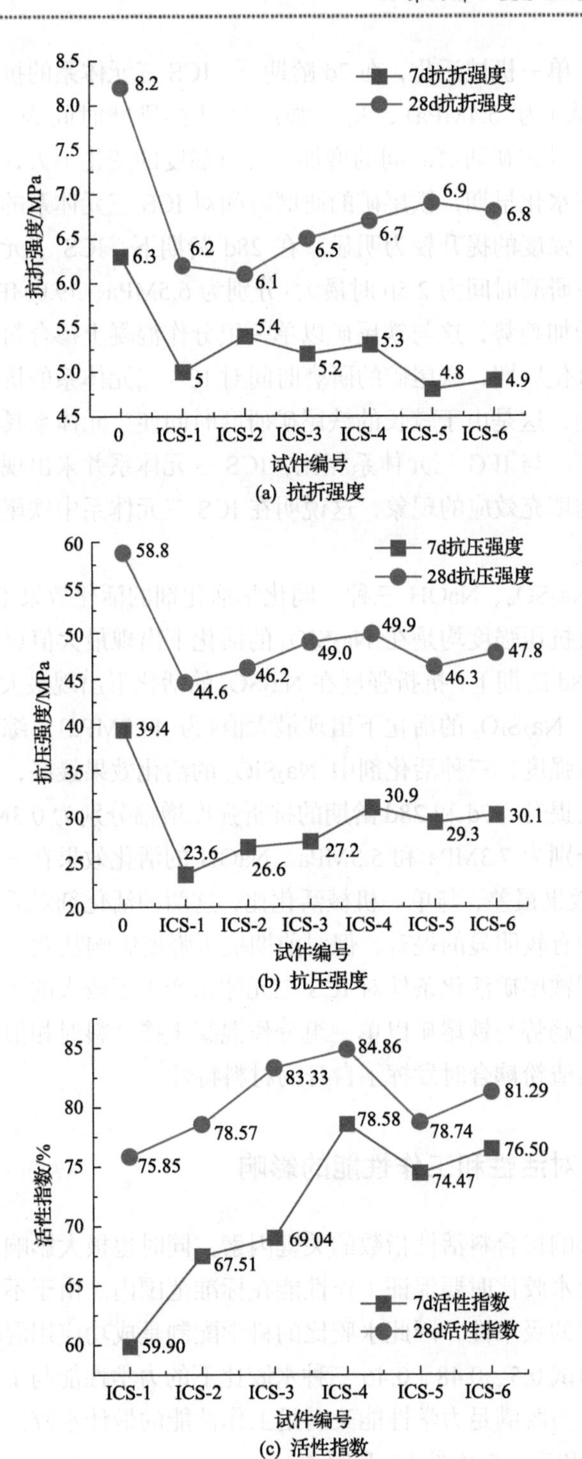

(a) 抗折强度

(b) 抗压强度

(c) 活性指数

图 4.1　不同铁尾矿活化条件下 ICS 三元体系的力学性能

对于铁尾矿单一机械活化，在7d龄期下，ICS三元体系的抗折强度在研磨时间为2h时最大(为5.4MPa)，抗压强度则是在研磨时间为2.5h时最大(为27.2MPa)；随着铁尾矿研磨时间的增加，抗折强度的变化不大，抗压强度呈增加趋势。因此，在水化早期，铁尾矿的研磨时间对ICS三元体系的抗折强度影响较小，但对其抗压强度的提升较为明显。在28d龄期下，ICS三元体系的抗折强度及抗压强度均在研磨时间为2.5h时最大(分别为6.5MPa、49.0MPa)，并且随研磨时间的增加呈增加趋势，这与铁尾矿以单一组分作混凝土掺合料时的变化趋势一致。因此，在水化后期，铁尾矿的研磨时间对ICS三元体系的抗折强度及抗压强度均有较大影响，这是由于较长的铁尾矿研磨时间使三元体系具备较好的火山灰活性与填充效应。与IFG三元体系相比，ICS三元体系并未出现在早期由于颗粒间的协同而影响填充效应的现象，这说明在ICS三元体系中铁尾矿对填充效应的影响小于陶瓷粉。

Na_2SiO_3、Na_2SO_4、NaOH三种不同化学活化剂的活化效果不同。在7d龄期下，抗折强度及抗压强度均是在Na_2SiO_3的活化下出现最大值(分别为5.3MPa、30.9MPa)。在28d龄期下，抗折强度在Na_2SO_4的活化下出现最大值(为6.9MPa)，抗压强度则是在Na_2SiO_3的活化下出现最大值(为49.9MPa)。综合两个龄期下的抗折强度和抗压强度，三种活化剂中Na_2SiO_3的活化效果最好，相较单一机械活化的强度有较大提升，7d和28d龄期的抗折强度增幅分别为0.3MPa和0.5MPa，抗压强度增幅分别为7.3MPa和5.3MPa。NaOH的活化效果在三者中名列第二，Na_2SO_4的活化效果最差，与单一机械活化比，这两种活化剂对后期抗折强度和前后期抗压强度均有较明显的提升，但对前期抗折强度影响甚微。

总之，不同铁尾矿活化条件对ICS三元体系产生了较大的影响，且这种影响造成的强度变化趋势与铁尾矿以单一组分作混凝土掺合料时相似。这说明铁尾矿在与陶瓷粉、钢渣粉耦合时发挥了自身的材料特性。

4.2.2 水胶比对活性和工作性能的影响

水胶比是影响掺合料活性指数的关键因素，同时也极大影响了浆体的工作性能，所以在改变水胶比时要保证工作性能在标准范围内。由于不同种类的混凝土掺合料具备不同的吸水性，因此水胶比的科学配制是成功应用混凝土掺合料的关键。本节通过测试0.5、0.48、0.46三种水胶比下的力学性能与工作性能，找到水胶比的影响规律与既满足力学性能又满足工作性能的最佳水胶比。相关试件的实验结果见表4.4和表4.5及图4.2和图4.3。

表 4.4 不同水胶比下 ICS 三元体系的力学性能

试件编号	水胶比	抗折强度/MPa		抗压强度/MPa		活性指数/%	
		7d	28d	7d	28d	7d	28d
0	0.5	6.3	8.2	39.4	58.8	—	—
ICS-4	0.5	5.3	6.7	30.9	49.9	78.58	84.86
ICS-7	0.48	5.6	6.7	32.1	50.1	81.47	85.20
ICS-8	0.46	5.7	6.9	34.5	52.3	87.56	88.95

表 4.5 不同水胶比下 ICS 三元体系的工作性能

试件编号	0	ICS-4	ICS-7	ICS-8
水胶比	0.5	0.5	0.48	0.46
流动度	184	187	181	174

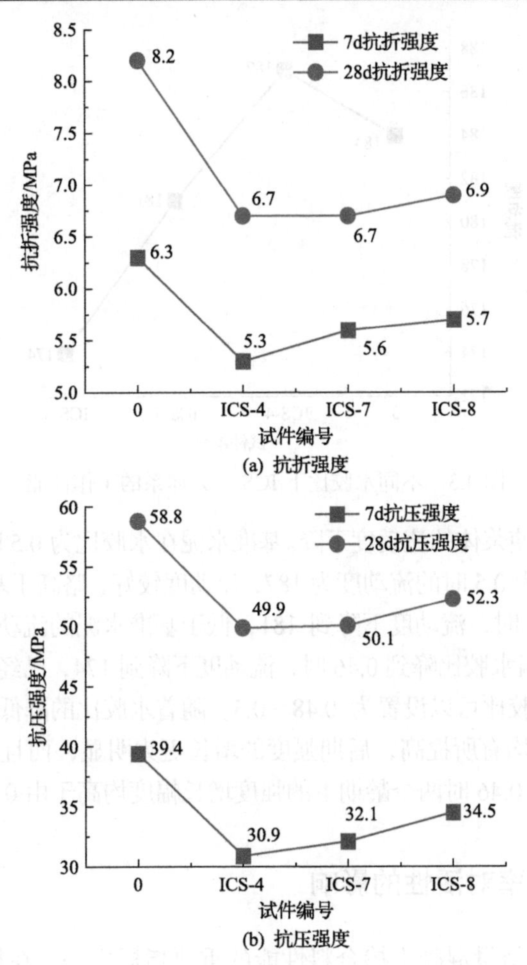

(a) 抗折强度

(b) 抗压强度

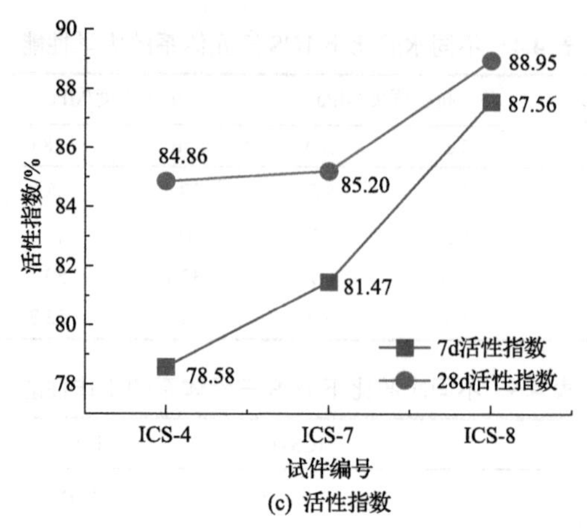

(c) 活性指数

图 4.2 不同水胶比下 ICS 三元体系的力学性能

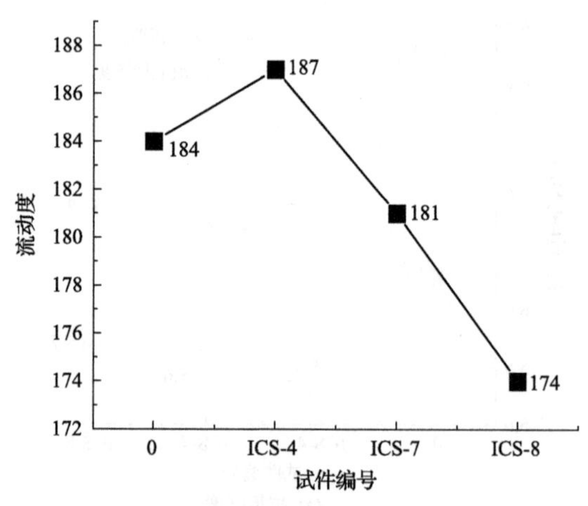

图 4.3 不同水胶比下 ICS 三元体系的工作性能

水胶比降低会使浆体的流动度下降。基准水泥在水胶比为 0.5 时的流动度为 184。ICS 体系在水胶比为 0.5 时的流动度为 187，流动度较好，略高于基准水泥的流动度；当水胶比降到 0.48 时，流动度下降到 181，低于基准水泥的流动度，但满足标准要求(不低于 180)；当水胶比降到 0.46 时，流动度下降到 174，已经低于标准要求。因此，ICS 体系的水胶比可以设置为 0.48～0.5。随着水胶比的降低，两个龄期下的抗折强度和抗压强度均有所提高，后期强度的增长更为明显，而且在水胶比降低的过程中，由 0.48 降至 0.46 时两个龄期下的强度增长幅度均高于由 0.5 降至 0.48。

4.2.3 水泥取代率对活性的影响

水泥取代率是衡量混凝土掺合料性能的重要指标之一。在保证力学性能的前提下，优异的混凝土掺合料能以50%以上的取代率取代水泥，普通的混凝土掺合料也应达到30%的水泥取代率。本节通过测试不同水泥取代率下ICS三元体系的活性指数，来衡量该复合体系胶凝材料的质量高低。实验数据见表4.6和图4.4。

表4.6　不同水泥取代率下ICS三元体系的力学性能

试件编号	水泥取代率/%	抗折强度/MPa		抗压强度/MPa		活性指数/%	
		7d	28d	7d	28d	7d	28d
0	—	6.3	8.2	39.4	58.8	—	—
ICS-4	30	5.3	6.7	30.9	49.9	78.58	84.86
ICS-9	40	4.8	5.7	23.9	38.4	60.76	65.31
ICS-10	50	4.2	5.4	19.8	33.1	50.36	56.29

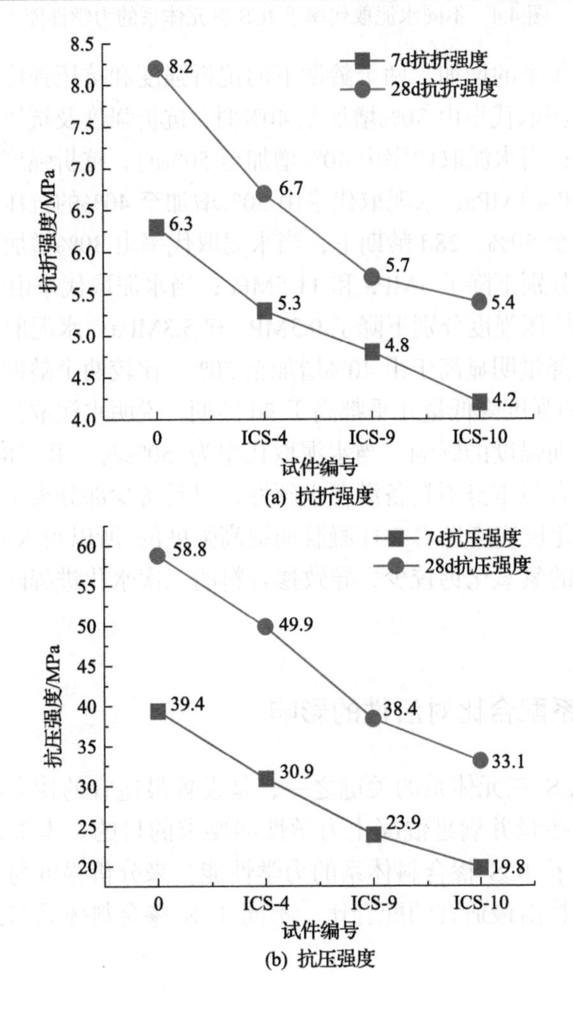

(a) 抗折强度

(b) 抗压强度

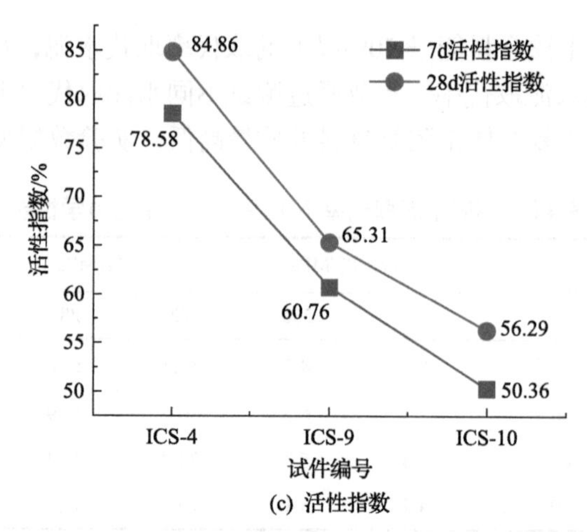

(c) 活性指数

图 4.4　不同水泥取代率下 ICS 三元体系的力学性能

随着水泥取代率的增加，两个龄期下的抗折强度和抗压强度均大幅度降低。7d 龄期下，当水泥取代率由 30%增加至 40%时，抗折强度及抗压强度分别下降了 0.5MPa 和 7MPa；当水泥取代率由 40%增加至 50%时，抗折强度及抗压强度分别下降了 0.6MPa 和 4.1MPa；水泥取代率由 30%增加至 40%的抗压强度下降量明显高于由 40%增加至 50%。28d 龄期下，当水泥取代率由 30%增加至 40%时，抗折强度及抗压强度分别下降了 1MPa 和 11.5MPa；当水泥取代率由 40%增加至 50%时，抗折强度及抗压强度分别下降了 0.3MPa 和 5.3MPa；水泥取代率由 30%增加至 40%的强度下降量明显高于由 40%增加至 50%。比较两个龄期下的强度变化可知，28d 龄期下的强度降低量几乎都高于 7d 龄期，说明水泥取代率对后期强度的影响要大于对早期强度的影响。当水泥取代率为 50%时，其 28d 活性指数低至 56.29%。三种掺合料本身不具备潜在水硬性，只具备少部分火山灰效应，它们是通过参与二次水化反应产生 C-S-H 凝胶而提高强度的。所以当水泥取代率过高时，水泥水化后剩余的氢氧化钙较少，导致掺合料的二次水化进程降低，从而使其活性指数明显降低。

4.2.4　三元体系配合比对活性的影响

成功应用 ICS 三元体系的关键之一，是设置最适宜的掺合料配合比，达到尽量提高铁尾矿掺量并满足混凝土力学性能要求的目的。本节通过测试合理区间内不同配合比下 ICS 掺合料体系的力学性能，来分析强度与活性指数随配合比的变化规律，找出最适宜的配合比。不同 ICS 掺合料体系与配合比下的实验数据见表 4.7。

表 4.7 不同 ICS 掺合料体系与配合比下的力学性能

试件编号	配合比（铁尾矿：陶瓷粉：钢渣粉）	抗折强度/MPa		抗压强度/MPa		活性指数/%	
		7d	28d	7d	28d	7d	28d
0	—	6.3	8.2	39.4	58.8	—	—
ICS-11	1：0：0	5.4	7.1	31.6	46.9	80.27	79.84
ICS-12	0：1：0	5.3	6.8	32.6	43.9	82.85	74.77
ICS-13	0：0：1	5.7	8.4	33.3	54.7	84.47	93.02
ICS-14	1：1：0	5.4	7.1	30.4	44.8	77.19	76.19
ICS-15	1：0：1	5.6	8.1	32.1	50.8	81.47	86.39
ICS-16	2：1：1	5.5	7.2	28.1	47.3	71.35	80.46
ICS-17	1：1：1	5.5	7.4	30.9	49.9	78.58	84.86
ICS-18	1：2：2	5.7	7.6	32.7	51.9	83.12	88.29
ICS-19	3：4：2	5.3	6.9	30.8	46.8	78.17	79.59
ICS-20	3：2：4	5.4	7.1	31.9	50.6	80.96	86.05
ICS-21	5：6：4	5.3	7.2	31.2	48.7	79.18	82.82

试件 ICS-11～ICS-13 为一元体系、ICS-14 和 ICS-15 为二元体系，其余试件为三元体系。测试一元体系与二元体系是为了分析不同掺合料对混凝土力学性能的影响并与三元体系形成对比。三元体系中，试件 ICS-16～ICS-18 的铁尾矿占比逐渐降低而陶瓷粉与钢渣粉之间保持 1：1 的比例，以便分析铁尾矿的占比对三元体系的影响；试件 ICS-17 和 ICS-19～ICS-21 的铁尾矿占比固定为 1/3 而改变陶瓷粉与钢渣粉之间的比例，以便分析陶瓷粉与钢渣粉的比例对三元体系的影响。一元体系与二元体系的力学性能见图 4.5，三元体系的力学性能见图 4.6。

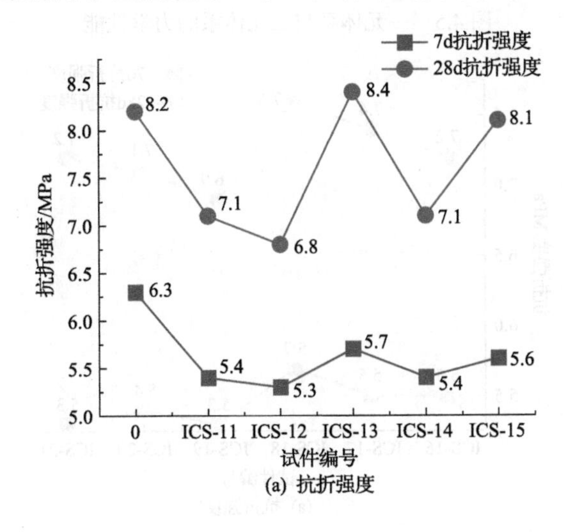

(a) 抗折强度

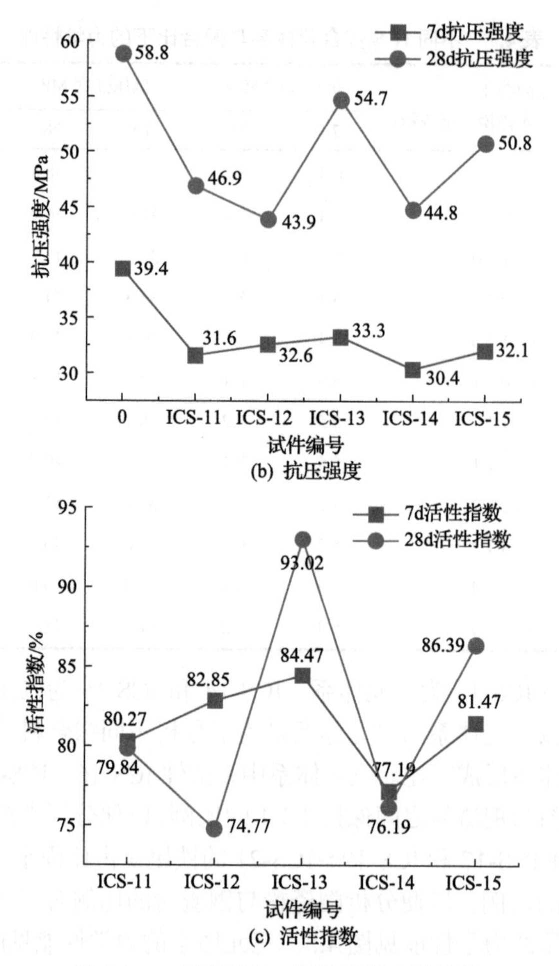

(b) 抗压强度

(c) 活性指数

图 4.5　一元体系与二元体系的力学性能

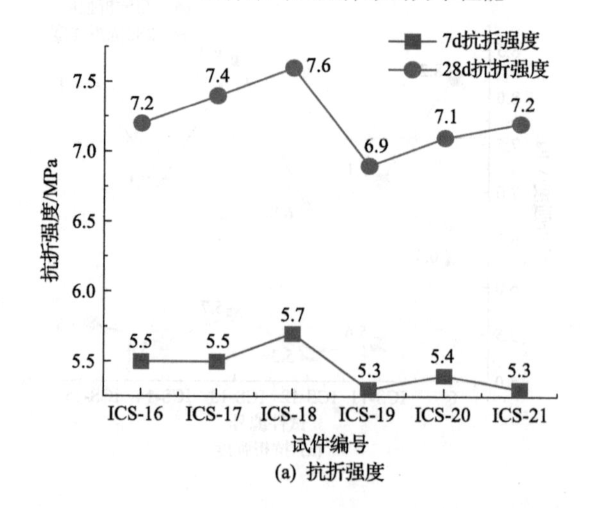

(a) 抗折强度

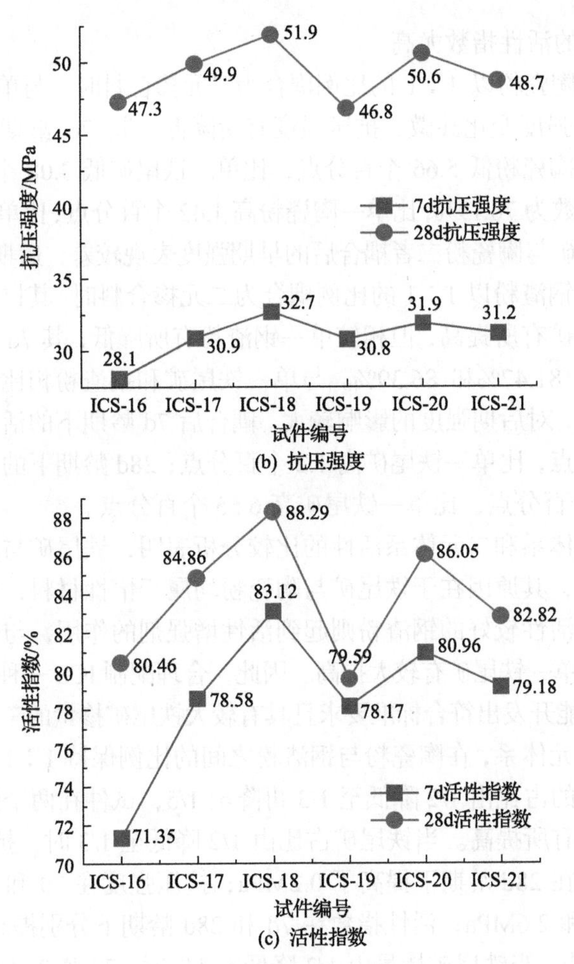

(b) 抗压强度

(c) 活性指数

图 4.6　ICS 三元体系不同配合比下的力学性能

铁尾矿、陶瓷粉、钢渣粉三种材料分别以单一组分作混凝土掺合料(水泥取代率均为 30%)时，7d 龄期下的活性指数分别为 80.27%、82.85%、84.47%，28d 龄期下的活性指数分别为 79.84%、74.77%、93.02%。可见，在水化早期三种材料均拥有较好的活性指数且差别不大，但在水化后期三种材料表现出大不相同的活性指数。陶瓷粉 28d 龄期下的活性指数仅为 74.77%，比 7d 龄期大幅下降 8.08 个百分点。陶瓷粉在三种材料中细度最小、比表面积最大，在水化早期起到较好的填充效应，因而其早期活性指数较高；因为陶瓷粉颗粒本身属惰性材料，不具备火山灰活性与潜在水硬性，所以在水化后期难以发生二次水化反应，导致后期活性指数低。钢渣粉颗粒在三种材料中虽然细度最大、比表面积最小，但钢渣颗粒中拥有较多游离的 CaO 和少量的 C_3S 与 C_2S，在水化早期与后期均可以在不同程度上生成部分胶凝材料，所以钢渣粉在 7d 和 28d 两个龄期下均表现出较高的活性指数，28d 龄期下的活性指数尤高。

当铁尾矿与陶瓷粉以 1∶1 的比例耦合为二元掺合料时，与单一铁尾矿和陶瓷粉相比，其抗折强度变化甚微、抗压强度有所降低；其 7d 龄期下的活性指数为 77.19%，比单一陶瓷粉低 5.66 个百分点，比单一铁尾矿低 3.08 个百分点；其 28d 龄期下的活性指数为 76.19%，比单一陶瓷粉高 1.42 个百分点，比单一铁尾矿低 3.65 个百分点。铁尾矿与陶瓷粉二者耦合后的早期强度表现较差，后期强度表现较好。

当铁尾矿与钢渣粉以 1∶1 的比例耦合为二元掺合料时，其抗折强度和抗压强度相较单一铁尾矿有所提高，但相较单一钢渣粉有所降低；其 7d 和 28d 龄期下的活性指数分别为 81.47%和 86.39%。与单一铁尾矿和钢渣粉相比，耦合后对早期强度的影响较小，对后期强度的影响较大。耦合后 7d 龄期下的活性指数比单一钢渣粉低 3 个百分点，比单一铁尾矿高 1.2 个百分点；28d 龄期下的活性指数比单一钢渣粉低 6.63 个百分点，比单一铁尾矿高 6.55 个百分点。

上述对一元体系和二元体系活性的比较分析表明，铁尾矿与陶瓷粉二元体系的耦合效果较差，其原因在于铁尾矿与陶瓷粉均属于惰性材料，强度主要源于颗粒的填充效应；活性较好的钢渣粉则起到活性增强剂的作用，与铁尾矿耦合后的活性指数可以比单一铁尾矿有较大提高。因此，合理配制 ICS 三种组分，使三者的效能互补，就可能开发出符合标准要求且具有较大铁尾矿掺量的三元掺合料体系。

对于 ICS 三元体系，在陶瓷粉与钢渣粉之间的比例保持 1∶1 的条件下，随着铁尾矿在三者中的占比由 1/2 降低至 1/3 再降至 1/5，试件在两个龄期下的抗折强度和抗压强度均有所提高。当铁尾矿占比由 1/2 降低至 1/3 时，抗折强度在 7d 龄期下保持不变，在 28d 龄期下提高了 0.2MPa；抗压强度在 7d 和 28d 龄期下分别提高了 2.8MPa 和 2.6MPa；活性指数在 7d 和 28d 龄期下分别提高了 7.23 个百分点和 4.4 个百分点。当铁尾矿掺量由 1/3 降低至 1/5 时，7d 和 28d 龄期下的抗折强度分别提高了 0.2MPa 和 0.2MPa，抗压强度分别提高了 1.8MPa 和 2MPa，活性指数分别提高了 4.54 个百分点和 3.43 个百分点。可见，抗折强度及抗压强度随铁尾矿占比的降低均呈上升趋势，且铁尾矿占比由 1/2 降低至 1/3 引起的抗压强度和活性指数的提升量均大于由 1/3 降低至 1/5，但抗折强度在这两个铁尾矿占比区间的变化差别不大，换言之，随着铁尾矿占比的降低，强度的提升放缓。因此，铁尾矿在 ICS 三元体系中的占比取 1/5～1/3 为宜。

对于 ICS 三元体系，在铁尾矿占比保持 1/3 的条件下，陶瓷粉∶钢渣粉=1∶1 时，7d 和 28d 龄期下的抗折强度分别为 5.5MPa 和 7.4MPa，抗压强度分别为 30.9MPa 和 49.9MPa，活性指数分别为 78.58%和 84.86%。陶瓷粉∶钢渣粉=2∶1 时，与陶瓷粉∶钢渣粉=1∶1 时相比，7d 和 28d 龄期下的抗折强度分别降低了 0.2MPa 和 0.5MPa，抗压强度分别降低了 0.1MPa 和 3.1MPa，活性指数分别降低了 0.41 个百分点和 5.27 个百分点。陶瓷粉∶钢渣粉=1∶2 时，与陶瓷粉∶钢渣粉=1∶1 时相比，

7d 和 28d 龄期下的抗折强度分别降低了 0.1MPa 和 0.3MPa，抗压强度分别提高了 1MPa 和 0.7MPa，活性指数分别提高了 2.38 个百分点和 1.19 个百分点。陶瓷粉：钢渣粉=3：2 时，与陶瓷粉：钢渣粉=1：1 时相比，7d 和 28d 龄期下的抗折强度分别降低了 0.2MPa 和 0.2MPa，抗压强度分别提高了 0.3MPa 和降低了 1.2MPa，活性指数分别提高了 0.6 个百分点和降低了 2.04 个百分点。

总结上述变化可以看出，在铁尾矿占比为 1/3 的条件下，ICS 三元体系的力学性能随陶瓷粉与钢渣粉之间配比的变化呈现出规律性：随着陶瓷粉与钢渣粉比值的升高，活性指数呈下降趋势，且降幅呈加大趋势；抗折强度的变化较为平稳；28d 龄期下的抗压强度呈加速降低趋势。因此，陶瓷粉的占比不宜过大，在铁尾矿占比为 1/3 的条件下，陶瓷粉与钢渣粉之间的配比在 1：2～1：1 的区间为宜。

以上研究结果表明，铁尾矿的活化条件、水胶比、水泥取代率、掺合料配合比都会对 ICS 三元体系的性能产生影响。研磨时间为 2.5h、活化剂为 Na_2SiO_3 时 ICS 三元体系的活性指数最高；随着水胶比的降低，活性指数显著提升；随着水泥取代率的增加，活性指数持续降低。ICS 三元体系中，铁尾矿的适宜占比为 1/5～1/3，陶瓷粉与钢渣粉之间的适宜配比为 1：2～1：1。

4.3　ICS 三元体系的水化机理

4.3.1　水化产物 DTA-TG 分析

图 4.7 为 28d 龄期下不同铁尾矿活化条件的 DTA-TG 曲线，图 4.8 为 28d 龄期下不同水泥取代率的 DTA-TG 曲线。将图 4.7 和图 4.8 中的数据代入式(3.2)中，计算结果如表 4.8 所示。

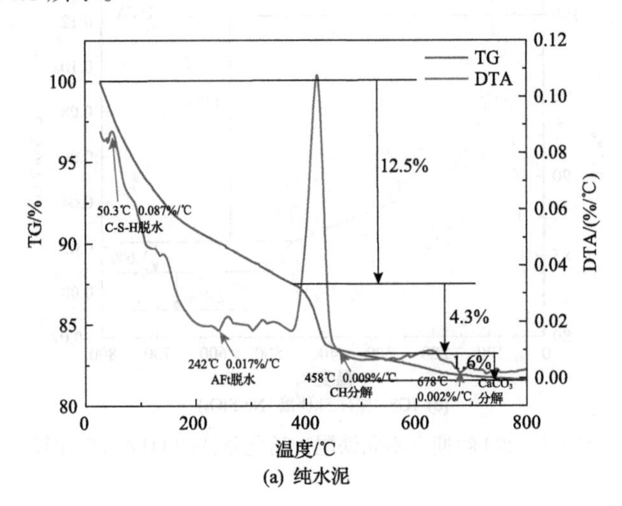

(a) 纯水泥

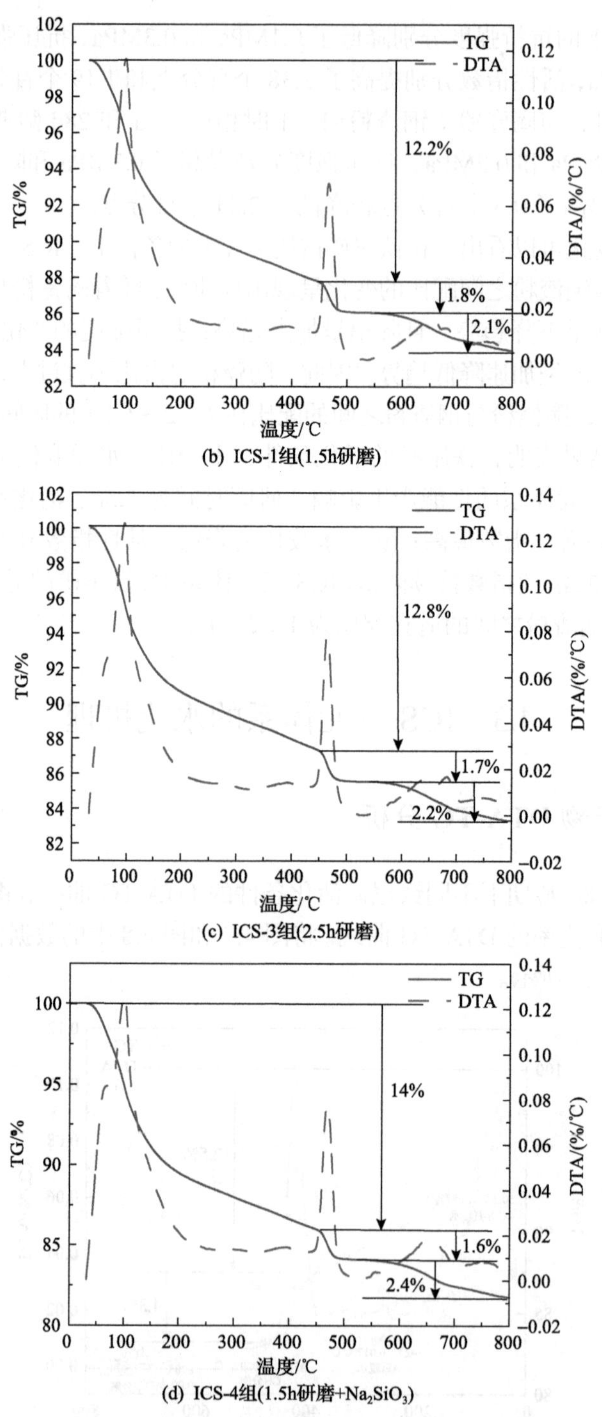

(b) ICS-1组(1.5h研磨)

(c) ICS-3组(2.5h研磨)

(d) ICS-4组(1.5h研磨+Na_2SiO_3)

图 4.7　28d 龄期下不同铁尾矿活化条件的 DTA-TG 曲线

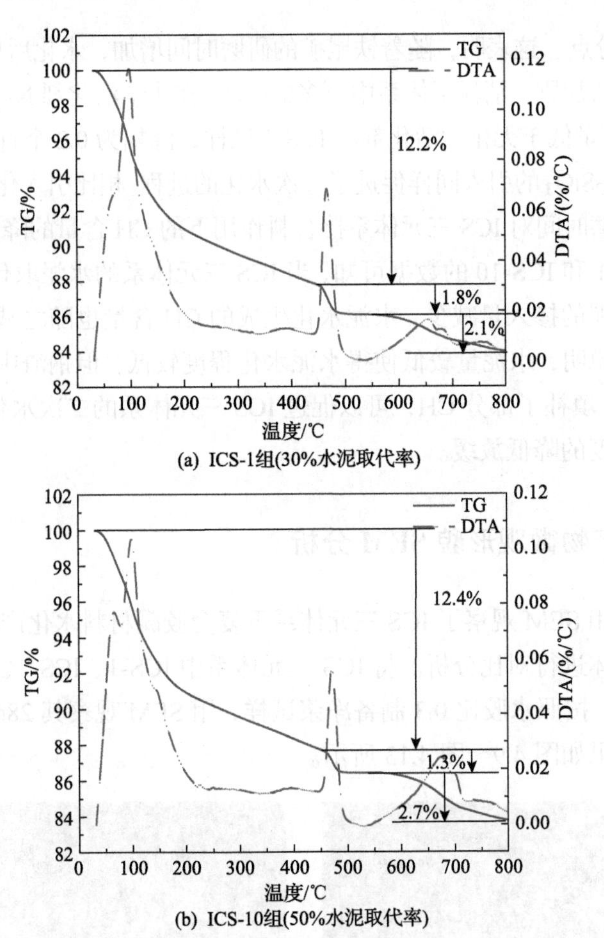

(a) ICS-1组(30%水泥取代率)

(b) ICS-10组(50%水泥取代率)

图 4.8 28d 龄期下不同水泥取代率的 DTA-TG 曲线

表 4.8 水化产物中 CH 含量

试件编号	龄期/d	CH 脱水量/%	$CaCO_3$ 分解量/%	CH 含量/%
0	28	4.3	1.6	21.3
ICS-1	28	1.8	2.1	12.2
ICS-3	28	1.7	2.2	11.8
ICS-4	28	1.6	2.4	12.0
ICS-10	28	1.3	2.7	11.4

与纯水泥相比，引入 ICS 体系后的 CH 含量均明显下降。这是由于 ICS 三元体系的引入降低了水泥量，削弱了水泥水化的进程。对于使用单一机械活化铁尾矿的试样(ICS-1 和 ICS-3)，研磨时间从 1.5h 增加到 2.5h，其 28d 龄期下的 CH 含量降

低了 0.4 个百分点。这表明，随着铁尾矿的研磨时间增加，水化后期参与二次水化反应的程度有所加剧，消耗了体系中更多的 CH。在化学活化剂 Na_2SiO_3 的作用下，ICS-4 的 CH 含量低于无化学活化剂的 ICS-1 试样，降幅为 0.2 个百分点。这表明，化学活化剂 Na_2SiO_3 的引入同样促进了二次水化的进程。相比引入化学活化剂而言，增加铁尾矿研磨时间对 ICS 三元体系掺合料作用下的 CH 含量的降低作用更大。

比较 ICS-1 和 ICS-10 的数据可知，当 ICS 三元体系的水泥取代率由 30%提升至 50%时，水泥的掺入量减少，水泥水化生成的 CH 含量也随之减少，降幅为 0.8 个百分点。这说明，水泥量较低使得水泥水化程度较低，但钢渣中的游离 CaO 生成了部分 CH，填补了部分 CH，可以促进 ICS 三元体系的二次水化，使得 ICS 三元体系后期强度的降低放缓。

4.3.2 水化产物微观形貌 SEM 分析

本实验利用 SEM 观察了 ICS 三元体系下复合胶凝材料水化产物的微观形貌，并与纯水泥浆体进行对比分析。将 ICS 三元体系中 ICS-1、ICS-3、ICS-4、ICS-10 组与水泥混合，按照水胶比 0.3 制备净浆试样，用 SEM 观察其 28d 龄期下的水化产物。观察结果如图 4.9～图 4.13 所示。

(a) 放大200倍 (b) 放大2000倍 (c) 放大10000倍 (d) 放大20000倍

图 4.9 纯水泥 28d 龄期下的微观形貌

(a) 放大1000倍　(b) 放大10000倍

(c) 放大20000倍　(d) 放大20000倍

图 4.10　ICS 三元体系 ICS-1 组 28d 龄期下的微观形貌

(a) 放大1000倍　(b) 放大5000倍

(c) 放大20000倍　(d) 放大20000倍

图 4.11　ICS 三元体系 ICS-3 组 28d 龄期下的微观形貌

(a) 放大1000倍　(b) 放大10000倍

(c) 放大20000倍　(d) 放大20000倍

图 4.12　ICS 三元体系 ICS-4 组 28d 龄期下的微观形貌

(a) 放大1000倍　(b) 放大10000倍

(c) 放大20000倍 　(d) 放大30000倍

图 4.13　ICS 三元体系 ICS-10 组 28d 龄期下的微观形貌

在 ICS-1 组（铁尾矿研磨 1.5h，无化学活化剂）中可以明显观察到未水化的颗粒，存在针状 AFt 颗粒与絮状 C-S-H 凝胶附着于未水化的颗粒之上；但 AFt 与 C-S-H 的凝胶含量较少，且密实度不大，存在微小的孔隙。在 ICS-3 组（铁尾矿研磨 2.5h，无化学活化剂）中同样可明显观察到未水化的颗粒。由于铁尾矿、陶瓷粉、钢渣粉均属于不规则立方体形态，因此难以通过 SEM 图确定未水化颗粒的归属。不同的是，ICS-3 组出现较多 AFt，絮状 C-S-H 凝胶含量明显少于 AFt 颗粒，大量的 AFt 颗粒附着于未水化的颗粒上，与 ICS-1 组相比其胶凝产物的密实度较大、含量较多。ICS 体系与纯水泥样品相比，生成了较多的 AFt 颗粒，但是影响了 C-S-H 凝胶的产生量，使得 C-S-H 凝胶含量降低，并且 ICS 三元体系下生成的凝胶与 AFt 的密实度均小于纯水泥试样，存在较多孔隙穿插于凝胶中。

在 ICS-4 组（铁尾矿研磨 1.5h +化学活化剂 Na_2SiO_3）中可观察到较多未水化的颗粒，与铁尾矿单一机械活化的 ICS-1 组相比，化学活化剂 Na_2SiO_3 的引入促进了 C-S-H 凝胶的生成，可以观察到较多的絮状 C-S-H 凝胶附着于未水化的颗粒表面，同时具有较少的 AFt 颗粒，水化程度较高，凝胶的密实度较好。但与纯水泥样品相比，ICS-4 组的 C-S-H 凝胶的密实度依旧较低，且凝胶的形态不同。这是由于 ICS 三元体系中的 C-S-H 凝胶一部分来源于水泥水化，另一部分来源于 ICS 三元体系的二次水化反应。

ICS-10 组的铁尾矿活化条件与 ICS-4 相同，但水泥取代率由 30%提高到 50%。在 ICS-10 组中可观察到未水化的颗粒较多、C-S-H 凝胶含量较少、密实度较差，并且存在大量的片状氢氧化钙与孔隙，少部分 C-S-H 凝胶附着于片状的氢氧化钙上。ICS-10 组的整体凝胶含量和密实度均较差，且孔隙率较大。这是由于 ICS 三元体系火山灰活性一般，通过二次水化生成的 C-S-H 凝胶量较少，水泥取代率的提高导致整个体系的凝胶含量与密实度均大幅度降低，强度也随之降低。

4.3.3　孔结构 MIP 分析

通过 MIP 测试，可以分析不同铁尾矿活化条件与不同 ICS 三元体系掺量的水泥基复合胶凝材料的孔隙率、孔径分布、最可几孔径等。孔结构测试结果如图 4.14 和图 4.15 所示，孔结构特征参数见表 4.9。

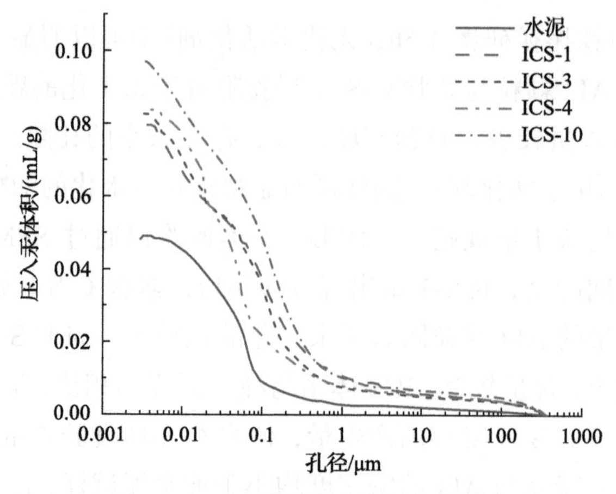

图 4.14　28d 龄期孔隙体积积分曲线

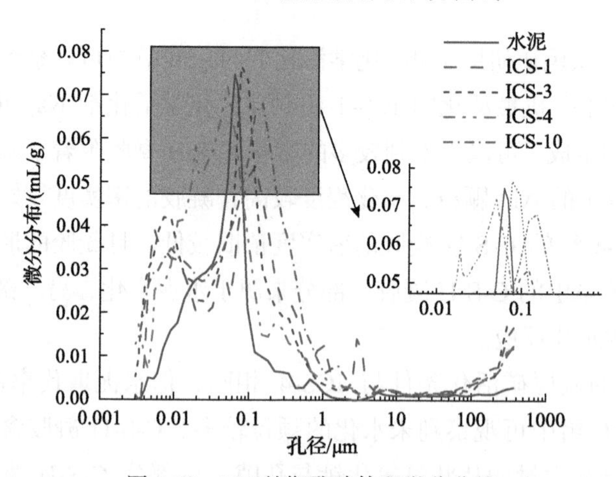

图 4.15　28d 龄期孔隙体积微分曲线

表 4.9　MIP 测试孔结构特征参数(28d 龄期)

试件编号	总孔隙体积/(mL/g)	最可几孔径/μm	孔径分布			
			0～0.01μm	0.01～1μm	1～100μm	100μm
0	0.105	0.05	0.111	0.852	0.035	0.021
ICS-1	0.164	0.053	0.762	1.045	0.217	0.021
ICS-3	0.179	0.073	0.777	0.943	0.174	0.031
ICS-4	0.176	0.066	0.818	0.837	0.185	0.020
ICS-10	0.202	0.068	0.931	1.307	0.241	0.026

在水化的后期(28d 龄期)，ICS 三元体系试样与纯水泥试样相比，孔隙率均有所增加。这是由于在水化的后期，ICS 三元体系的活性较差，发生二次水化的程度较低，使得 C-S-H 凝胶的含量较小、密实度较差，无法填补孔隙。

铁尾矿的活化方式对孔隙率和孔径分布均产生了影响。ICS-1 组与 ICS-3 组的铁尾矿均为单一机械活化，研磨时间分别为 1.5h 和 2.5h。ICS-3 组的铁尾矿颗粒细度较小，填充效应较好，使得大于 1μm 的孔较小；但由于二次水化程度不高，使得 0～0.01μm 和 0.01～1μm 的胶凝孔较多。引入化学活化剂 Na_2SiO_3 后(ICS-4 组)，铁尾矿的活化程度进一步提高，促进了二次水化反应，增加了生成的 C-S-H 凝胶含量，进而填补了 0.01～1μm 的孔隙；但由于 ICS 三元体系整体活性不高，生成的 C-S-H 凝胶含量较少，很难进一步填补 0～0.01μm 的胶凝孔，使得 0～0.01μm 的胶凝孔与单一机械活化差别不大。

当水泥取代率从 30%提高为 50%时(ICS-10 组)，由于水泥含量大幅减少，水泥水化的进程与二次水化的程度均有所降低，致使生成的 C-S-H 凝胶含量较少而无法填补孔隙，所以总体孔隙率较大，抗压强度较低。

从孔隙体积微分曲线可以明显看出，在 0.01μm 和 0.1μm 孔径周围存在两个特征峰，其孔径区间分别对应凝胶孔与小毛细孔。掺加 ICS 三元体系的胶凝孔和毛细孔均有所增多，最可几孔径呈增大趋势。由于 ICS 三元体系活性较差，水化后期生成的胶凝产物较少，无法填补微小的孔隙而形成较多凝胶孔，也无法填补由于发生水化反应所消耗的水与水泥颗粒之间的毛细孔，所以导致孔结构变差。而且钢渣粉颗粒较为粗大，致使颗粒级配变差，影响了填充效应的发挥，进一步导致了孔结构的恶化。

4.4 小 结

增加铁尾矿研磨时间可以提升 ICS 三元体系的活性指数，这一作用在后期尤为显著。Na_2SiO_3、Na_2SO_4 和 NaOH 三种化学活化剂中，Na_2SiO_3 对 ICS 三元体系活性指数的提升效用最高，使 28d 龄期下的活性指数达到 88.29%。经机械化学耦合活化后的铁尾矿可以显著带动 ICS 三元体系中钢渣粉与陶瓷粉的二次水化。

降低水胶比会使 ICS 三元体系流动度降低，活性指数提高。水胶比为 0.48 时的流动度能满足要求，水胶比为 0.46 时的流动度达不到要求。因此，应用 ICS 三元体系时可以适当降低水胶比至 0.48。ICS 三元体系中钢渣粉含有少量 C_3S 与 C_2S，所以当水泥取代率提高时，早期强度的降幅低于后期。水化后期 ICS 三元体系火山灰活性较差，所以水泥取代率提高使后期活性指数大幅降低。

在 ICS 三元体系的三种材料中，陶瓷粉的比表面积最大，填充效应也最佳；钢渣粉比表面积最小，但拥有较多游离的 CaO，少量的 C_3S 与 C_2S 可以生成胶凝产物。因此，铁尾矿、陶瓷粉、钢渣粉各具优势，具备开发成 ICS 三元体系的潜力。ICS 三元体系中铁尾矿的占比取 1/5～1/3 为宜，陶瓷粉与钢渣粉之间的配比取1∶2～1∶1为宜。

DTA-TG 曲线显示：图像中存在 4 个吸热峰，发生了四次热失重。增加铁尾矿的研磨时间与引入 Na_2SiO_3 均可以促进 ICS 三元体系的二次水化，但前者对二次水化进程的促进效果更为显著。当水泥取代率较高时，水泥水化程度较低，CH 含量较低；但钢渣粉中的游离 CaO 生成了部分 CH，可以促进 ICS 三元体系的二次水化，使得 ICS 三元体系后期强度随水泥取代率提高而降低的幅度变小。

SEM 观察显示：在铁尾矿单一机械活化下，ICS 三元体系在水化过程中生成较多的 AFt 结晶，使 C-S-H 凝胶含量降低。在机械化学耦合活化下，ICS 三元体系的 C-S-H 凝胶含量有所提高，并具备 AFt 结晶，相比单一机械活化的水化程度有所提高，凝胶的密实度也较好；但与纯水泥相比，其凝胶含量与密实度均处于较低水平。

MIP 测试显示：ICS 三元体系的二次水化程度较低，C-S-H 凝胶含量较低，密实度较差，导致总孔隙率较高，凝胶孔、毛细孔均有所增多，最可几孔径呈增大趋势。同时，钢渣粉颗粒较为粗大导致颗粒级配变差，孔结构恶化。

第5章

IPL三元体系的胶凝活性

比较第3章和第4章的研究结果可知，铁尾矿与陶瓷粉和钢渣粉耦合而成的ICS复合掺合料的性能，比铁尾矿与粉煤灰和矿渣粉耦合而成的IFG复合掺合料有所降低。所以ICS三元体系中的铁尾矿与陶瓷粉和钢渣粉之间未能发生较好的协同作用与拉动效应。本章选取另外两种分别富含氧化铝与氧化钙的锂渣和磷渣这两大宗固废，与铁尾矿进行耦合，制备IPL三元复合混凝土掺合料，通过SEM观察、DTA-TG分析与MIP测试等，对IPL三元体系的水化程度、胶凝产物、孔隙率等进行分析研究，探索IPL三元体系的作用机理，为进一步拓展铁尾矿在多元体系掺合料中的应用提供依据。

5.1 实验概况

5.1.1 实验材料

水泥为辽宁省抚顺市抚顺水泥股份有限公司生产的P.I42.5级水泥，高硅铁尾矿(IOTs)取自辽宁省本溪市歪头山地区铁矿，锂渣(LS)取自广西天源新能源材料有限公司，磷渣(PS)取自昆明海弗商贸有限公司，三种掺合料的化学成分与含量见表5.1。标准砂为中国ISO标准砂，水为自来水，化学活化剂为天津科茂责任有限公司生产的纯度大于99%的NaOH、Na_2SiO_3和Na_2SO_4。

表5.1 IPL掺合料的化学成分与含量(质量分数)　　(单位：%)

掺合料	SiO_2	Fe_2O_3	Al_2O_3	CaO	SO_3	MgO	K_2O	Na_2O	TiO_2	MnO
铁尾矿	62.25	14.37	4.78	7.76	0.47	6.33	1.39	1.34	0.53	0.21
锂渣	54.55	1.41	25.38	6.44	10.14	0.60	0.70	0.10	0.03	0.07
磷渣	39.08	1.14	3.94	47.45	1.22	2.90	0.87	0.60	0.24	0.08

5.1.2 实验方案

实验的目的是探讨铁尾矿活化条件、水胶比、水泥取代率以及 IPL 三元体系配合比对体系活性指数的影响。水泥胶砂试件分组见表 5.2，相关参数设置如下所述。

铁尾矿活化条件：研磨时间取 1.5h、2h、2.5h 三个时间梯度，1.5h 作为基本组；化学活化剂选取 NaOH、Na_2SiO_3(模数=1)、Na_2SO_4，Na_2SiO_3 作为基本组，化学活化剂均以铁尾矿质量的 0.5%掺入。

水胶比：取 0.5、0.48、0.46 三个水胶比，0.5 作为基本组。

水泥取代率：取 30%、40%、50%三个水泥取代率，30%作为基本组。

三元体系配合比：共取 11 种三元配合比(表 5.2)，以铁尾矿∶锂渣∶磷渣=1∶1∶1 为基本组。配合比的设置同时包括一元体系与二元体系，也体现了铁尾矿占比以及锂渣∶磷渣的比例变化。

表 5.2 水泥胶砂试件分组

试件编号	研磨时间/h	配合比(铁尾矿∶锂渣∶磷渣)	化学活化剂	水泥取代率/%	水胶比
IPL-1	1.5	1∶1∶1	—	30	0.5
IPL-2	2	1∶1∶1	—	30	0.5
IPL-3	2.5	1∶1∶1	—	30	0.5
IPL-4	1.5	1∶1∶1	Na_2SiO_3	30	0.5
IPL-5	1.5	1∶1∶1	Na_2SO_4	30	0.5
IPL-6	1.5	1∶1∶1	NaOH	30	0.5
IPL-7	1.5	1∶1∶1	Na_2SiO_3	30	0.48
IPL-8	1.5	1∶1∶1	Na_2SiO_3	30	0.46
IPL-9	1.5	1∶1∶1	Na_2SiO_3	40	0.5
IPL-10	1.5	1∶1∶1	Na_2SiO_3	50	0.5
IPL-11	1.5	1∶0∶0	Na_2SiO_3	30	0.5
IPL-12	—	0∶1∶0	—	30	0.5
IPL-13	—	0∶0∶1	—	30	0.5
IPL-14	1.5	1∶1∶0	Na_2SiO_3	30	0.5
IPL-15	1.5	1∶0∶1	Na_2SiO_3	30	0.5
IPL-16	1.5	2∶1∶1	Na_2SiO_3	30	0.5
IPL-17	1.5	1∶1∶1	Na_2SiO_3	30	0.5
IPL-18	1.5	1∶2∶2	Na_2SiO_3	30	0.5
IPL-19	1.5	3∶4∶2	Na_2SiO_3	30	0.5
IPL-20	1.5	3∶2∶4	Na_2SiO_3	30	0.5
IPL-21	1.5	5∶6∶4	Na_2SiO_3	30	0.5

5.2　IPL 三元体系活性分析

本节基于实验数据对 IPL 体系的活性进行分析，以寻找 IPL 体系的最佳铁尾矿活化条件、水胶比、三元配合比以及满足力学性能要求的最高水泥取代率，为 IPL 三元体系的应用提供理论基础。

5.2.1　铁尾矿活化条件对活性的影响

铁尾矿在不同的活化条件下表现出不同的力学性能。本节对掺入不同活化条件下活化的铁尾矿的 IPL 三元体系的力学性能进行分析，以明确铁尾矿活化条件会对 IPL 三元体系的活性产生何种影响。相关试件的实验结果见表 5.3 和图 5.1。

表 5.3　不同铁尾矿活化条件下 IPL 三元体系的力学性能

试件编号	研磨时间/h	化学活化剂	抗折强度/MPa		抗压强度/MPa		活性指数/%	
			7d	28d	7d	28d	7d	28d
0	—	—	6.3	8.2	39.4	58.8	—	—
IPL-1	1.5	—	5.5	7.1	29.6	48.3	75.13	82.14
IPL-2	2	—	5.5	7.2	29.8	49.4	75.63	84.01
IPL-3	2.5	—	5.8	7.3	30.9	50.2	78.43	85.37
IPL-4	1.5	Na_2SiO_3	5.4	7.5	32.9	55.1	83.50	93.71
IPL-5	1.5	Na_2SO_4	5.3	7.1	29.7	53.2	75.38	90.48
IPL-6	1.5	NaOH	5.2	7.0	30.2	54.3	76.65	92.35

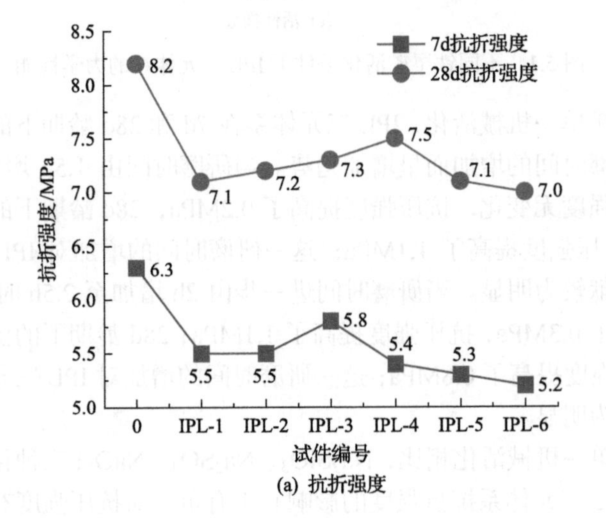

(a) 抗折强度

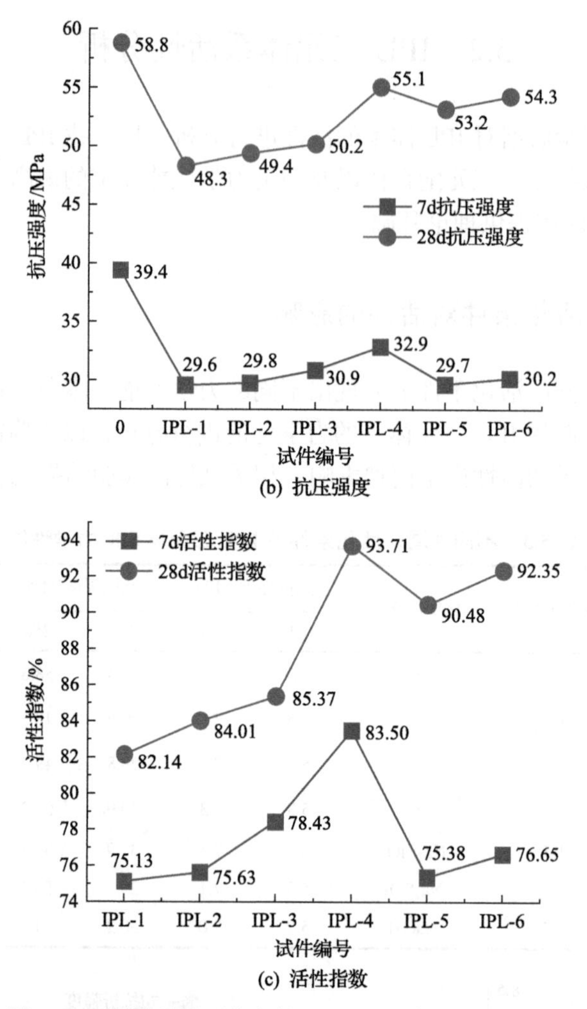

(b) 抗压强度

(c) 活性指数

图 5.1 不同铁尾矿活化条件下 IPL 三元体系的力学性能

对于铁尾矿单一机械活化，IPL 三元体系在 7d 和 28d 龄期下的抗折强度和抗压强度均随研磨时间的增加而呈增加趋势。当研磨时间由 1.5h 增加至 2h 时，7d 龄期下的抗折强度无变化，抗压强度提高了 0.2MPa；28d 龄期下的抗折强度提高了 0.1MPa，抗压强度提高了 1.1MPa；这一研磨时间的增加对 IPL 三元体系后期强度增长的贡献较为明显。当研磨时间进一步由 2h 增加至 2.5h 时，7d 龄期下的抗折强度提高了 0.3MPa，抗压强度提高了 1.1MPa；28d 龄期下的抗折强度提高了 0.1MPa，抗压强度提高了 0.8MPa；这一研磨时间的增加对 IPL 三元体系前期强度增长的贡献较为明显。

与铁尾矿单一机械活化相比，Na_2SiO_3、Na_2SO_4、NaOH 三种化学活化剂的分别加入，对 IPL 三元体系抗折强度的影响有正有负，对抗压强度有较大的提升。

三者中 Na_2SiO_3 的活化效果最佳，在其作用下的强度最大(7d 龄期下的抗折强度及抗压强度分别为 5.4MPa 和 32.9MPa，28d 龄期下的抗折强度及抗压强度分别为 7.5MPa 和 55.1MPa)。NaOH 的活化效果次之，与 Na_2SiO_3 相比，7d 和 28d 龄期下的抗折强度分别降低了 0.2MPa 和 0.5MPa，7d 和 28d 龄期下的抗压强度分别降低了 2.7MPa 和 0.8MPa，NaOH 对三元体系后期抗压强度的贡献较为明显。Na_2SO_4 的活化效果最差，与 Na_2SiO_3 相比，在 Na_2SO_4 作用下的早期与后期抗压强度均有较大幅度的下降，但仍优于单一机械活化。

5.2.2 水胶比对活性和工作性能的影响

水胶比是影响掺合料体系活性指数的关键因素，同时也会极大地影响浆体的工作性能，所以在改变水胶比时要保证工作性能在标准要求的范围内。由于不同种类的混凝土掺合料具备不同的吸水性，因此水胶比的科学配制是成功应用混凝土掺合料的关键。本节通过测试 0.5、0.48 和 0.46 三个水胶比下浆体的力学性能与工作性能，分析其变化规律，找到既满足力学性能又满足工作性能要求的最佳水胶比。相关试件的实验结果见表 5.4 和表 5.5 与图 5.2 和图 5.3。

表 5.4 不同水胶比下 IPL 三元体系的力学性能

试件编号	水胶比	抗折强度/MPa		抗压强度/MPa		活性指数/%	
		7d	28d	7d	28d	7d	28d
0	0.5	6.3	8.2	39.4	58.8	—	—
IPL-4	0.5	5.4	7.5	32.9	55.1	83.50	93.71
IPL-7	0.48	5.9	7.5	33.4	56.1	84.77	95.41
IPL-8	0.46	5.9	7.6	36.6	56.6	92.89	96.26

表 5.5 不同水胶比下 IPL 三元体系的工作性能

试件编号	0	IPL-4	IPL-7	IPL-8
水胶比	0.5	0.5	0.48	0.46
流动度	184	192	181	173

随着水胶比的降低，浆体的流动度下降。水胶比为 0.5 时 IPL 三元体系的流动度为 192，超过了基准水泥的流动度(184)，这是因为锂渣的颗粒细度较小、比表面积较大，改善了颗粒级配，增加了流动度。水胶比为 0.48 时，IPL 三元体系的流动度为 181，出现了明显的下降，已经低于基准水泥的流动度，但仍高于标准要求的 180。当水胶比为 0.46 时，IPL 三元体系的流动度大幅下降到 173，已经达不到标准要求。因此，IPL 三元体系的水胶比可以设置为 0.48～0.5。两个龄期

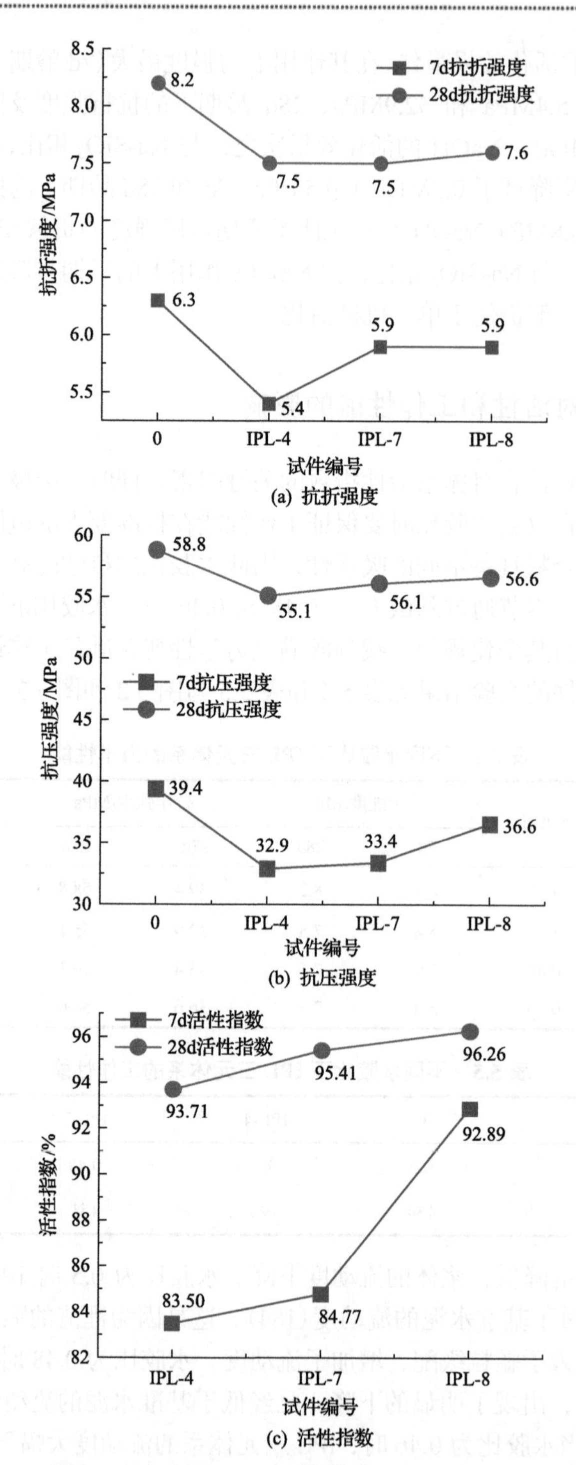

(a) 抗折强度

(b) 抗压强度

(c) 活性指数

图 5.2 不同水胶比下 IPL 三元体系的力学性能

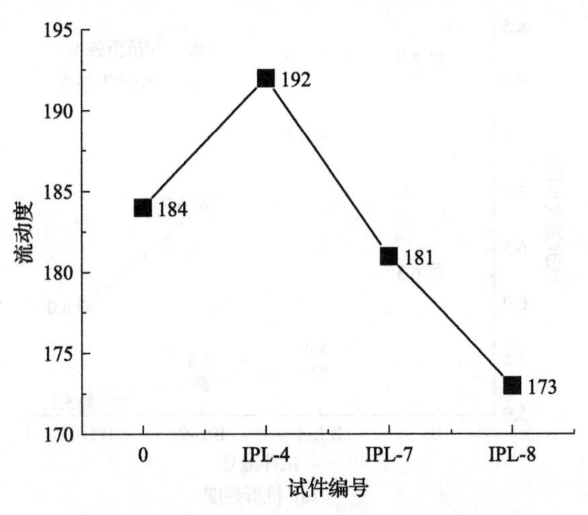

图 5.3　不同水胶比下 IPL 三元体系的工作性能

下的抗压强度均随水胶比的降低而升高。水胶比由 0.5 降至 0.48 时，7d 和 28d 龄期下的抗压强度分别提高了 0.5MPa 和 1MPa；水胶比由 0.48 降至 0.46 时，7d 和 28d 龄期下的抗压强度分别提高了 3.2MPa 和 0.5MPa。由此可见，水胶比的降低对早期强度的影响较大，并且随着水胶比的次第降低，早期抗压强度的升幅呈增加趋势。

5.2.3　水泥取代率对活性的影响

水泥取代率是衡量混凝土掺合料性能的重要指标之一。在保证力学性能的前提下，优异的混凝土掺合料能以 50%以上的取代率取代水泥，普通的混凝土掺合料也应达到 30%的水泥取代率。本节通过测试不同水泥取代率下 IPL 三元体系的活性指数，来衡量该复合体系胶凝材料的质量高低。实验结果见表 5.6 和图 5.4。

表 5.6　不同水泥取代率下 IPL 体系的力学性能

试件编号	水泥取代率/%	抗折强度/MPa		抗压强度/MPa		活性指数/%	
		7d	28d	7d	28d	7d	28d
0	—	6.3	8.2	39.4	58.8	—	—
IPL-4	30	5.4	7.5	32.9	55.1	83.50	93.71
IPL-9	40	5.3	6.9	24.8	41.5	62.94	70.58
IPL-10	50	5.1	6.0	22.2	37.4	56.35	63.61

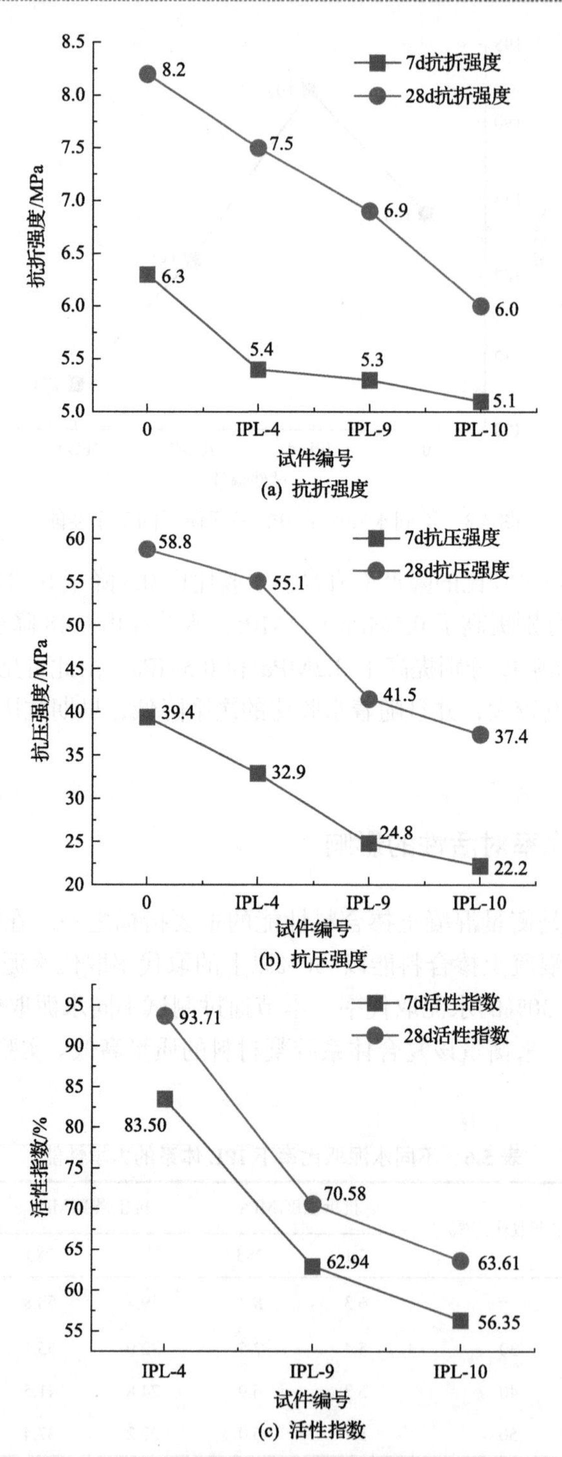

(a) 抗折强度

(b) 抗压强度

(c) 活性指数

图 5.4　不同水泥取代率下 IPL 体系的力学性能

随着水泥取代率的增加，两个龄期下的抗折强度和抗压强度均降低。7d 龄期下，当水泥取代率由 30%增加至 40%时，抗折强度和抗压强度分别下降了 0.1MPa 和 8.1MPa；当水泥取代率由 40%增加至 50%时，抗折强度和抗压强度分别下降了 0.2MPa 和 2.6MPa。28d 龄期下，当水泥取代率由 30%增加至 40%时，抗折强度和抗压强度分别下降了 0.6MPa 和 13.6MPa；当水泥取代率由 40%增加至 50%时，抗折强度和抗压强度分别下降了 0.9MPa 和 4.1MPa。可见，水泥取代率的增加对后期强度的降低作用高于前期，而且水泥取代率由 30%增加至 40%所引起的抗压强度的下降幅度明显高于水泥取代率由 40%增加至 50%。IPL 三种材料本身的潜在水硬性较差，水泥掺量的降低导致水泥水化后剩余的氢氧化钙较少，致使掺合料的二次水化进程降低，生成的 C-S-H 凝胶较少，强度较低，进而使得活性指数降低。

5.2.4　三元体系配合比对活性的影响

本节通过测试合理区间内不同配合比下 IPL 掺合料体系的力学性能，来分析强度与活性指数随配合比的变化规律，找出最适宜的配合比，以达到尽量提高铁尾矿掺量并满足混凝土力学性能要求的目的。不同 IPL 掺合料体系与配合比下的实验数据见表 5.7。

表 5.7　不同 IPL 掺合料体系与配合比下的水泥胶砂力学性能

试件编号	配合比(铁尾矿：锂渣：磷渣)	抗折强度/MPa		抗压强度/MPa		活性指数/%	
		7d	28d	7d	28d	7d	28d
0	—	6.3	8.2	39.4	58.8	—	—
IPL-11	1：0：0	5.4	7.1	31.6	46.9	80.27	79.84
IPL-12	0：1：0	6.0	8.3	33.5	60.4	85.02	102.72
IPL-13	0：0：1	5.4	7.9	29.7	52.5	75.26	88.86
IPL-14	1：1：0	5.6	7.7	32.3	53.6	81.98	91.16
IPL-15	1：0：1	5.3	7.4	30.1	50.7	76.39	86.22
IPL-16	2：1：1	5.4	7.5	30.9	51.9	78.43	88.26
IPL-17	1：1：1	5.4	7.5	32.9	55.1	83.50	93.71
IPL-18	1：2：2	5.7	7.9	33.2	56.2	84.26	95.58
IPL-19	3：4：2	5.5	7.5	33.0	55.8	83.76	94.89
IPL-20	3：2：4	5.4	7.4	31.9	53.6	80.96	91.15
IPL-21	5：6：4	5.3	7.2	32.1	55.4	81.47	94.21

试件 IPL-11～IPL-13 为一元体系，IPL-14 和 IPL-15 为二元体系，其余为三元体系。测试一元体系与二元体系是为了分析不同掺合料对力学性能的影响并与三元体系形成对比。三元体系中，试件 IPL-16～IPL-18 组的铁尾矿占比逐渐降低而锂渣∶磷渣固定为 1∶1，用于分析铁尾矿的占比对三元体系的影响；试件 IPL-17 和 IPL-19～IPL-21 组的铁尾矿占比固定为 1/3 而改变锂渣与磷渣之间的比例，用于分析锂渣与磷渣的比例对三元体系的影响。一元体系与二元体系的力学性能见图 5.5，三元体系的力学性能见图 5.6。

铁尾矿、锂渣、磷渣分别以单一组分作混凝土掺合料(水泥取代率均为 30%)时，7d 龄期下的活性指数分别为 80.27%、85.02%、75.26%，28d 龄期下的活性指数分别为 79.84%、102.72%、88.86%。可见，在水化早期，铁尾矿与锂渣有较好的活性指数，而磷渣的活性指数较低。但在水化后期，三种材料的活性指数与早期大不相同。磷渣 7d 龄期下的活性指数仅为 75.26%，但 28d 龄期下的活性指数

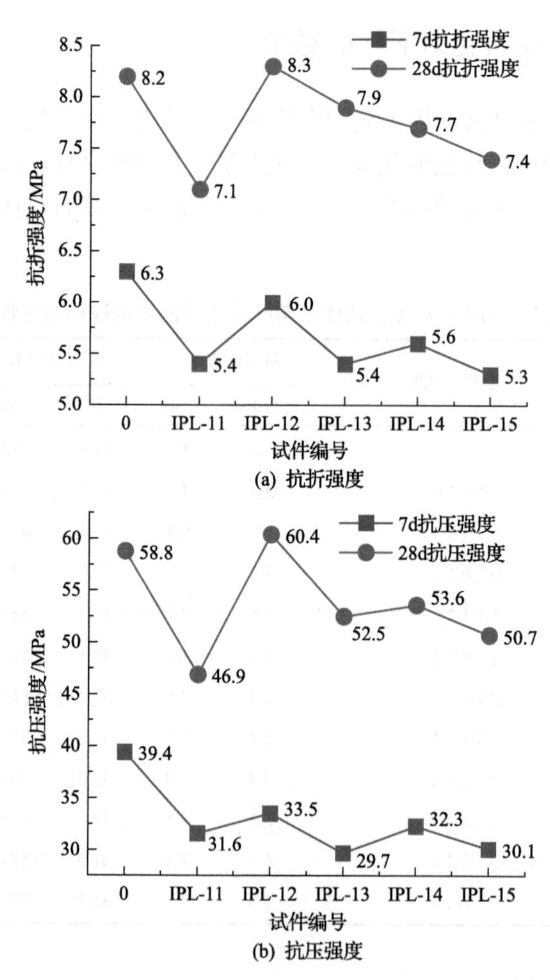

(a) 抗折强度

(b) 抗压强度

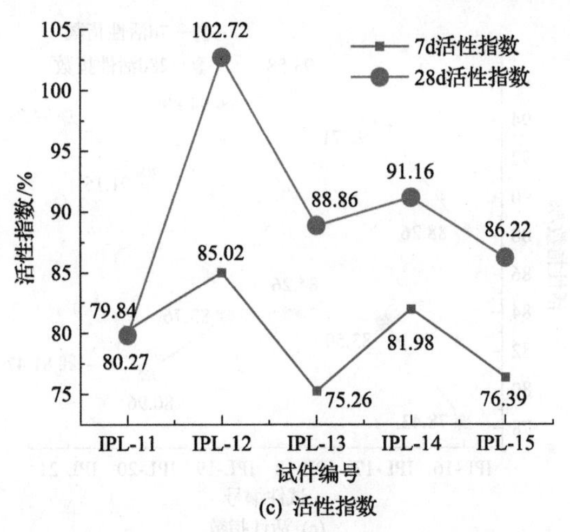

(c) 活性指数

图 5.5　一元体系与二元体系的力学性能

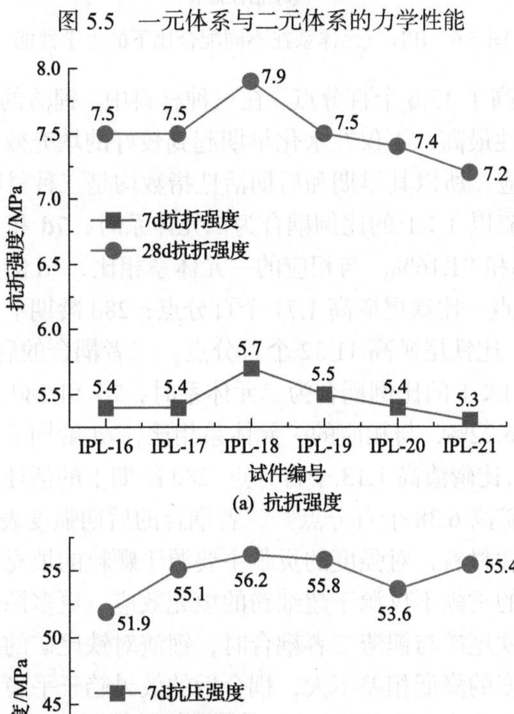

(a) 抗折强度

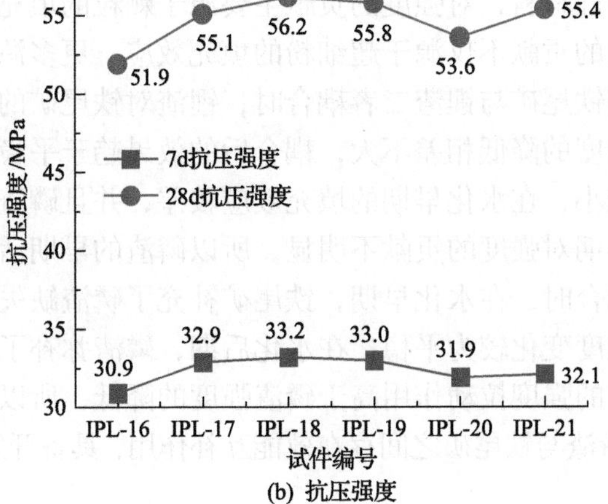

(b) 抗压强度

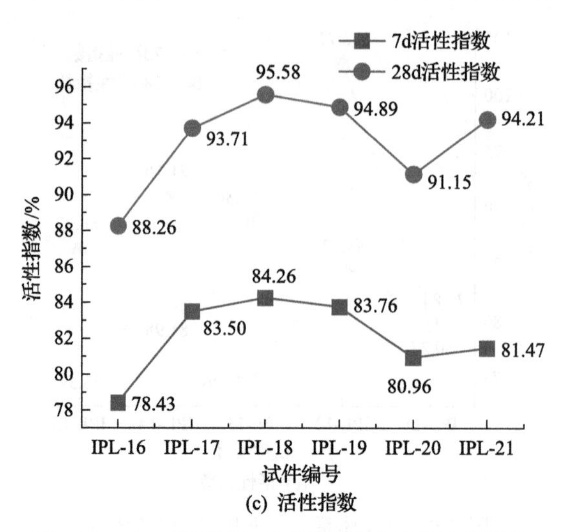

(c) 活性指数

图 5.6　IPL 三元体系在不同配合比下的力学性能

上升至 88.86%，提高了 13.6 个百分点。在三种材料中，锂渣的细度最小、比表面积最大、火山灰活性最高，不仅在水化早期起到较好的填充效应，而且在水化后期发生二次水化反应，所以其早期和后期活性指数均是三种材料中最高的。

当铁尾矿与锂渣以 1∶1 的比例耦合为二元体系时，7d 和 28d 龄期下的活性指数分别分 81.98%和 91.16%，与相应的一元体系相比，7d 龄期下的活性指数比锂渣低 3.04 个百分点，比铁尾矿高 1.71 个百分点；28d 龄期下的活性指数比锂渣低 11.56 个百分点，比铁尾矿高 11.32 个百分点。二者耦合的后期强度表现较好。当铁尾矿与磷渣以 1∶1 的比例耦合为二元体系时，7d 和 28d 龄期下的活性指数分别为 76.39%和 86.22%，与相应的一元体系相比，7d 龄期下的活性指数比铁尾矿低 3.88 个百分点，比磷渣高 1.13 个百分点；28d 龄期下的活性指数比磷渣低 2.64 个百分点，比铁尾矿高 6.38 个百分点。二者耦合的后期强度表现较好。

铁尾矿属于惰性材料，对强度的贡献主要源于颗粒的填充效应；而锂渣属于活性材料，对强度的贡献不仅源于超细粉的填充效应，更多源于二次水化反应生成的凝胶。所以当铁尾矿与锂渣二者耦合时，锂渣对铁尾矿的拉动效应所产生的强度提升与自身强度的降低相差不大，耦合后的效果趋于平稳。磷渣的颗粒细度较大、比表面积较小，在水化早期的填充效应较差，并且磷渣内较多的氧化钙含量导致其在水化早期对强度的贡献不明显，所以磷渣的早期活性指数表现较差。当磷渣与铁尾矿耦合时，在水化早期，铁尾矿补充了磷渣缺失的填充效应，所以两者耦合的早期强度变化较为平稳；在水化后期，磷渣弥补了铁尾矿缺失的火山灰活性，对铁尾矿的强度拉动作用高于磷渣强度的降低，所以二者的耦合效果较好。可见，锂渣、磷渣与铁尾矿之间存在效能互补作用，具备开发三元体系的潜力。

对于 IPL 三元体系，在锂渣与磷渣之间的比例保持 1∶1 的条件下，随着铁尾矿在三元体系中的占比由 1/2 降低至 1/3 再降至 1/5，试件的抗折强度和抗压强度均呈增加趋势。当铁尾矿占比由 1/2 降低至 1/3 时，7d 和 28d 龄期下的抗折强度均保持不变，抗压强度分别提高了 2MPa 和 3.2MPa，活性指数分别提高了 5.07 个百分点和 5.45 个百分点。当铁尾矿占比由 1/3 降低至 1/5 时，7d 和 28d 龄期下的抗折强度分别提高了 0.3MPa 和 0.4MPa，抗压强度分别提高了 0.3MPa 和 1.1MPa，活性指数分别提高了 0.76 个百分点和 1.87 个百分点。可见，随着铁尾矿占比的降低，抗压强度与活性指数的增长幅度变小，铁尾矿占比降低到 1/5 以下将不会对活性指数有较明显的提升。所以在 IPL 三元体系中，铁尾矿在三者中的占比取 1/5～1/3 为宜。

对于 IPL 三元体系，在铁尾矿占比固定为 1/3 的条件下，不同的锂渣与磷渣配比表现出不同的力学性能。当锂渣∶磷渣=1∶1 时(IPL-17)，7d 和 28d 龄期下的抗折强度分别为 5.4MPa 和 7.5MPa，抗压强度分别为 32.9MPa 和 55.1MPa，活性指数分别为 83.50 个百分点和 93.71 个百分点。当提高锂渣的占比至锂渣∶磷渣=2∶1 时(IPL-19)，与锂渣∶磷渣=1∶1 相比，抗折强度几乎无变化，7d 和 28d 龄期下的抗压强度分别提高了 0.1MPa 和 0.7MPa，活性指数略有上升。当降低锂渣的占比至锂渣∶磷渣=1∶2 时(IPL-20)，与锂渣∶磷渣=1∶1 相比，抗折强度几乎无变化，7d 和 28d 龄期下的抗压强度分别降低了 1MPa 和 1.5MPa，活性指数分别降低了 2.54 个百分点和 2.56 个百分点。当调整锂渣的占比至锂渣∶磷渣=3∶2 时(IPL-21)，与锂渣∶磷渣=1∶1 相比，7d 和 28d 龄期下的抗折强度分别降低了 0.1MPa 和 0.3MPa，抗压强度分别降低了 0.8MPa 和提升了 0.3MPa，活性指数分别降低了 2.03 个百分点和提升了 0.5 个百分点。可见，当锂渣∶磷渣由 1∶1 增加至 2∶1 时，锂渣的增加对水化后期的抗压强度提升有一定的作用，活性指数有所提高；当锂渣∶磷渣由 1∶1 降低至 1∶2 时，磷渣的增加对活性指数的降低效果较为明显，所以在铁尾矿含量不变的条件下，磷渣的占比与活性指数之间呈负相关关系。当锂渣∶磷渣=3∶2 时，两个龄期下的抗折强度和抗压强度相对于锂渣∶磷渣=2∶1 时均有所降低。综合而言，在铁尾矿含量不变的条件下，随着锂渣与磷渣之间的配比由 1∶2 渐次增加至 2∶1，锂渣配比的增大对强度和活性指数有提升效用，且这种效用的贡献渐次降低。综合以上分析，锂渣与磷渣之间的配比取 3∶2～2∶1 为宜。

以上研究表明，铁尾矿活化条件、水胶比、水泥取代率、三元体系配合比都会对 IPL 三元体系的性能产生影响。研磨时间为 2.5h、在 Na_2SiO_3 活化作用下的铁尾矿与锂渣、磷渣组成的 IPL 三元体系的活性指数最高。水胶比和泥取代率对 IPL 三元体系的影响较大，随着水胶比的降低，IPL 三元体系的活性指数大幅提升；随着水泥取代率的增加，IPL 三元体系的活性指数持续降低。改变 IPL 三元体系的配合比可以对活性指数产生影响，活性指数随着铁尾矿在 IPL 三元体系中占比的降低而增加；锂渣对 IPL 三元体系的整体力学性能的影响较为明显，锂渣占比越多，拉动效应越明显，力学性能越好，但随着锂渣的配比逐步增大，其对强度的贡献效果逐步降低。因此，IPL 具备开发三元掺合料体系的潜能。

5.3 IPL 三元体系的水化机理

5.3.1 水化产物 DTA-TG 分析

图 5.7 为 28d 龄期下不同铁尾矿活化方式的 DTA-TG 曲线，图 5.8 为 28d 龄期下不同水泥取代率的 DTA-TG 曲线。将图 5.7 和图 5.8 中的数据代入式(3.2)，计算结果如表 5.8 所示。

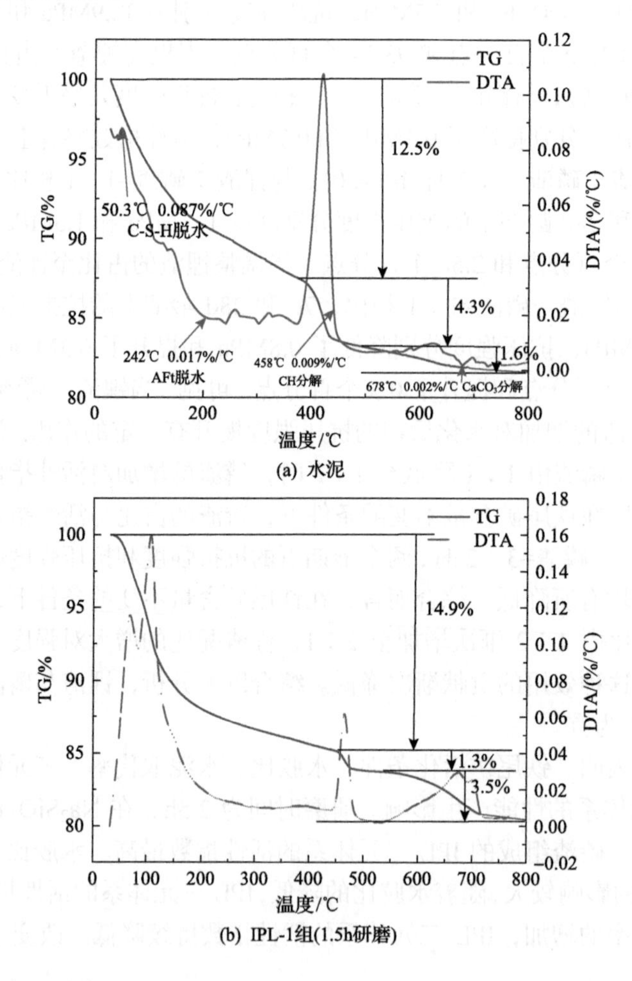

(a) 水泥

(b) IPL-1组(1.5h研磨)

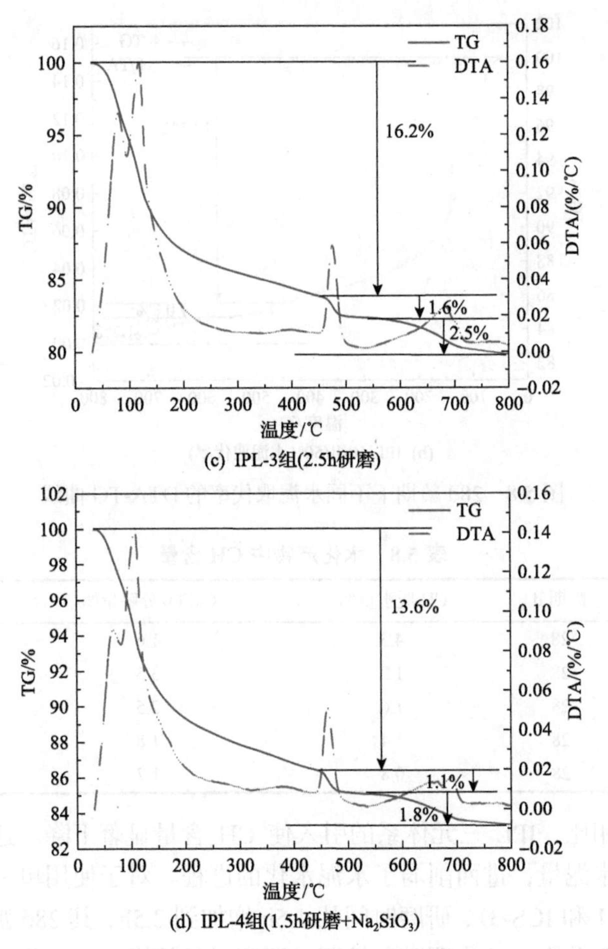

(c) IPL-3组(2.5h研磨)

(d) IPL-4组(1.5h研磨+Na_2SiO_3)

图 5.7　28d 龄期下不同铁尾矿活化方式的 DTA-TG 曲线

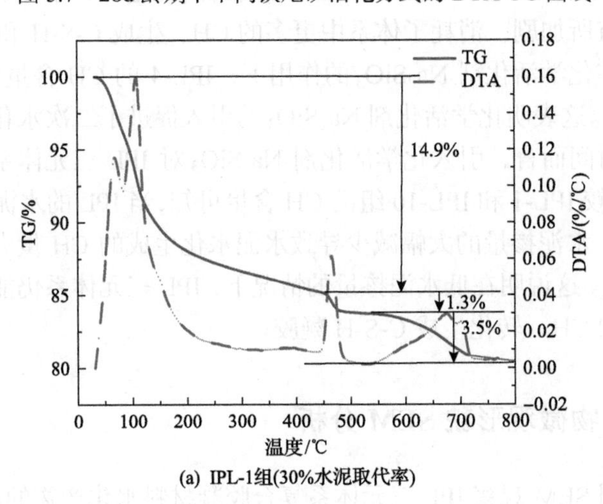

(a) IPL-1组(30%水泥取代率)

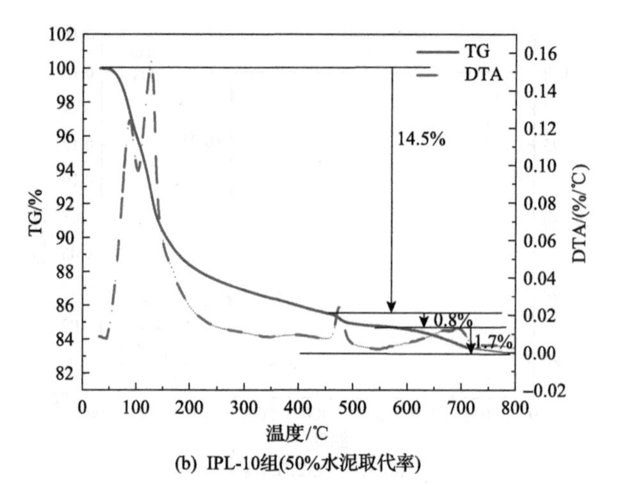

(b) IPL-10组(50%水泥取代率)

图 5.8　28d 龄期下不同水泥取代率的 DTA-TG 曲线

表 5.8　水化产物中 CH 含量

试件编号	龄期/d	CH 脱水量/%	$CaCO_3$ 分解量/%	CH 含量/%
0	28	4.3	1.6	21.3
IPL-1	28	1.3	3.5	13.3
IPL-3	28	1.6	2.5	12.3
IPL-4	28	1.4	1.8	9.9
IPL-10	28	0.8	1.7	7.2

与纯水泥相比，IPL 三元体系的引入使 CH 含量显著下降。这是由于掺合料的引入降低了水泥量，进而削弱了水泥水化的进程。对于使用单一机械活化铁尾矿的试样(ICS-1 和 ICS-3)，研磨时间从 1.5h 增加到 2.5h，其 28d 龄期下的 CH 含量降低了 1 个百分点。这表明随着铁尾矿研磨时间的增加，水化后期参与二次水化反应的程度有所加剧，消耗了体系中更多的 CH，生成 C-S-H 和 C-A-H 凝胶而使强度提高。在化学活化剂 Na_2SiO_3 的作用下，IPL-4 的 CH 含量低于 IPL-1，相差 3.4 个百分点。这表明化学活化剂 Na_2SiO_3 的引入促进了二次水化的进程。可见，相比增加研磨时间而言，引入化学活化剂 Na_2SiO_3 对 IPL 三元体系 CH 含量的降低作用更大。比较 IPL-1 和 IPL-10 组的 CH 含量可知，当 IPL 的水泥取代率由 30%提升至 50%时，水泥掺量的大幅减少导致水泥水化生成的 CH 量大幅降低，降幅为 6.1 个百分点。这说明在低水泥掺量的情况下，IPL 三元体系仍能通过火山灰活性消耗体系内的 CH，转化生成 C-S-H 凝胶。

5.3.2　水化产物微观形貌 SEM 分析

本实验利用 SEM 观察 IPL 三元体系复合胶凝材料水化产物的微观形貌，并与纯水泥浆体进行对比分析。将 IPL 三元体系中 IPL-1、IPL-3、IPL-4、IPL-10 组与水泥混合，按照水胶比 0.3 制备净浆试样，用 SEM 观察其 28d 龄期下的水化产物，观察结果如图 5.9～图 5.13 所示。

(a) 放大200倍　(b) 放大2000倍

(c) 放大10000倍　(d) 放大20000倍

图 5.9　纯水泥 28d 龄期下的微观形貌

在 IPL-1 组(铁尾矿研磨 1.5h，无化学活化剂)中可以观察到较少的未水化颗粒，有较多絮状 C-S-H 凝胶附着于未水化的颗粒上，但 C-S-H 的凝胶密实度不大，具有较多的微小胶凝孔。在 IPL-3 组(铁尾矿研磨 2.5h，无化学活化剂)中同样可以观察到部分未水化的颗粒，絮状 C-S-H 凝胶含量明显多于 IPL-1 组。由此可见，研磨时间的增加确实促进了二次水化的进程，生成了较多的 C-S-H 凝胶，增加了胶凝产物密实度，减少了胶凝孔。掺有单一机械活化铁尾矿的 IPL 三元体系与纯水泥样品相比，前者的 C-S-H 凝胶产生量与密实度均小于后者，并且存在较多胶凝孔穿插于 C-S-H 凝胶中。

在 IPL-4 组(铁尾矿研磨 1.5h+Na_2SiO_3)中仍可观察到部分未水化颗粒，与铁尾矿的单一机械活化相比，可以观察到更多密实度较高的絮状 C-S-H 凝胶和更少的氢氧化钙颗粒。因此，引入 Na_2SiO_3 后的 C-S-H 凝胶生成量与密实度均高于单一机械活化，孔隙率也较少。但与纯水泥样品相比，IPL-4 组的 C-S-H 凝胶具有较多的胶凝孔，密实度也较差。可见，Na_2SiO_3 的引入进一步促进了 C-S-H 凝胶的生成。

(a) 放大1000倍　(b) 放大10000倍

(c) 放大20000倍　(d) 放大20000倍

图 5.10　IPL 三元体系 IPL-1 组 28d 龄期下的微观形貌

(a) 放大1000倍　(b) 放大5000倍

(c) 放大20000倍　(d) 放大20000倍

图 5.11　IPL 三元体系 IPL-3 组 28d 龄期下的微观形貌

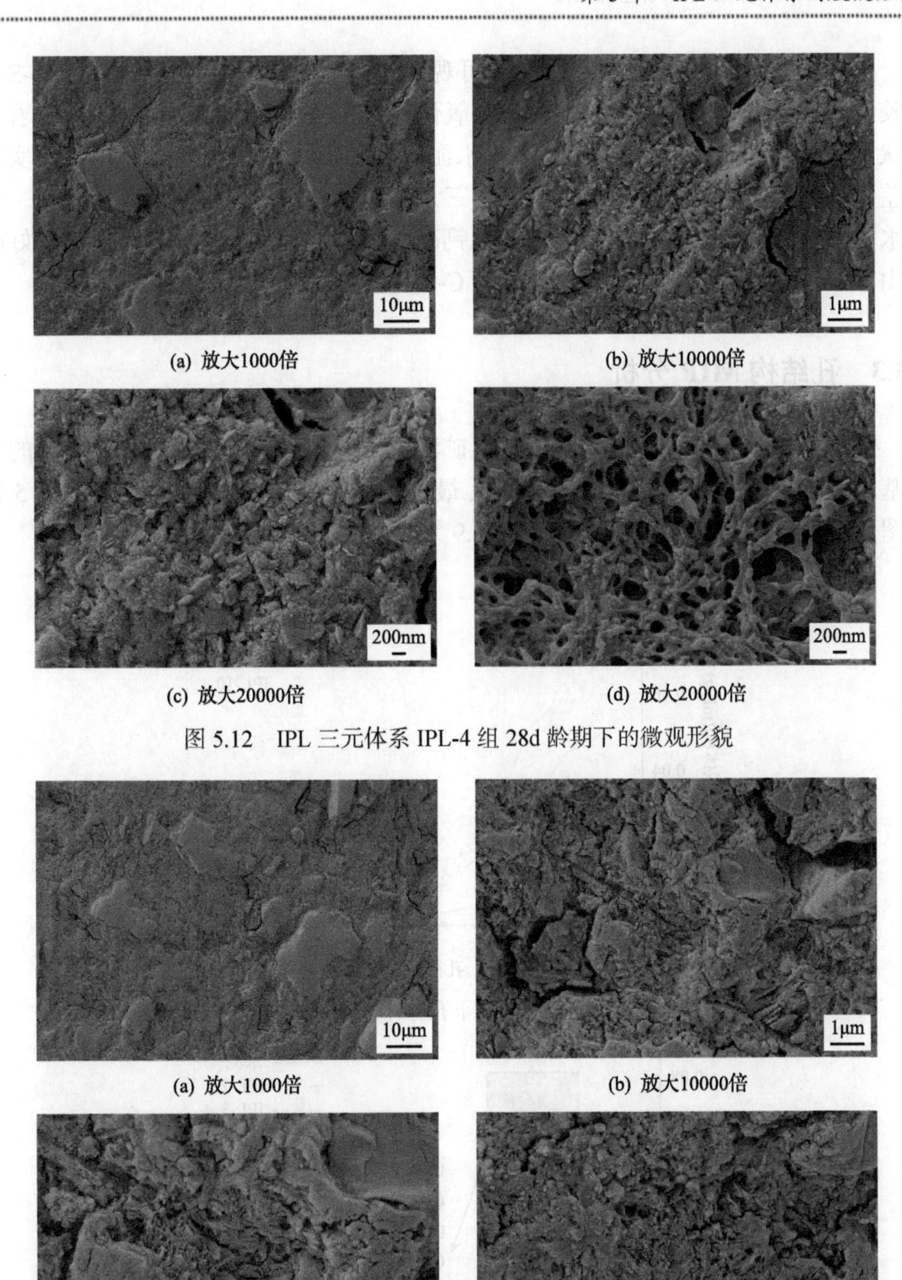

(a) 放大1000倍　(b) 放大10000倍

(c) 放大20000倍　(d) 放大20000倍

图 5.12　IPL 三元体系 IPL-4 组 28d 龄期下的微观形貌

(a) 放大1000倍　(b) 放大10000倍

(c) 放大20000倍　(d) 放大20000倍

图 5.13　IPL 三元体系 IPL-10 组 28d 龄期下的微观形貌

在 IPL-10 组(50%水泥取代率)中可观察到大量未水化的颗粒与孔隙，C-S-H 凝胶的密实度较差，存在大量的片状氢氧化钙与孔隙，少部分 C-S-H 凝胶附着于片状的氢氧化钙上。与 IPL-4 组(30%水泥取代率)相比，凝胶含量较低、密实度较差，孔隙较多、孔隙率较大。当 IPL 三元体系以 50%的取代率取代水泥时，通过水泥水化产生的 C-S-H 凝胶与氢氧化钙减少了，但因 IPL 三元体系具体较好的火山灰活性，依然存在二次水化生成的 C-S-H 凝胶。

5.3.3 孔结构 MIP 分析

通过 MIP 测试，可以分析不同铁尾矿活化条件与不同 IPL 三元体系掺量的水泥基复合胶凝材料的孔隙率、孔径分布、最可几孔径等。孔结构测试结果如图 5.14 和图 5.15 所示，孔结构特征参数见表 5.9。

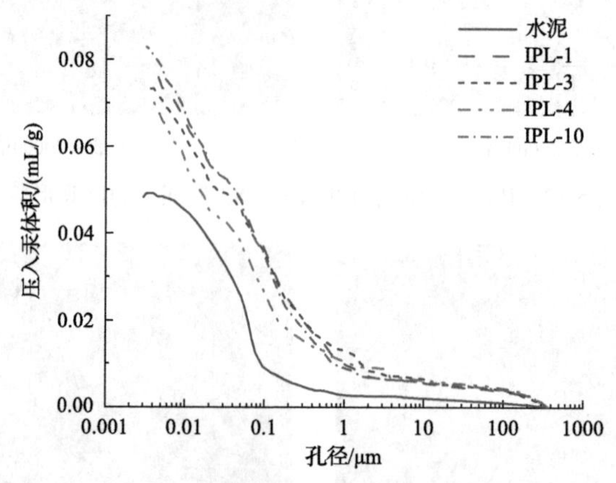

图 5.14 28d 龄期下孔隙体积积分曲线

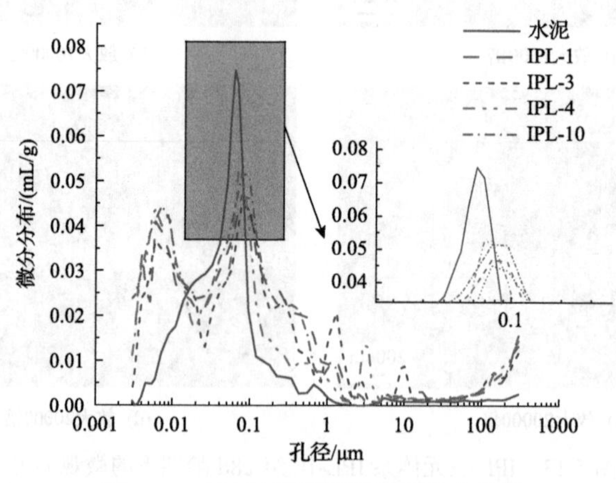

图 5.15 28d 龄期下孔隙体积微分曲线

表5.9 压汞测试孔结构特征参数(28d龄期)

试件编号	总孔隙体积/(mL/g)	最可几孔径/μm	孔径分布			
			0～0.01μm	0.01～1μm	1～100μm	100μm
0	0.105	0.05	0.111	0.852	0.035	0.021
IPL-1	0.167	0.046	0.731	0.963	0.189	0.020
IPL-3	0.152	0.045	0.691	0.929	0.213	0.020
IPL-4	0.148	0.052	0.648	0.772	0.219	0.024
IPL-10	0.176	0.051	0.762	0.941	0.195	0.022

在水化后期(28d龄期)，掺入IPL三元体系的试样与纯水泥试样相比，孔隙率均有所增加。这是由于在水化后期，水泥水化能产生较多的C-S-H凝胶来填补孔隙，但当IPL三元体系取代部分水泥时，虽然发生了二次水化反应，却降低了水泥水化的程度，导致C-S-H凝胶的生成量和密实度均较小，难以填补孔隙。

铁尾矿的活化方式对孔隙率和孔径分布均产生了影响。IPL-1组与IPL-3组的铁尾矿均为单一机械活化，研磨时间分别为1.5h和2.5h。IPL-1组的铁尾矿颗粒细度较大，使得大于1μm的孔较少；其较低的活化程度降低了二次水化程度，所生成的C-S-H凝胶较少，使得0～0.01μm和0.01～1μm区间的孔隙较多。对于IPL-3组，铁尾矿研磨时间的增加提高了其活化程度，使生成的无定形物含量增加，加剧了二次水化的进程，从而减小了0～0.01μm和0.01～1μm区间的孔隙。引入化学活化剂Na_2SiO_3后(IPL-4组)，铁尾矿的活化程度进一步提高，促进了二次水化反应，增加了生成的C-S-H凝胶量与密实度，从而进一步降低了整体孔隙率。

当水泥取代率从30%提高为50%时(IPL-10)，由于水泥含量大幅度减少，水泥水化的进程与二次水化的程度均有所降低，致使生成的C-S-H凝胶量较少而无法填补孔隙，所以总体孔隙率较大，抗压强度较低。

从孔隙体积微分曲线可明显看出，在0.01μm和0.1μm孔径周围存在两个特征峰，其所处的孔径区间分别对应凝胶孔与小毛细孔。从表5.9中的数据可知，IPL三元体系的掺入使凝胶孔与气孔有所增多，毛细孔有所降低，最可几孔径变化不大。这说明IPL三元体系的孔径分布与总孔隙率受胶凝产物的影响较大，IPL三元体系虽然参与二次水化生成了部分胶凝产物，但生成量有限，无法进一步填补胶凝孔，导致胶凝孔量较多，毛细孔量较少。与纯水泥试样相比，IPL三元体系的孔结构恶化较为严重。

5.4 小 结

IPL三元体系的早期和后期活性指数均随铁尾矿研磨时间的增加而增加。机械化学耦合活化作用下的活性指数相较单一机械活化有较大提升。在实验的三种化学活化剂中，Na_2SiO_3 的效果最好，它使 28d 龄期下的活性指数达到 95.58%。

降低水胶比会使 IPL 三元体系的流动度降低，活性指数提高。水胶比为 0.48 时的流动度能满足使用要求，水胶比为 0.46 时的流动度达不到要求。因此应用 IPL 三元体系时可以适当降低水胶比至 0.48。IPL 三元体系不具备水硬性，所以增加水泥取代率导致早期活性指数下降较为明显；而锂渣的高火山灰活性使水化后期的活性指数下降较小。

在三种掺合料中，锂渣的细度最小、比表面积最大、火山灰活性最高，在水化的早期发挥出优异的填充效应，在水化的后期发生二次水化反应而提升活性指数；磷渣在早期的活性指数较低、后期的活性指数较高。在 IPL 三元体系中，铁尾矿的占比取 1/5～1/3 为宜，锂渣与磷渣的配比取 3∶2～2∶1 为宜。

DTA-TG 曲线显示：存在 4 个吸热峰，发生了四次热失重。增加铁尾矿研磨时间与 Na_2SiO_3 的引入均可以促进 IPL 三元体系的二次水化，但增加研磨时间带来的 CH 消耗小于引入 Na_2SiO_3。当水泥取代率较高时，水泥水化程度较低，CH 含量低，导致 IPL 三元体系的二次水化程度降低。

SEM 观察显示：IPL 三元体系在 28d 龄期下仍存在部分未水化颗粒，但整体水化程度较高，孔隙较少。增加铁尾矿研磨时间与引入 Na_2SiO_3 可以提高 C-S-H 凝胶的生成量与密实度。当水泥取代率提高至 50%时，C-S-H 凝胶量和密实度均较低，孔隙率较大。

MIP 测试显示：IPL 三元体系的引入使总孔隙率、凝胶孔、毛细孔、最可几孔径变化不大，气孔有所减少。孔径分布与总孔隙率受胶凝产物的影响较大。生成的 C-S-H 凝胶与细小颗粒的填充效应可以填补气孔，但无法进一步填补胶凝孔。

第二部分　铁尾矿基掺合料–废石骨料混凝土抗压性能研究

本部分利用铁尾矿基掺合料取代部分水泥、利用铁尾矿砂及铁矿废石骨料完全替代天然砂石骨料制备混凝土，研究其抗压性能随相关参数的变化规律。第 6 章研究骨料全部为铁尾矿砂和铁矿废石的混凝土的抗压性能，通过实验分析混凝土的抗压强度和流动性随水胶比、砂率、粗骨料级配、减水剂掺量等参数的变化规律，得出这些参数的适宜取值。第 7 章～第 9 章分别以 IFG、ICS 和 IPL 三元体系掺合料取代部分水泥(骨料仍全部为铁尾矿砂和铁矿废石)，通过实验分析掺合料掺量、水胶比、铁尾矿粒度分布、掺合料配合比等参数对混凝土抗压性能的影响，得出这些参数的适宜取值；通过孔结构和界面过渡区性能测试，分析其与抗压性能之间的联系以及掺合料体系对混凝土抗压性能的作用机理。

第6章

全铁尾矿砂–废石骨料混凝土的抗压性能

生产混凝土消耗大量的自然资源。自2019年起，我国砂石资源短缺已成为常态[135]。到2015年，我国的铁尾矿累计排放量已达约50亿t，每年排放量约6亿吨，然而铁尾矿综合利用率仅为28%[136]。铁尾矿堆积造成的成本支出不仅给地方政府和矿山管理者造成巨大压力，同时存在诱发地下水污染、粉尘污染及土地荒漠化的危险，甚至对附近居民的生命健康造成威胁[137]。铁尾矿作为混凝土原材料使用可以带来巨大的生态环境、社会和经济效益，前景广阔。铁矿废石骨料和天然砂石骨料存在很大的性能差异。天然砂石骨料经过长年累月的打磨，粒形较好、表面圆滑，对混凝土拌合物的工作性能影响较小；而铁尾矿砂和铁矿废石骨料经破碎而成，在破碎过程中产生了一定量的石粉，对混凝土拌合物的流动性影响较大[138]。

本章利用铁尾矿砂及铁矿废石骨料完全替代天然砂石骨料制备混凝土，通过实验研究水胶比、减水剂掺量、砂率及粗骨料级配等相关参数对混凝土立方体抗压强度及坍落度的影响，探究抗压强度与坍落度之间的关系，为配制具备良好工作性能及抗压性能的全铁尾矿-废石骨料混凝土提供依据。

6.1 实验概况

6.1.1 实验材料

水泥采用沈阳山水工源水泥有限公司生产的P·O 42.5水泥，粉煤灰为沈阳某建材公司提供的Ⅰ级粉煤灰(密度 2.8g/cm^3)，细骨料是辽宁壹立方砂业有限公司制备的铁尾矿砂。铁尾矿砂的物理性能见表 6.1，其颗粒级配依据《建设用砂》(GB/T 14684—2022)测定(图6.1，图中数字表示筛孔尺寸)，级配曲线见图6.2。

表 6.1　铁尾矿砂的物理性能

细度模数	石粉含量/%	泥块含量/%	堆积密度/(kg/m^3)	表观密度/(kg/m^3)	质量损失/%	压碎指标/%
2.0	4.9	0	1620	2560	4	22

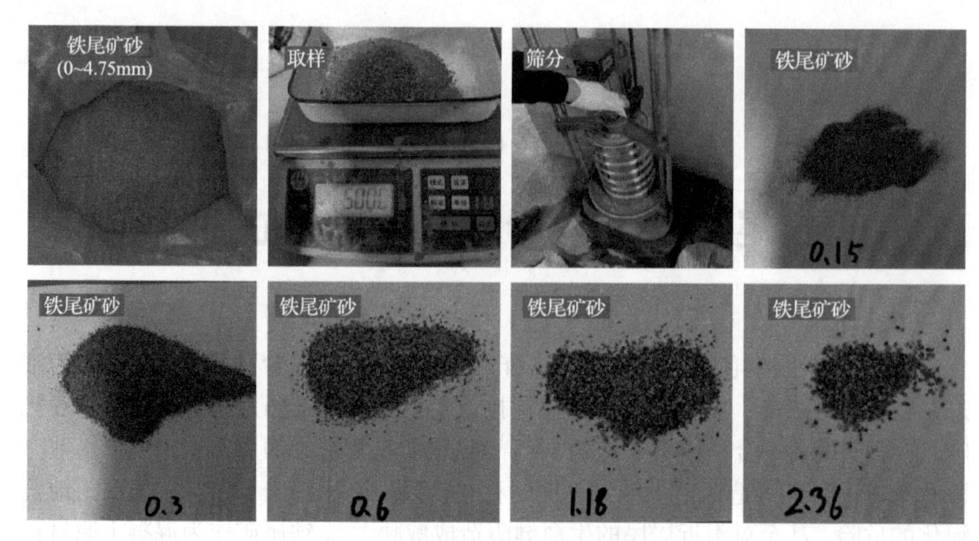

图 6.1 铁尾矿砂细骨料级配测试

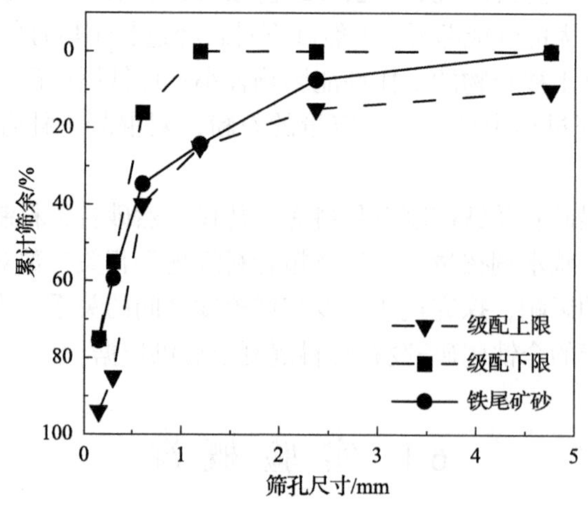

图 6.2 铁尾矿砂的级配曲线

粗骨料为辽宁壹立方砂业有限公司制备的铁矿废石骨料，其物理性能见表 6.2。本实验选择了两种铁矿废石骨料，分别为铁矿废石骨料 A(粒径范围 5～20mm，原始级配)和铁矿废石骨料 B(粒径范围 5～20mm，调整级配)。由于铁矿废石骨料 A 的原始级配不佳，选择 5～10mm 铁矿废石骨料与铁矿废石骨料 A 按 3.5：

表 6.2 铁矿废石粗骨料的物理性质

含泥量/%	泥块含量/%	针、片状含量/%	硫化物及硫酸盐/%	压碎指标/%	堆积密度/(kg/m^3)	表观密度/(kg/m^3)
0.1	0	3	0.1	7	1610	2630

6.5(质量比)复配进行级配调整，形成铁矿废石骨料 B，其颗粒级配依据《建设用卵石、碎石》(GB/T 14685—2022)测定(图 6.3，图中数字表示筛孔尺寸)，级配曲线见图 6.4。减水剂主要技术指标见表 6.3。

图 6.3　铁矿废石粗骨料级配测试

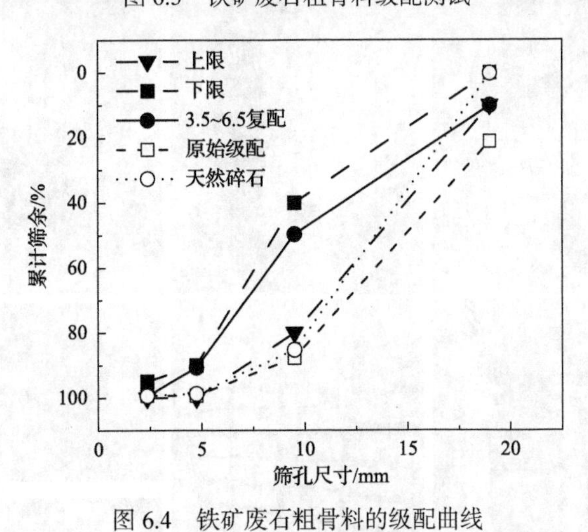

图 6.4　铁矿废石粗骨料的级配曲线

表 6.3　减水剂的主要技术指标　　(单位：%)

减水率	泌水率	含气量	28d 收缩率比	含固量
27	24	3.9	103	12.04

6.1.2 配合比及试件制作

各种原料的配合比见表 6.4。表中编号为 W0.42、D4.5、S0.4 及 CA1 组的配合比一致，可以在不同的组中形成对比。

表 6.4 原料配合比及实验分组 （单位：kg/m³）

变量	编号	水泥	水	粉煤灰	铁尾矿砂	铁矿废石 A	铁矿废石 B	减水剂
水胶比	W0.40	360	160	40	740	1110	0	4.5
	W0.42	360	168	40	740	1110	0	4.5
	W0.44	360	176	40	740	1110	0	4.5
减水剂掺量	D4	360	168	40	740	1110	0	4
	D4.5	360	168	40	740	1110	0	4.5
	D5	360	168	40	740	1110	0	5
砂率	S0.38	360	168	40	680	1110	0	4.5
	S0.4	360	168	40	740	1110	0	4.5
	S0.42	360	168	40	804	1110	0	4.5
粗骨料级配	CA1	360	168	40	740	1110	0	4.5
	CA2	360	168	40	740	0	1110	4.5

试件的制作与测试如图 6.5 所示。制作过程为：①为保证所有的骨料具有同

图 6.5 试件的制作及测试

样的含水率，减少实验误差，预先将骨料在烘箱中烘干 24h，温度设置为 105℃；②首先将骨料放入搅拌机内干拌 1min，然后将水泥和粉煤灰放入搅拌机内干拌 1min，最后将一半水慢慢倒入搅拌机，另一半水与减水剂混合均匀后全部进入搅拌机搅拌 2min；③将搅拌均匀的混凝土拌合物入模(模具尺寸 100mm×100mm×100mm)；④将入模后的混凝土拌合物移至振实台，振动 30s 后将其表面刮平；⑤试件脱模后，送养护室养护至规定龄期，养护温度为 20℃ ± 2℃，相对湿度大于 95%。

6.1.3　坍落度测试

混凝土坍落度测试参照《普通混凝土拌合物性能试验方法标准》(GB/T 50080—2016)进行，如图 6.6 所示。测试值应精确至 1mm，结果应修约至 5mm。

图 6.6　混凝土坍落度测试

6.1.4　抗压强度测试

混凝土立方体抗压强度的测试参照《混凝土物理力学性能试验方法标准》(GB/T 50081—2019)进行，试件为边长 100mm 的立方体。最终结果乘以尺寸转换系数 0.95，取三个试样测量值的算术平均值作为一组试样的强度值。

6.2 实验结果与分析

6.2.1 水胶比对抗压强度和流动性的影响

水胶比是混凝土的一个重要参数，在保证混凝土有足够强度的同时也要保证其具有一定的流动性。在大部分情况下，低水胶比意味着硬化后混凝土的单位耗水量低、孔隙率低和抗压强度高。实验中设计了 0.40、0.42 和 0.44 三个水胶比，以分析水胶比对混凝土立方体抗压强度和流动性的影响。实验结果如图 6.7 所示。

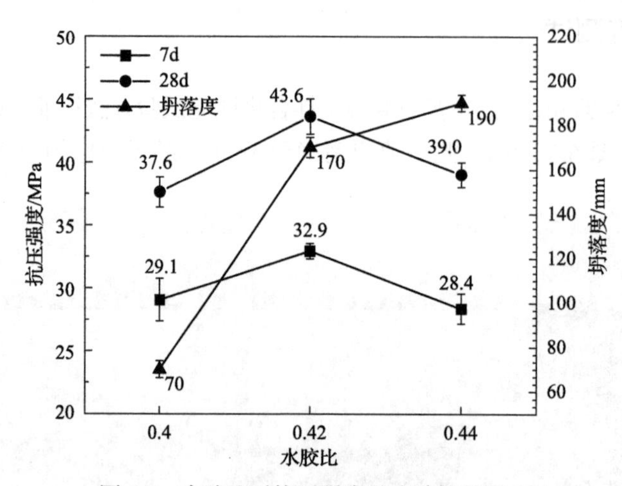

图 6.7 水胶比对抗压强度及流动性的影响

由图 6.7 可知，当水胶比由 0.4 增至 0.42 时，混凝土立方体的 7d 和 28d 抗压强度均增加了，在两个龄期下均出现“水胶比增大强度提升”的“反常”情况，可以排除是实验误差所致的可能。水在混凝土中的作用主要是与胶凝材料结合形成浆体包裹骨料，还有一部分水被骨料吸收。在混凝土成型之前，所有骨料都是干燥的，可以排除是由骨料干燥和湿润程度不一致造成这种趋势的可能。当水胶比为 0.4 时，由于水少、混合料和易性差、浆体黏度不足以及混合料流动性差，拌合物浆体不容易排出空气，在混凝土内部形成有害气孔[139]，最终导致水胶比为 0.4 时的混凝土立方体抗压强度低于水胶比为 0.42。水胶比由 0.4 增至 0.42，拌合物坍落度由 70mm 大幅增加到 170mm。

当水胶比从 0.42 增加到 0.44 时，出现泌水现象，坍落度从 170mm 增加到 190mm，混凝土立方体的抗压强度显著降低。由于水量增加后，在后期的硬化过程中产生一些有害孔的同时会劣化混凝土的界面过渡区，因此导致混凝土立方体抗压强度明显降低。水胶比为 0.42 和 0.44 时的混凝土坍落度较高，浆体流动性良好。

6.2.2　减水剂掺量对抗压强度和流动性的影响

实验中设计了 4.0kg/m^3、4.5kg/m^3 和 5.0kg/m^3 三种减水剂掺量，实验结果如图 6.8 所示。随着减水剂掺量的增加，混凝土立方体的 7d 抗压强度出现了先减后增的趋势，28d 抗压强度呈单调减速下降趋势；坍落度呈先大幅增加后平缓增加的趋势。

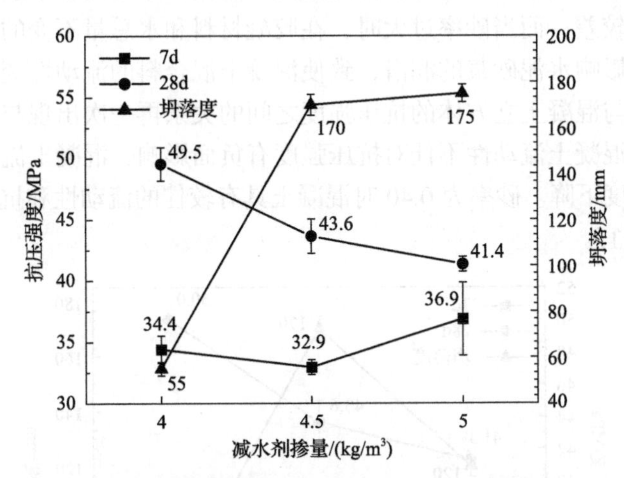

图 6.8　减水剂掺量对抗压强度及流动性的影响

随着减水剂掺量的增加，坍落度增加，特别是减水剂由 4kg/m^3 增加至 4.5kg/m^3 时，坍落度增幅很大，这与前述分析中出现的在流动性足够的前提下，坍落度增加强度下降的结果一致。原因是减水剂用量的增加可以更好地分散泥浆，破坏水泥颗粒产生的黏性结构，增加自由水，改善混凝土的流动性。然而，没有出现因混凝土流动性不足导致混凝土立方体抗压强度低的现象，反而是坍落度为 55mm 的试件组的混凝土立方体抗压强高于坍落度为 170mm 的试件组，这是因为减水剂会成为体系中无机颗粒接触和反应的阻碍，降低混凝土抗压强度。因此，在良好的混凝土流动性和立方体抗压强度之间存在一个平衡点，调节减水剂掺量是控制好这个平衡点的关键。尽管 4kg/m^3 的减水剂掺量具有更高的强度，但是其流动性差；而当减水剂增加至 4.5kg/m^3 时，坍落度提升至 170mm，抗压强度虽有所下降，但损失值不很大；当减水剂进一步增加至 5kg/m^3 时，坍落度仅仅增加 5mm，28d 立方体抗压强度下降了 2.2MPa。综合以上分析，减水剂的适宜掺量为 4.5kg/m^3。

6.2.3　砂率对抗压强度和流动性的影响

实验中设计了 0.38、0.40 和 0.42 三种砂率，实验结果如图 6.9 所示。混凝土

7d 和 28d 抗压强度随着砂率的增加均呈增长趋势，S0.42 组的 28d 抗压强度达 50MPa，是 S0.38 组的 1.2 倍。这是由于随着砂率的增加，砂浆可以更充分地包裹粗骨料，使浆体与骨料之间的界面得到增强，并且填充骨料空隙。坍落度随着砂率的增加出现了一个先升后降的拐点，砂率为 0.38 时坍落度为 120mm，砂率增加至 0.40 时坍落度增加至 170mm，砂率进一步增加至 0.42 时坍落度降至 70mm。这是由于砂率过小会导致和粗骨料彼此之间没有足够厚度的砂浆层，导致凝土混合料的流动性较差；而当砂率过大时，在胶凝材料和水总量不变的情况下，水泥浆总量较少，影响水泥砂浆的润滑，致使混凝土混合料的流动性变差。混凝土拌合物的坍落度与混凝土立方体的抗压强度之间的关系再一次出现与之前分析中相同的趋势，即混凝土流动性不佳对抗压强度有负面影响，混凝土流动性过大同样会使混凝土强度下降。砂率为 0.40 时混凝土具有较佳的流动性和抗压强度，因此砂率取 0.40 为宜。

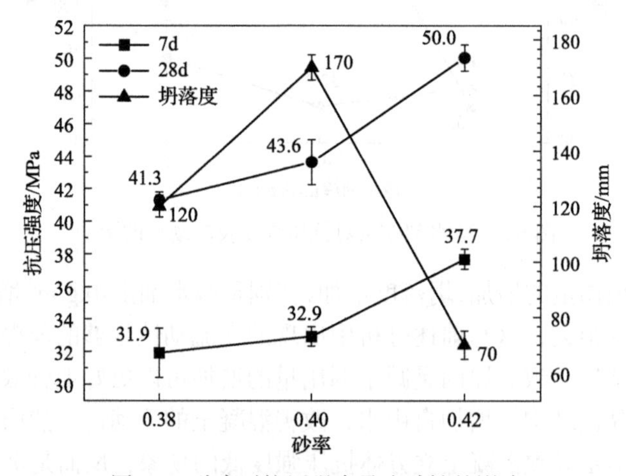

图 6.9 砂率对抗压强度及流动性的影响

6.2.4 粗骨料级配对抗压强度和流动性的影响

铁矿废石粗骨料 A 为原始级配，其中粒径较大的骨料占比较多，级配不良。利用 5～10mm 的铁矿废石与铁矿废石骨料 A 按 3.5∶6.5(质量比)复配，形成合理级配的铁矿废石粗骨料 B。这两种粗骨料的级配曲线见图 6.4。CA1 与 CA2 两组试件分别对应铁矿废石粗骨料 A 和 B，其实验结果如图 6.10 所示。

级配调整后的混凝土立方体抗压强度明显提高，特别是后期强度从 43.6MPa 提升至 53.7MPa。这是由于级配调整后，粗骨料中大小颗粒的搭配更加合理，骨料的空隙率降低。级配调整后的混凝土坍落度从 170mm 降低至 150mm，这是由于铁矿废石粗骨料 A 有较多的大颗粒骨料，调整后的铁矿废石粗骨料 B 中小粒径

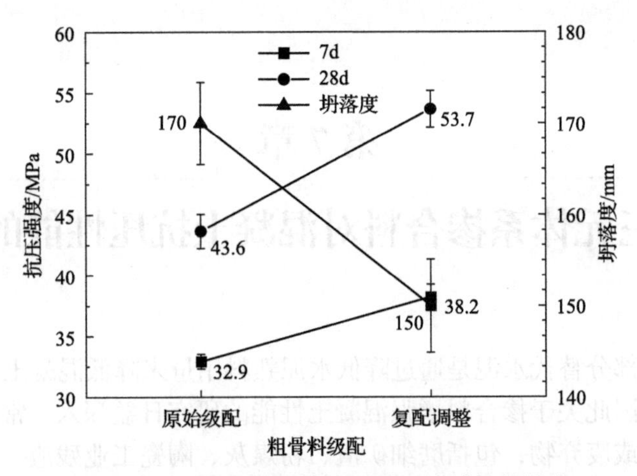

图 6.10　粗骨料级配对抗压强度及流动性的影响

的骨料增多、比表面积增大，对于水泥浆或砂浆的需求量增大，导致 CA2 组的坍落度降低。但是 150mm 的坍落度是可接受的。

6.3　小　结

铁尾矿砂及铁矿废石骨料具有较强的棱角性，需要泥浆的润滑来避免内部生成有害气泡。因此低水胶比会导致混凝土拌合物低流动性，降低混凝土的抗压强度，适当增加水胶比可以改善混凝土的流动性，并提高抗压强度。

随着减水剂掺量的增加，混凝土的抗压强度降低、坍落度增加，较低的减水剂掺量可获得较高的混凝土抗压强度，但是流动性较差。减水剂掺量取 4.5kg/m^{3}为宜。

高砂率有利于弥补铁矿废石粗骨料级配差的缺陷，提升混凝土抗压强度。但由于铁尾矿砂较细，砂率过高会降低混凝土的流动性。建议砂率取 0.40。

使用复配方法优化铁矿废石粗骨料级配可明显提升混凝土的抗压性能，但由于优化后小粒径骨料增加，坍落度会受到一定程度的影响。相比于提高砂率，这种方式对混凝土坍落度的影响较小，可以通过增加水泥浆量的方式进行调节，建议提高胶材用量至 420kg/m^3。

第7章

IFG三元体系掺合料对混凝土抗压性能的影响

用掺合料部分替代水泥是通过降低水泥熟料用量来降低混凝土行业 CO_2 排放的有效途径，因此关于掺合料增强混凝土性能的研究日益深入。常用的掺合料是工业的副产品或废弃物，包括磨细矿渣、粉煤灰、陶瓷工业残渣、硅灰、废玻璃等[140-143]，天然火山灰和高硅或氧化铝含量的热氧化羟基化黏土矿物(如偏高岭土)也被用作掺合料。

铁尾矿是铁矿选矿后产生的固体废弃物，大量的铁尾矿堆积会引发环境和安全问题，包括地下水污染、粉尘污染、土地荒漠化等[144-146]。然而，我国的铁尾矿产生量大但利用率低。另外，用于混凝土制备的天然砂石料和常用掺合料日益短缺。因此，有关铁尾矿作为混凝土细集料、粗集料和胶凝材料的替代品的研究日益广泛和深入。Lv 等[147]利用铁尾矿完全替代普通骨料，比较了大坝混凝土的综合性能。结果表明，尾矿砂骨料混凝土在水灰比固定的条件下，其抗压强度、轴向抗拉强度、极限拉伸应变和压缩弹性模量均远高于普通混凝土。在混凝土中还观察到较低的温度和热传导以及线膨胀系数。Zhao 等[139]探索了以不同取代率的铁尾矿作为细集料制备 UHPC 的潜力。Zhang 等[145]也进行了同样的研究，发现取代率为 40%时，由于铁尾矿颗粒的填充性能与细小铁尾矿颗粒火山灰反应的协同作用，抗压强度达到最高。de Magalhães 等[148]用铁尾矿部分替代硅酸盐水泥，发现掺入铁尾矿可获得理想的抗压强度。Cheng 等[146]的研究发现，混凝土抗压强度会随着铁尾矿取代水泥掺量的增加而降低，铁尾矿虽然富含硅，但是限制其作为掺合料应用的主要原因是其活性较低。在其他学者[149]的研究中也得到了同样的结论。Han 等[136]的研究发现，铁尾矿在早期的反应活性极低，随着铁尾矿掺量的增加，累积水化热和水化热速率降低，改变铁尾矿细度或者降低水胶比可提高早期抗压强度。利用矿渣粉取代部分铁尾矿，形成二元体系掺合料制备混凝土，可明显改善混凝土的微观结构和抗压性能，但是均无法完全弥补铁尾矿低活性造成的负面影响[150]。

与关于铁尾矿作为水泥、细集料和粗集料的单一替代品的研究相比，有关铁尾矿作为混凝土三种组分的替代品的研究较少。本章利用铁尾矿砂和铁矿废石100%取代天然砂石骨料，利用铁尾矿、粉煤灰和矿渣粉制备 IFG 三元体系掺合料，以掺合料掺量、水胶比、铁尾矿粒度分布和掺合料配合比为关键参数，研究混凝土的抗压强度、孔结构和界面过渡区性能随相关参数的变化规律，并分析宏观抗压性能与微观性能之间的联系。

7.1　实验概况

7.1.1　试件的混凝土组分配合比设计

以掺合料掺量、水胶比和铁尾矿粒度分布为变量，分别制作了 D 组、W 组和 P 组混凝土试件，其配合比设计见表 7.1～表 7.3。在 D 组中，铁尾矿、粉煤灰和矿渣粉三种掺合料的配比固定为 1∶1∶1，掺合料掺量和水泥掺量为变量，其他组分的含量恒定，用于分析掺合料掺量(水泥取代率)对混凝土抗压性能的影响。W 组中的水量为变量，其他组分的含量恒定，用于分析水胶比对混凝土抗压性能

表 7.1　D 组混凝土组分配合比　(单位：kg/m³)

D 组混凝土	水泥	水	掺合料			铁尾矿砂	铁矿废石	减水剂
			铁尾矿 P2	粉煤灰	矿渣粉			
D0	420	184.8	0	0	0	740	1110	4.5
D20	336	184.8	28	28	28	740	1110	4.5
D30	294	184.8	42	42	42	740	1110	4.5
D40	252	184.8	56	56	56	740	1110	4.5

表 7.2　W 组混凝土组分配合比　(单位：kg/m³)

W 组混凝土	水泥	水	掺合料			铁尾矿砂	铁矿废石	减水剂
			铁尾矿 P2	粉煤灰	矿渣粉			
W0.42	294	176.4	42	42	42	740	1110	4.5
W0.44	294	184.8	42	42	42	740	1110	4.5
W0.46	294	193.2	42	42	42	740	1110	4.5

表 7.3　P 组混凝土组分配合比　(单位：kg/m³)

P 组混凝土	水泥	水	掺合料					铁尾矿砂	铁矿废石	减水剂
			铁尾矿 P1	铁尾矿 P2	铁尾矿 P3	粉煤灰	矿渣粉			
P1	294	184.8	42	0	0	42	42	740	1110	4.5
P2	294	184.8	0	42	0	42	42	740	1110	4.5
P3	294	184.8	0	0	42	42	42	740	1110	4.5

的影响。P 组中的铁尾矿粒度分布不同，其含量及其他组分的含量恒定，用于分析铁尾矿粒度分布对混凝土抗压性能的影响，P1、P2 和 P3 的比表面积分别为 1290m^2/kg、1587m^2/kg 和 1311m^2/kg。其中，D30、W0.44 和 P2 为同一种配合比。

以掺合料中三种组分的配合比为变量，制作了 M 组混凝土试件，其配合比设计如表 7.4 所示。M1～M4 为掺合料协同效应组，M1 中掺合料为单一铁尾矿，M2 中掺合料由铁尾矿与粉煤灰 1∶1 复配组成，M3 中掺合料由铁尾矿与矿渣粉 1∶1 复配组成，M4 中掺合料由铁尾矿、粉煤灰和矿渣粉按照 2∶1∶1 的比例构成。M1～M4 用于对比一元体系、二元体系及三元体系掺合料对混凝土抗压性能的影响，探究掺合料之间是否存在协同效应。M4～M6 为铁尾矿掺量组，掺合料中粉煤灰与矿渣粉的质量比固定为 1∶1，M4～M6 中铁尾矿量占比分别为 50%、33%和 16%，用于分析掺合料中铁尾矿占比对混凝土抗压性能的影响。M8、M5、M9 和 M7 为粉煤灰与矿渣粉配比组，M8、M5、M9 和 M7 中粉煤灰与矿渣粉的质量比值分别为 0.5、1、1.5 和 2，铁尾矿在掺合料中的占比固定为 1/3，用于分析掺合料中粉煤灰与矿渣粉配比对混凝土抗压性能的影响。

表 7.4 M 组混凝土组分配合比 （单位：kg/m^3）

编号	水泥	水	掺合料			铁尾矿砂	铁矿废石	减水剂
			铁尾矿 P2	粉煤灰	矿渣粉			
M1	294	184.8	126	0	0	740	1110	4.5
M2	294	184.8	63	63	0	740	1110	4.5
M3	294	184.8	63	0	63	740	1110	4.5
M4	294	184.8	63	31.5	31.5	740	1110	4.5
M5	294	184.8	42	42	42	740	1110	4.5
M6	294	184.8	20.16	52.92	52.92	740	1110	4.5
M7	294	184.8	42	56	28	740	1110	4.5
M8	294	184.8	42	28	56	740	1110	4.5
M9	294	184.8	42	50.4	33.6	740	1110	4.5

7.1.2 抗压强度测试

实验测试了 D 组、W 组、P 组、M 组所有试件的立方体抗压强度，每个龄期下的抗压强度取 3 个试件测试值的均值。测试说明见 6.1.4 节。

7.1.3 MIP 测试

MIP 测试样品取自养护 28d 后的立方体混凝土试块。首先利用切割机平行成型面进行切割，切割面距成型面 15mm，切出一个 15mm 厚的片状混凝土；然后用电钻和空心钻头(钻头内径为 8～14mm)钻芯取样，取样均来自切割面同一深度，并且样品中不包含骨料，样品不需规则和形状统一，确保不因外力产生裂缝即可。将试样浸入无水乙醇，7d 终止水化，然后烘干(温度为 50℃ ± 2℃)3d 后进行 MIP 测试。制样过程如图 7.1 所示。实验中测试了具有代表性的 D 组、W 组、P 组混凝土试件，以探究混凝土抗压性能随相关参数变化的微观机理。

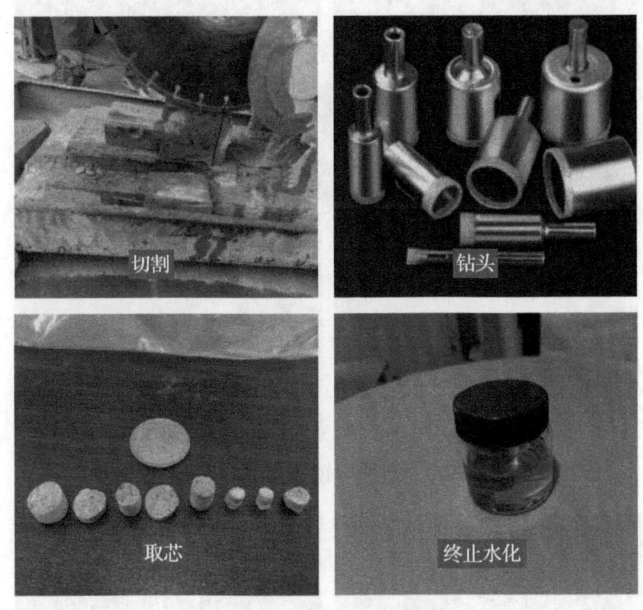

图 7.1 MIP 测试制样

7.1.4 扫描电镜测试

试件养护至 28d 后进行切片，切片厚度为 3～5mm，切割方向平行于成型面，第一刀距离成型面 15mm，第二刀距离成型面 18～20mm；然后在切片上钻芯取样(包含骨料和基体)，将样品浸入无水乙醇中，7d 终止水化，然后将样品放入烘箱中烘干 3d(温度为 50℃ ± 2℃)；为了防止样品的微观结构在制样过程中被破坏，将烘干后的样品浸入环氧树脂自然硬化 24h，紧接着进行打磨、剖光、超声清洗、烘干(烘干温度为 50℃ ± 2℃)，最后得到待测试样品。背散射图片的放大倍数为 500 倍，图片分辨率为 1024×768pixel。研究的重点是距离骨料表面 50μm 范围内界面过渡区的孔隙率及未水化颗粒。参照文献[151,152]，利用 Image J 软件进行图像的条带划分、二值化及计算。制样过程如图 7.2 所示，背散射电子(BSE)定量计算过程如图 7.3 所示。利用背散射测试了具有代表性的 D 组、W 组、P 组混凝土

试件，以分析混凝土抗压性能随相关参数的变化机理；对 D0 和 D30 进行了能量

图 7.2　扫描电镜测试制样过程

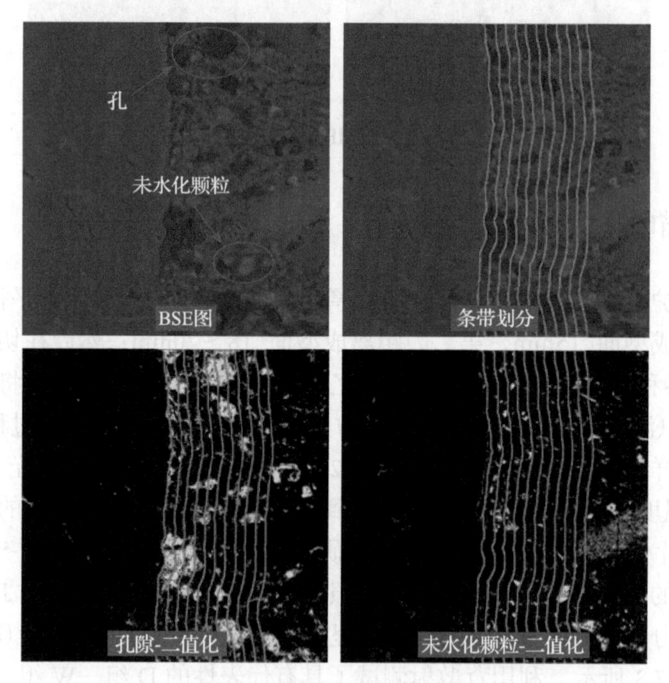

图 7.3　BSE 定量计算过程

色散 X 射线谱(EDS)和扫描电子显微镜(SEM)测试，对其界面过渡区内的元素分布情况和水化产物类型进行对比分析，EDS 采样点选在距离骨料 50μm 处的水化产物部分。

7.2　实验结果与分析

7.2.1　抗压强度

D 组、W 组、P 组和 M 组混凝土立方体的抗压强度测试结果如图 7.4～图 7.10 所示。共测试了 16 组，每组 3 个试件，龄期为 7d、14d 和 28d。

由图 7.4 可知，随着 IFG 掺合料掺量从 20%增加至 40%，7d 和 14d 抗压强度出现了先增后减的趋势，28d 抗压强度持续下降。掺合料掺量为 20%时，D20 组的 7d 和 14d 抗压强度均低于 D0 组(纯水泥组)，28d 抗压强度高于 D0 组；掺合料掺量为 30%时，D30 组的 7d、14d 和 28d 抗压强度均略高于 D0 组；掺合料掺量为 40%时，D40 组的 7d、14d 和 28d 抗压强度均明显低于 D0 组。

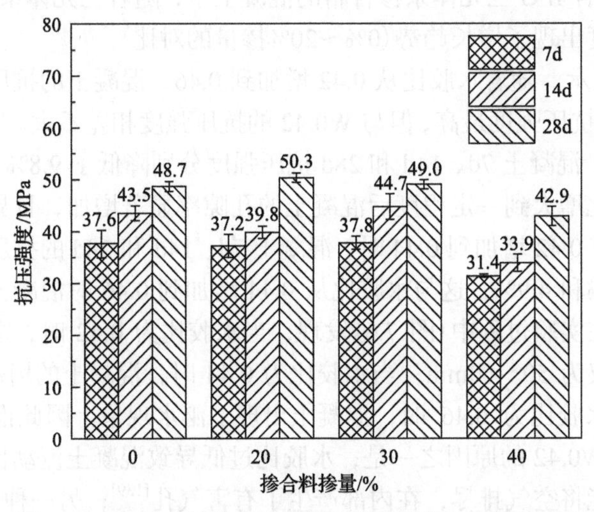

图 7.4　IFG 掺合料掺量对混凝土各龄期抗压强度的影响

有研究表明，由于矿渣粉具有较高的火山灰活性，矿渣粉的加入可以改善含有低活性矿物掺合料混凝土的性能[153,154]，以矿渣粉替换铁尾矿可以提高混凝土的抗压强度，但是当矿渣粉掺量较低时，矿渣粉对抗压强度增长的贡献有限[155]。也有研究表明，粉煤灰会延缓水泥的早期水化[156]，铁尾矿在复合胶凝材料中早期反应活性极低[136]。因此，D20 组混凝土早期抗压强度低于 D0 组的原因是，在掺合料掺量为 20%的情况下，矿渣粉的量不足以弥补粉煤灰对早期抗压强度的抑制及铁尾矿本身低活性带来的负面影响；在 28d 时 D20 组的抗压强度超越了 D0 组和 D30 组，这可以解释为掺合料对水泥的取代量较少，对水泥水化产物的生成影响较小，而掺合料的物理填充效应比水泥优异。

当掺合料掺量为 30%时，混凝土早期抗压强度低的情况得到了改善，这是因为随着掺合料掺量的增加，掺合料体系中的矿渣粉也在增加，矿渣粉较高的火山灰活性弥补了因铁尾矿火山灰活性低和粉煤灰活性滞后所带来的早期负面作用。由此可以推断，在三元体系掺合料中存在着拉动效应，即高火山灰活性材料可以弥补低火山灰活性材料的缺陷。

当掺合料掺量增加到 40%时，无论是早期还是后期抗压强度，D40 组均明显低于 D0 组。这是由于虽然具有高火山灰活性的矿渣粉的掺量增加了，但铁尾矿和粉煤灰的掺量也增加了，矿渣粉的高火山灰活性不足以弥补铁尾矿的低火山灰活性和粉煤灰火山灰活性滞后所带来的影响。因此，拉动效应存在极限点。此外，当掺合料掺量为 40%时，水泥熟料相应减少，进而导致水泥水化产物减少，参与二次水化的氢氧化钙的含量随之降低，这是 D40 组抗压强度低于 D0 组的另一个重要原因[157]。在之前的研究中发现，混凝土抗压强度会随着铁尾矿掺量的增加而下降[149,157]，在含 IFG 三元体系掺合料的混凝土中，随着三元体系掺合料的增加，混凝土抗压强度出现了增长趋势(0%～20%掺量的对比)。

如图 7.5 所示，随着水胶比从 0.42 增加到 0.46，混凝土的抗压强度先增加后降低。W0.44 的抗压强度最高，但与 W0.42 的抗压强度相差不大。当水胶比从 0.44 增加到 0.46 时，混凝土 7d、14d 和 28d 抗压强度分别降低了 9.8%、7.8%和 7.6%，这是由于水胶比增大到一定程度后混凝土的孔隙率显著增加，且界面过渡区变薄弱。当水胶比从 0.42 增加到 0.44 时，混凝土 7d、14d 和 28d 的抗压强度分别增加了 10.5%、8.8%和 4.9%，这与水胶比从 0.44 增加到 0.46 时混凝土抗压强度的变化趋势相反。在实验过程中(图 7.6)发现，当水胶比为 0.42 时，混凝土的流动性不佳，坍落度仅为 50～60mm；当水胶比为 0.44 时，混凝土的坍落度可达 160～180mm；而当水胶比为 0.46 时，混凝土出现了泌水现象。因此推断产生 W0.44 抗压强度高于 W0.42 的原因之一是，水胶比过低导致混凝土流动性差，在成型过程中混凝土不能将空气排尽，在内部产生了有害气孔[139]；另一种可能的原因是，水胶比过低时掺合料和水泥很难分散均匀，使得部分界面过渡区过于薄弱。

如图 7.7 所示，随着 IFG 三元体系掺合料中的铁尾矿粒度分布从 P1 变化至 P3，混凝土抗压强度先增后减。P2 的 7d、14d 和 28d 抗压强度分别比 P1 高 15.6%、31.1%和 9.4%，分别比 P3 高 15.6%、14.6%和 7.9%。P1 和 P3 除 14d 抗压强度相差较大外，整体表现相近。产生这种变化趋势的原因之一是，铁尾矿比表面积和内部结构的变化，铁尾矿 P2 具有更大的比表面积，其活性与 P1 和 P3 相比较高，生成了更多的水化产物；原因之二是，铁尾矿具有稀释和成核效应，可促进水泥

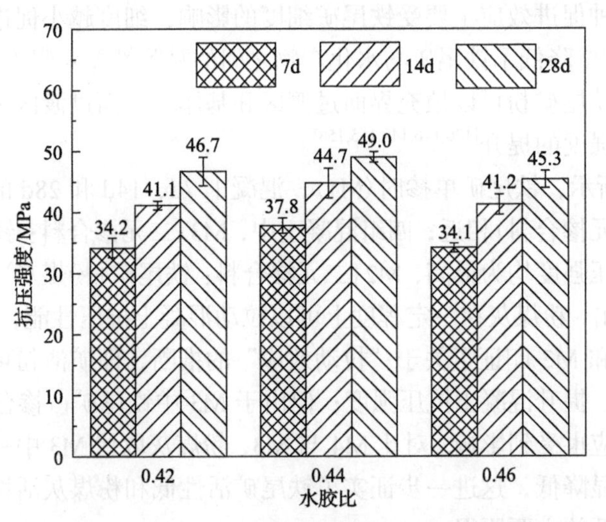

图 7.5　水胶比对混凝土各龄期抗压强度的影响

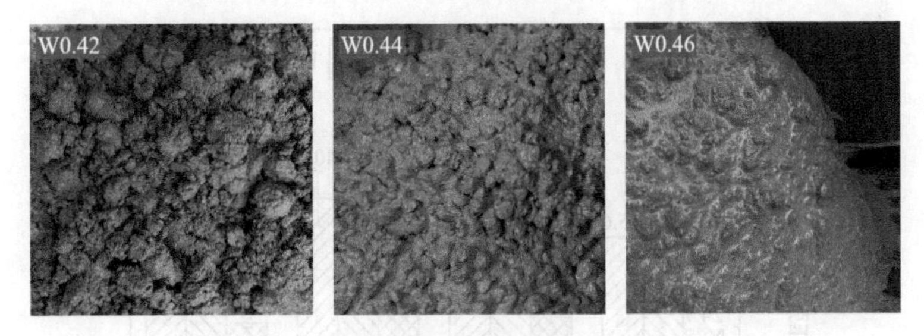

图 7.6　混凝土拌合物的流动状态

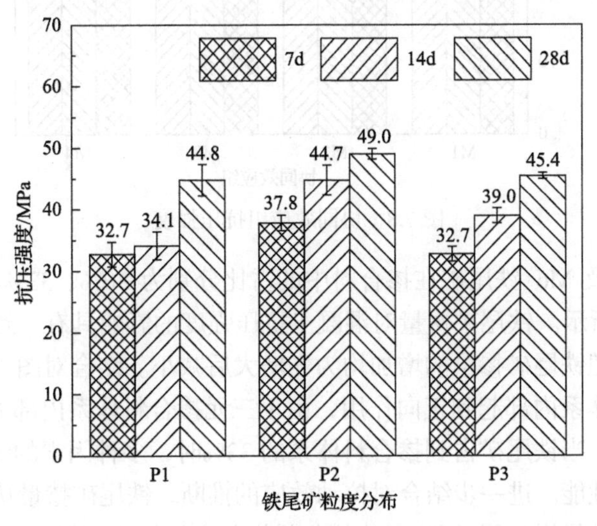

图 7.7　铁尾矿粒度分布对混凝土各龄期抗压强度的影响

的水化，而这种促进效应主要受铁尾矿细度的影响，细度越小促进效应越显著，更细的铁尾矿 P2 降低了铁尾矿与水化产物之间的黏附性差对强度的不利影响；原因之三是，细铁尾矿粉可以填充界面过渡区和基体，界面过渡区和基体的致密结构有利于抗压强度的提升[136,146,149,155,158]。

如图 7.8 所示，铁尾矿单掺时(M1)，混凝土 7d、14d 和 28d 的抗压强度均较低，与 M4(三元掺合料)相近；四组混凝土中，M3(二元掺合料：铁尾矿+矿渣粉)的 3 个龄期抗压强度均为最高，M2(二元掺合料：铁尾矿+粉煤灰)次之。对比 M2 与 M1 可以看出，粉煤灰在一定程度上可以拉动混凝土抗压性能，但效果很有限。通过对比 M3 和 M2 印证了关于“拉动效应”的推断，即矿渣粉可以弥补铁尾矿活性低的缺陷，提升混凝土抗压强度；但由于 M3 中铁尾矿占掺合料的 50%，矿渣粉的拉动效应也受到影响。对比 M4 与 M3，粉煤灰取代 M3 中一半的矿渣粉之后抗压强度明显降低，这进一步证实了铁尾矿活性低和粉煤灰活性滞后是引起混凝土抗压强度低的主要原因。

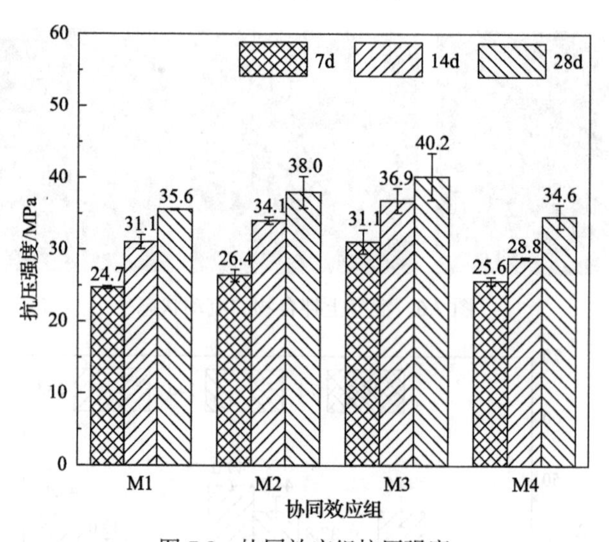

图 7.8 协同效应组抗压强度

M4、M5 及 M6(铁尾矿在掺合料中的占比分别为 50%、33%和 16%)的抗压强度如图 7.9 所示。铁尾矿掺量对混凝土抗压强度的影响具有一致性，即 3 个龄期的抗压强度随铁尾矿掺量的增加均为先增大后减小。结合对图 7.8 的分析，铁尾矿在掺合料体系内部起到正向作用，由于三元掺合料体系内部的复杂性及铁尾矿的成核效应，当铁尾矿占到掺合料体系的 33%时，多种因素的综合作用令体系发挥了优异的性能。进一步结合对拉动效应的推断，铁尾矿掺量从 50%降至 33%意味着矿渣粉的量增加了(因为矿渣粉与粉煤灰之间的比例保持不变)，拉动效应增强了；当铁尾矿掺量从 33%降至 16%时，铁尾矿的成核效应和稀释效应显著下降，同时粉煤灰的量在提升，即使矿渣粉的量也在提升，也过了拉动效应的极限点，故抗压强度下降。因此，铁尾矿在 IFG 掺合料中的最佳占比为 33%左右。相较于铁尾矿单掺使用时其掺量增加导致混凝土抗压强度下降的负向作用，在 IFG 三元体系掺合料中铁尾矿的正向作用表明，复合制备掺合料是一种具有潜力的铁尾矿资源化利用方式。

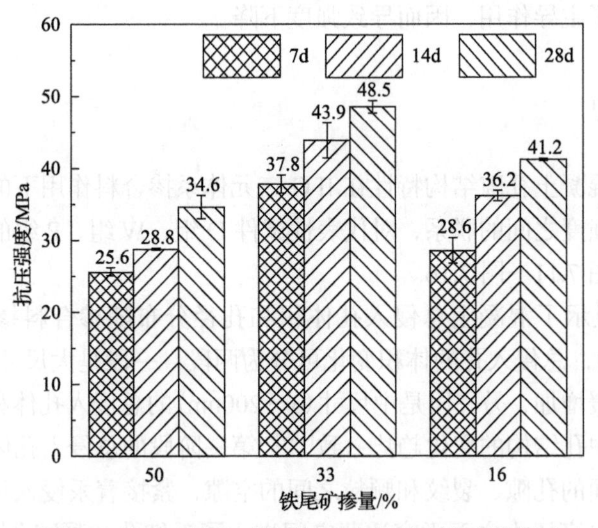

图 7.9　铁尾矿掺量对混凝土各龄期抗压强度的影响

图 7.10 显示了粉煤灰与矿渣粉配比对混凝土抗压性能的影响，粉煤灰：矿渣

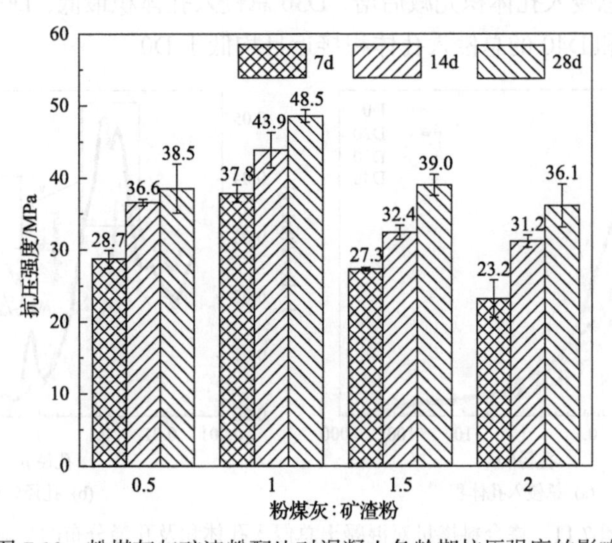

图 7.10　粉煤灰与矿渣粉配比对混凝土各龄期抗压强度的影响

粉=0.5、1、1.5、2 分别对应 M8、M5、M9、M7 组，其铁尾矿的占比均为 1/3。当粉煤灰：矿渣粉为 1：1 时，混凝土的抗压性能表现最佳。当粉煤灰掺量较低时，混凝土强度随其掺量的增加(从粉煤灰：矿渣粉=0.5 到粉煤灰：矿渣粉=1)出现了局部增长，这归结于粉煤灰良好的形态有助于提升混凝土的工作性能，增强浆体的均匀性，所以粉煤灰在 IFG 三元体系掺合料中对粉体分散及浆体的流动起重要作用。但当粉煤灰掺量进一步增加时，矿渣粉掺量下降引起的矿渣粉对强度拉动效应的降低起了主导作用，因而导致强度下降。

7.2.2 孔结构

为了探究混凝土孔隙结构特性在 IFG 三元体系掺合料作用下的变化规律，并分析其与抗压强度之间的联系，对代表性试件 D 组、W 组、P 组的孔结构进行了测试，结果见图 7.11～图 7.16。

图 7.11 显示了混凝土总侵入孔体积和孔径分布随掺合料掺量的变化。如图 7.11(a)所示，总侵入孔的体积变化可分为两段，一段是大尺寸(>200nm)的总侵入孔体积缓缓增加，另一段是中尺寸(3～200nm)的总侵入孔体积快速增加，这与之前的研究中孔结构的变化趋势一致[159]。第一阶段的总侵入孔体积上升是因为汞入到样品表面的孔隙、裂纹和颗粒之间的空隙，紧接着汞侵入到大孔中；第二阶段的上升源自高压力之下汞穿透薄空间进入了毛细孔和凝胶孔[159-162]。显然，加入掺合料的 D20、D30 和 D40 的总侵入孔体积要小于纯水泥 D0。随着掺合料掺量的增加，总侵入孔体积先减后增，D30 总侵入孔体积最低，D0 的总侵入孔体积最高，D20 和 D40 的总侵入孔体积接近且均低于 D0。

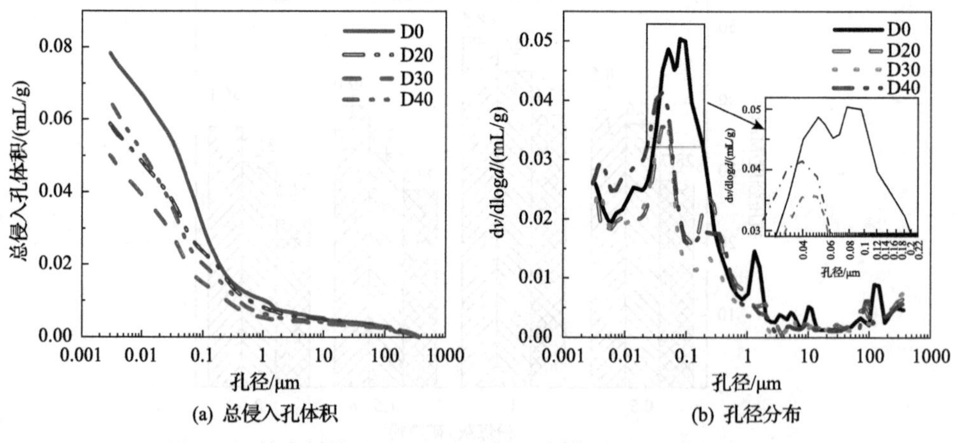

(a) 总侵入孔体积 (b) 孔径分布

图 7.11 掺合料掺量对混凝土总侵入孔体积及孔径分布的影响

最可几孔径是总侵入孔体积曲线斜率最大处所对应的孔隙入口半径[163-165]。如图 7.11(b)所示，掺合料的加入使孔径分布曲线的峰值变小，但是变化程度不大；随着掺合料掺量的增加，峰值位置向左移动；D40 峰值的强度要高于 D30 和 D20。

为了能更方便地分析混凝土的孔隙分布情况，有学者将孔径分为两部分或者三部分进行研究[166-168]，还有研究者将孔径分为六部分进行研究[169]。本书参照文献[170]的方法，将孔径分为四部分进行分析，划分后的结果如图 7.12 所示。D0 中占主导地位的是 50～200nm 的孔，占比为 35%；掺加掺合料后的 D20、D30 和 D40 在这个范围内的孔体积占比分别降到了 23%、21%和 20%。随着掺合料掺量的增加，<20nm 及 20～50nm 的孔体积占比提升，从 D20 至 D30 的提升尤为明显；>200nm 的孔体积占比没有出现明显的规律性，但是 D30 最优。特别需要注意的是，混凝土的孔径分布情况从 D30 到 D40 几乎没有发生变化，这印证了之前关于拉动效应的推断，即 30%的掺合料掺量是一个极限点，当掺合料掺量达到 40%时，物理填充效应过剩且拉动效应不足。混凝土孔结构是力学性能和耐久性的重要指标[170]，利用三元体系掺合料可以改善混凝土的微观结构和力学性能。

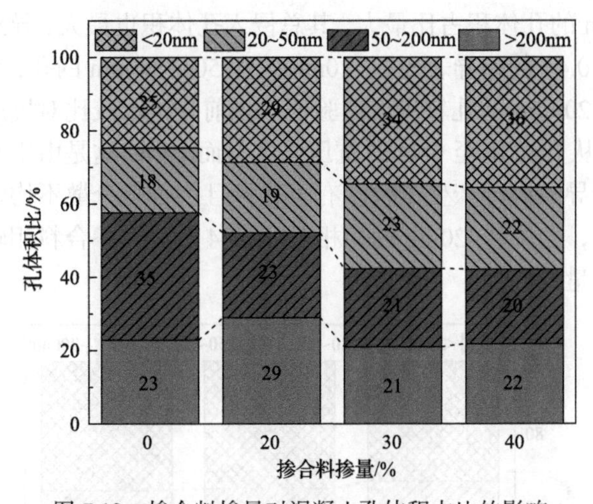

图 7.12　掺合料掺量对混凝土孔体积占比的影响

图 7.13 显示了混凝土总侵入孔体积和孔径分布随水胶比的变化。如图 7.13(a)所示，总侵入孔体积 W0.44 最小、W0.46 最大。W0.44 的总侵入孔体积小于 W0.42，间接解释了为何 W0.44 的抗压强度高于 W0.42。

如图 7.13(b)所示，随着水胶比的增大，混凝土的最可几孔径并未出现明显减小的趋势，孔径分布曲线的峰值高度先减小后增大，峰值最大的为 W0.42，峰值最小的是 W0.44。

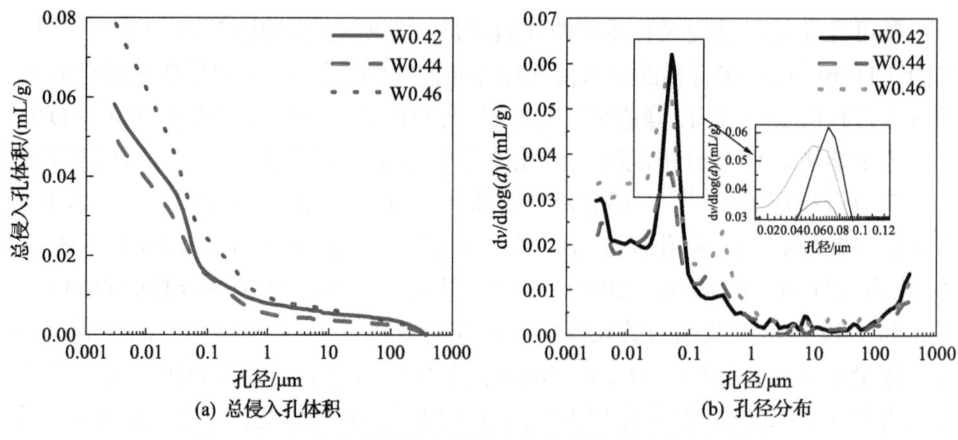

(a) 总侵入孔体积　　(b) 孔径分布

图 7.13　水胶比对混凝土总侵入孔体积及孔径分布的影响

将孔径分为四部分，各部分的孔体积占比如图 7.14 所示。三组混凝土中，均是<20nm 的孔体积占比最高，且随着水胶比的增大，这部分孔的体积增大。这表明水胶比增大有利于掺合料分散均匀和更充分水化，优化了孔结构。当水胶比为 0.46 时，<20nm 的孔的占比增幅放缓，而>200nm 的孔增多；在三组混凝土中，W0.46 中>200nm 的孔体积占比最大，其总侵入孔体积也最大，导致其抗压强度最低。W0.42 和 W0.44 的差异表现在<20nm 的和 50～200nm 的孔，W0.44 中<20nm 的孔较多，50～200nm 的孔较少，这验证了之前分析水胶比对抗压强度的影响时的推断，水胶比从 0.42 增至 0.44 时抗压强度反而上升，这是由于水胶比低至 0.42 时流动性能不佳导致内部产生了较多有害孔，且掺合料分散不均匀不利于掺合料发生火山灰反应，导致其<20nm 的孔相对 W0.44 较少。掺合料相较于普通硅酸盐水泥对水的需求量要高。

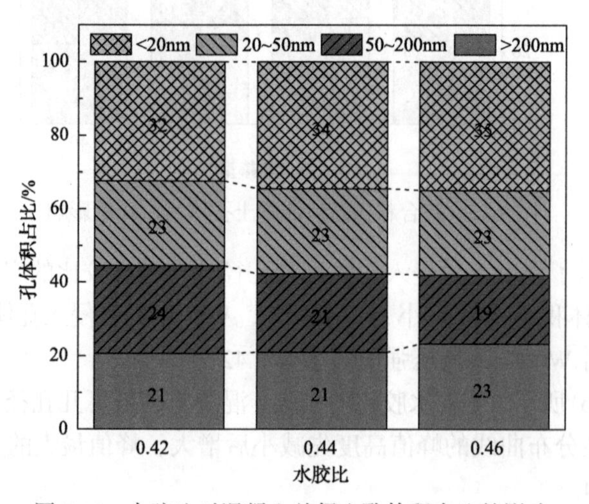

图 7.14　水胶比对混凝土总侵入孔体积占比的影响

图 7.15 显示了混凝土总侵入孔体积和孔径分布随铁尾矿粒度分布的变化。如图 7.15(a)所示，随着铁尾矿粒度分布从 P1 变到 P3，混凝土的总侵入孔体积先减后增，P2 的表现最佳。这印证了之前分析中对于“铁尾矿更高的比表面积带来的更优的物理填充效应和火山灰活性降低了混凝土孔隙率”的推断。

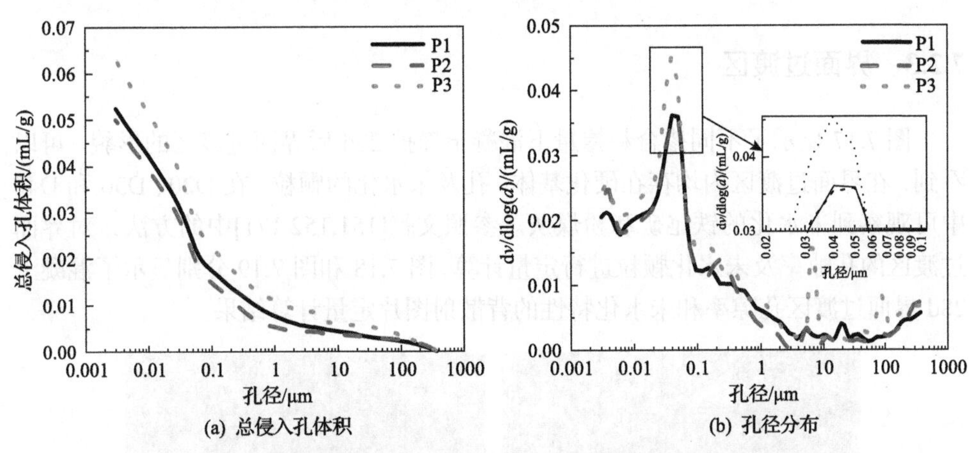

图 7.15　铁尾矿粒度分布对混凝土总侵入孔体积及孔径分布的影响

如图 7.15(b)所示，最可几孔径没有发生显著变化，P3 的峰值最高，P1 和 P2 的峰值基本相等。将孔径范围分为四部分，各部分的孔体积占比如图 7.16 所示。三组混凝土中占比最多的均为<20nm 的孔，随着铁尾矿粒度分布从 P1 到 P2 再到 P3，小于 20nm 的孔先增后减，P2 的表现依旧最佳。三组在 20～50nm 和 50～200nm 的孔体积占比几乎一致。占比差异最显著的是>200nm 的孔，P1 为 25%、P2 为 21%、P3 为 27%，P2 明显优于 P1 和 P3。

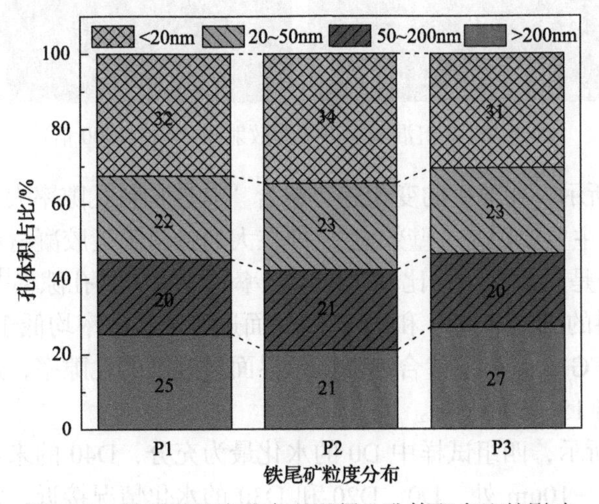

图 7.16　铁尾矿粒度分布对混凝土孔体积占比的影响

可见，三组中比表面积最大的铁尾矿 P2 在总侵入孔体积和孔径分布方面的表现都是最佳的。这表明，提升铁尾矿的比表面积可以降低混凝土孔隙率及混凝土中>200nm 的孔，并增加混凝土中<20nm 的孔，这对改善孔结构和提升抗压强度有显著效果。

7.2.3 界面过渡区

图 7.17 显示了不同掺合料掺量下混凝土养护 28d 后界面过渡区的形貌。可以看到，在界面过渡区内均存在硬化基体、孔及未水化的颗粒。在 D20、D30 和 D40 中可观察到未水化的铁尾矿和粉煤灰。参照文献[151,152,171]中的方法，对界面过渡区的孔隙率及未水化颗粒进行定量计算，图 7.18 和图 7.19 分别显示了混凝土 28d 界面过渡区孔隙率和未水化特性的背散射图片定量计算结果。

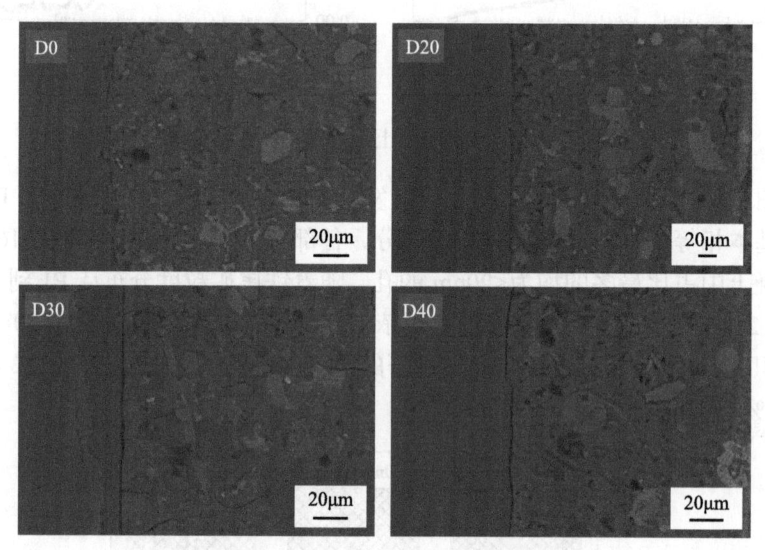

图 7.17　D 组混凝土 28d 背散射图片样例(500 倍)

如图 7.18 所示，孔隙率的变化趋势符合“靠近骨料孔隙率大，远离骨料孔隙率小”的规律，主要原因是“壁效应”，即在大的骨料附近胶凝材料的颗粒不仅少而且粒径小，于是局部高水胶比和高反应速率导致了大的孔隙率[151]。掺和了 IFG 三元体系掺合料的 D20、D30 和 D40 的界面过渡区孔隙率均低于无掺合料(纯水泥)的 D0，即 IFG 三元体系掺合料降低了界面过渡区的孔隙率，这种作用主要体现在距骨料距离 15～50μm 处。

如图 7.19 所示，四组试样中 D0 的水化最为充分，D40 的未水化颗粒最多，在距骨料距离 5～10μm 处，D0、D20 和 D30 的水化情况接近，之后差距逐渐拉开。随着距骨料距离的增加，水化程度均有不同程度的降低，这一趋势与孔隙率的变化趋势相反，同样是“壁效应”作用的结果。

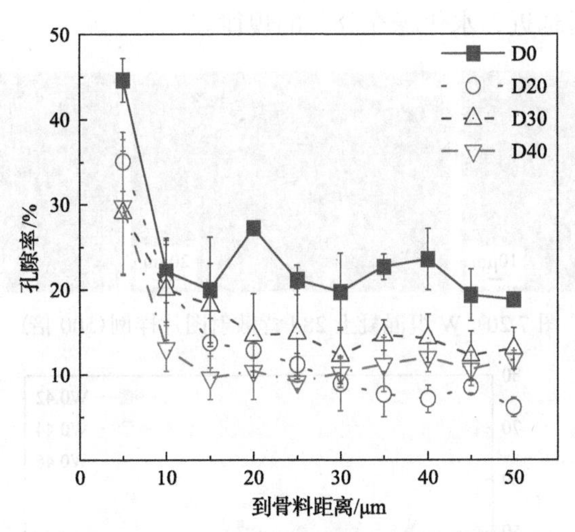

图 7.18 D 组混凝土 28d 界面过渡区孔隙率

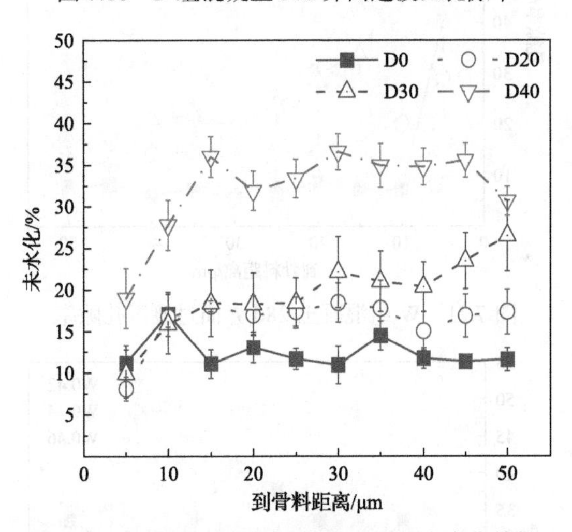

图 7.19 D 组混凝土 28d 界面过渡区未水化特性

图 7.20 显示了不同水胶比下混凝土界面过渡区的微观形貌。可以看出，W0.46 的密实度和水化程度较低，W0.42 和 W0.44 接近。

图 7.21 和图 7.22 显示了背散射图片的定量计算结果。从图 7.21 可以看出，W0.42、W0.44 和 W0.46 界面过渡区的孔隙率依旧符合“靠近骨料孔隙率大，远离骨料孔隙率小”的规律，与 BSE 图像的直观显示一致。三组样品中 W0.46 的孔隙率最大，W0.44 次之，W0.42 最小，整体趋势是随着水胶比增加而增大，界面过渡区孔隙率上升。但在 5μm 处，W0.44 的孔隙率要小于 W0.42，这可能是由于

W0.42 的流动性不佳，浆体没能很好地包裹骨料。这与 W0.42 的抗压强度低于 W0.44 相符。从图 7.22 可以看出，随着水胶比降低，未水化程度加深，且整体趋势符合“距离骨料越近，水化越充分”的规律。

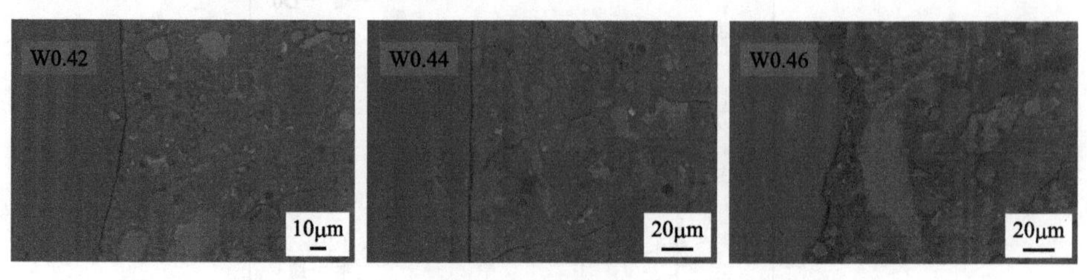

图 7.20 W 组混凝土 28d 背散射图片样例(500 倍)

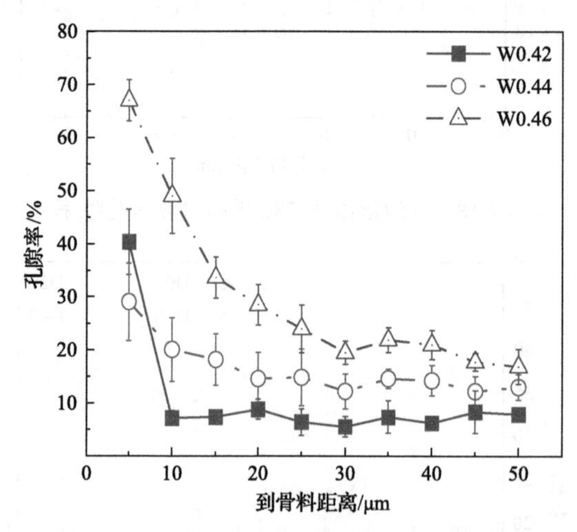

图 7.21 W 组混凝土 28d 界面过渡区孔隙率

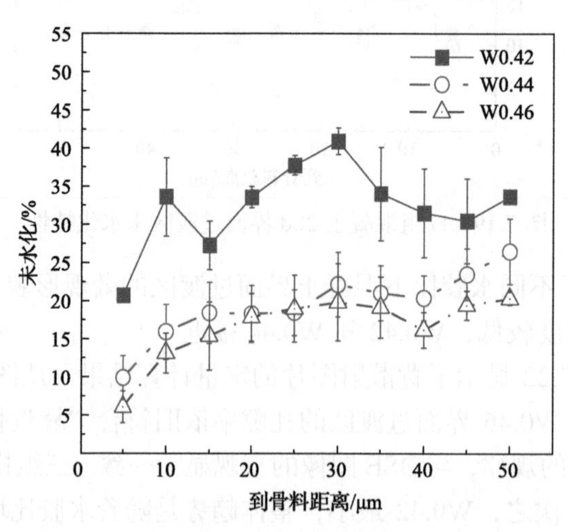

图 7.22 W 组混凝土 28d 界面过渡区未水化特性

图 7.23 显示了不同铁尾矿粒度分布下混凝土界面过渡区的微观形貌，图 7.24 和图 7.25 显示了背散射图片的定量计算结果。从图 7.24 可以看出，在距骨料 5～

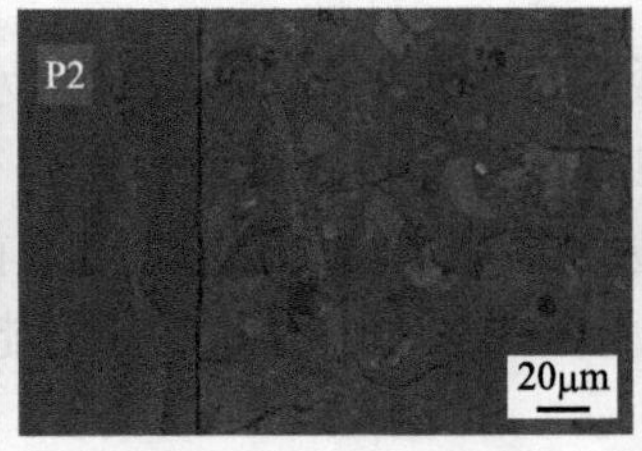

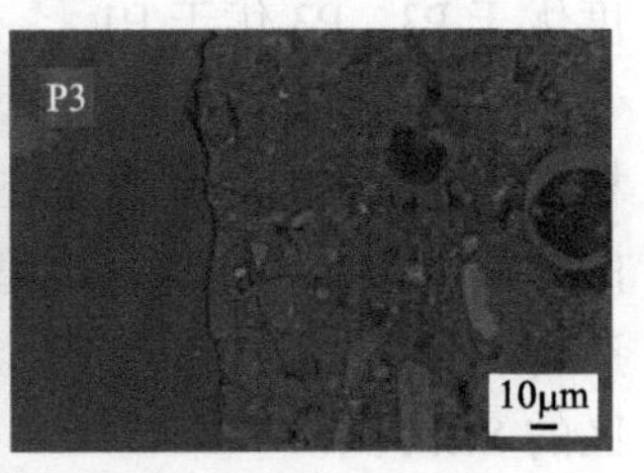

图 7.23 P 组混凝土 28d 背散射图片样例(500 倍)

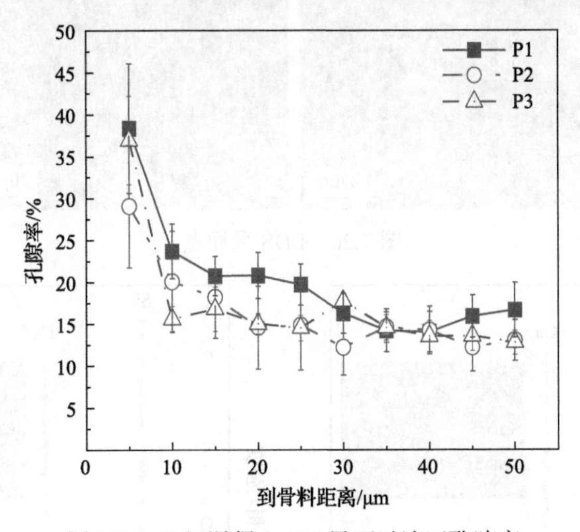

图 7.24 P 组混凝土 28d 界面过渡区孔隙率

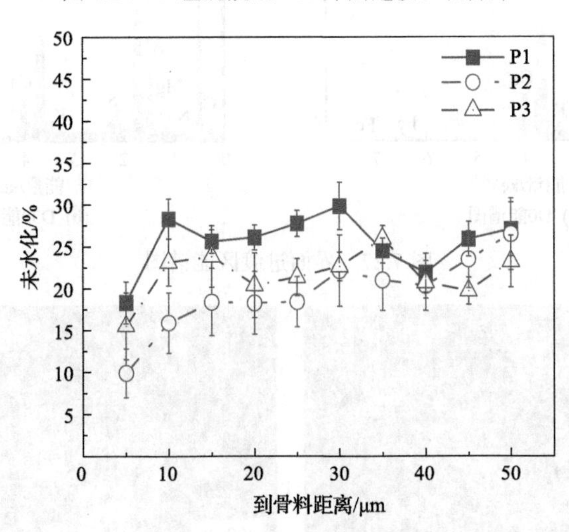

图 7.25 P 组混凝土 28d 界面过渡区未水化特性

25μm 区段内，P1 的孔隙率高于 P2 和 P3，P2 和 P3 的孔隙率相差不明显；在距骨料 30～50μm 区段内，三者的孔隙率相差甚微。从图 7.25 可以看出，P2 的水化程度优于 P3，P3 优于 P1。

混凝土界面过渡区的微观结构性能与界面过渡区水化产物的数量、类型和结构密切相关，因此利用 BSE+EDS 和 SEM 对代表样品 D0 和 D30 的界面过渡区内的元素分布和水化产物类型进行测试。EDS 采样点选在距离骨料 50μm 处的水化产物部分，如图 7.26 所示。图 7.27 为 D0 和 D30 的能谱图，图 7.28 为界面过渡区的 SEM 图。

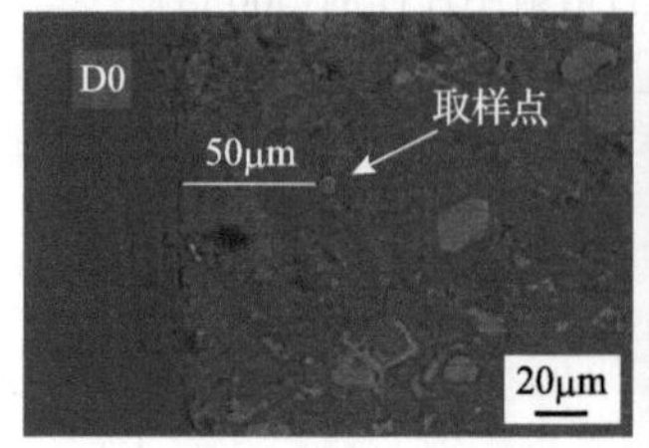

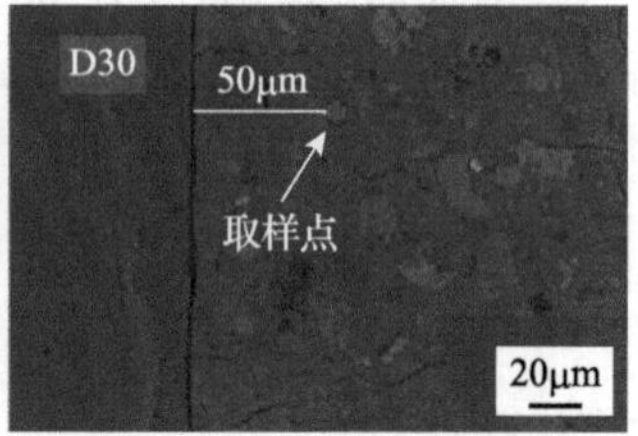

图 7.26 EDS 采样点

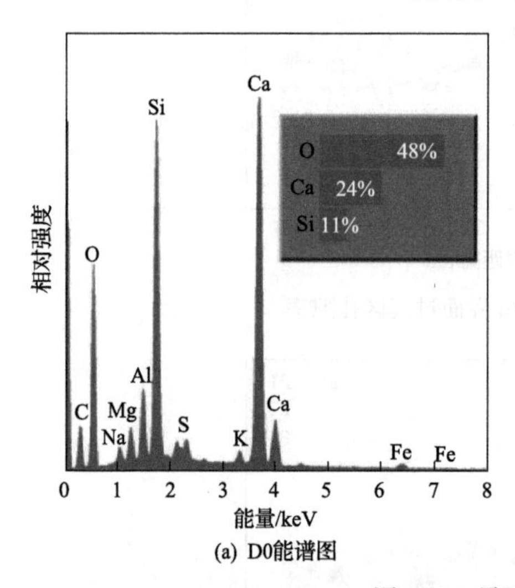

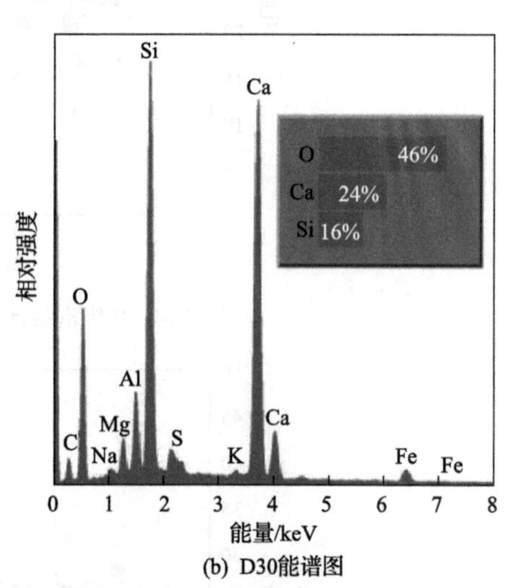

图 7.27 界面过渡区能谱图

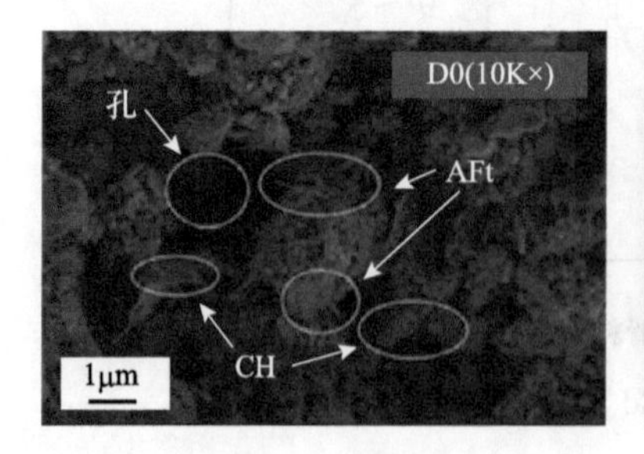

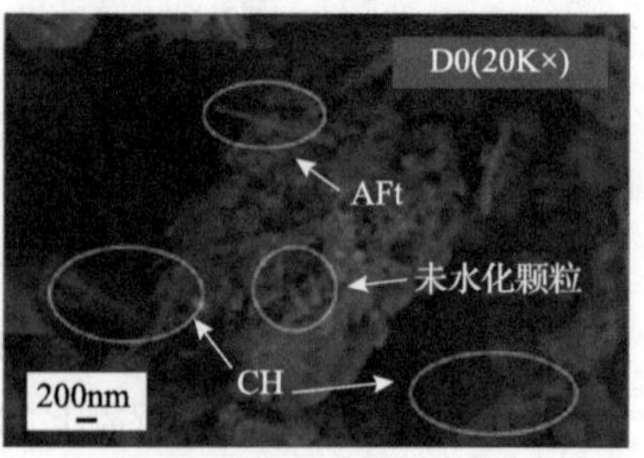

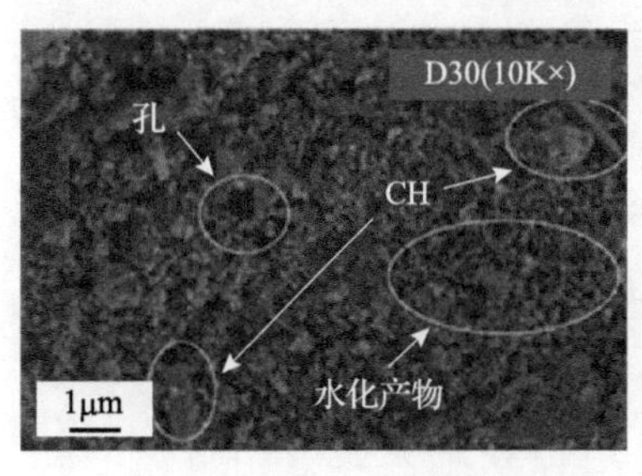

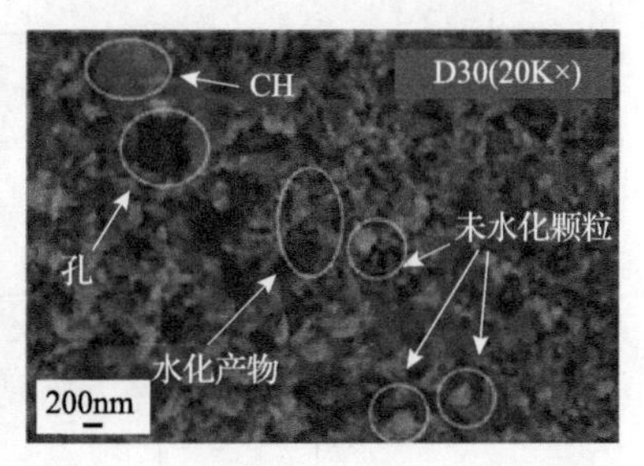

图 7.28　界面过渡区 SEM 图

从图 7.27 可以看到，D0 和 D30 的 Ca 和 O 含量基本一致，主要差别体现在 Si 的含量上。D30 的钙硅比为 1.50，D0 的钙硅比为 2.18，这表明 IFG 三元体系掺合料的加入减少了界面过渡区内氢氧化钙的富集。

在图 7.28 中，D0 界面过渡区内的水化产物含有大量的氢氧化钙和孔，这与 BSE 分析结果一致，D0 的水化充分，同时引入了较多的氢氧化钙，还有少量的 AFt,C-S-H 凝胶附着在未水化颗粒的表面。D30 界面过渡区内覆盖了大量的 C-S-H 凝胶，氢氧化钙和孔较少，还有一些未水化的颗粒填充在界面过渡区内，降低了孔隙率，BSE 分析也显示了同样的情况。掺合料消耗了水泥水化产生的氢氧化钙，避免了氢氧化钙的富集，虽然 D30 的水化程度并不如 D0 充分，但是未水化的掺合料颗粒填充了界面过渡区内的孔隙，使得界面过渡区更加致密，所以获得了略优于 D0 的抗压性能(图 7.4)。

7.2.4　相关性分析

由以上对掺合料掺量、水胶比及铁尾矿细度对混凝土界面过渡区性能的影响分析可知：在一定范围内提高掺合料掺量、降低水胶比以及提高铁尾矿比表面积，均可以降低界面过渡区的孔隙率；但是提高掺合料掺量及降低水胶比同时带来的另一个问题是降低了界面过渡区的水化程度，只有提高铁尾矿比表面积对降低界面过渡区的孔隙率和提高水化程度均是有益的。因此，在提高掺合料掺量及降低水胶比时，还需要考虑对其他微观结构的影响，如基体的孔结构。为此，对混凝土的抗压强度与基体孔隙率及界面过渡区性能之间的相关性作进一步的分析。图 7.29 及图 7.30 为相关性分析结果。

如图 7.29 所示，在实验测得的孔隙率范围内，混凝土的抗压强度与孔隙率之间的总体相关性很弱，在文献[136]中也提到了孔结构并非影响混凝土强度的重要因素，而颗粒之间的黏结力至关重要。由图 7.30(a)可知，混凝土的抗压强度随着界面过渡区孔隙率的增大有减小的趋势，但两者之间的相关性不高；由图 7.30(b)可知，混凝土的抗压强度与界面过渡区未水化特性之间的相关性明显强于其与界

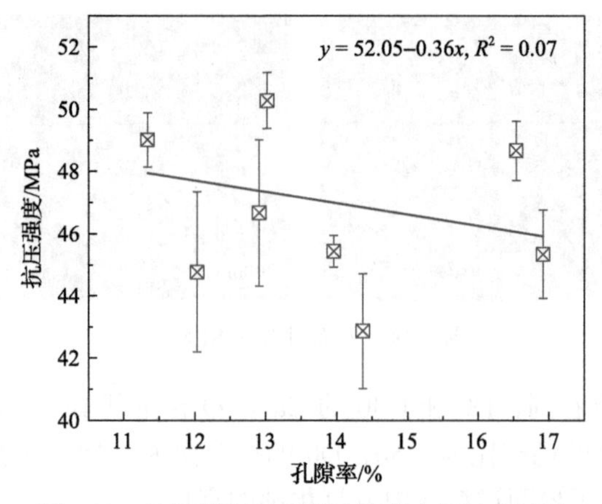

图 7.29 抗压强度与基体孔隙率之间的相关性

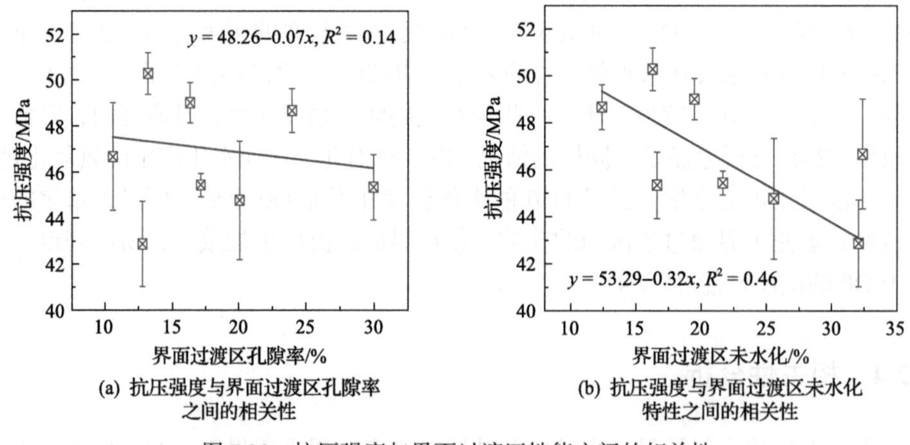

(a) 抗压强度与界面过渡区孔隙率之间的相关性

(b) 抗压强度与界面过渡区未水化特性之间的相关性

图 7.30 抗压强度与界面过渡区性能之间的相关性

面过渡区孔隙率之间的相关性。这就解释了为何 D0、D20 和 D30 的界面过渡区的孔隙率高于 D40(图 7.18)，但是其抗压性能表现却高于后者(图 7.4)。对于反映水胶比变化的 W 组试件而言，W0.46 的水化程度优于 W0.42 和 W0.44，但其抗压强度却很低，这是因为 W0.46 的界面过渡区孔隙率过高(图 7.21 和图 7.22)。结合 MIP 分析结果显示，掺合料掺量为 30%、水胶比为 0.44(或者具有良好工作性能的混凝土拌合物)，提升铁尾矿细度，对混凝土宏观和微观性能的提升有明显作用。

7.3 小　结

抗压强度测试结果表明，IFG 三元体系掺合料在混凝土中的最佳掺量为 30%，在满足 C40 混凝土强度的要求下，最高掺量可达 40%。随着 IFG 三元体系掺量的变化，掺合料体系内部存在以矿渣粉为驱动的“拉动效应”，弥补了铁尾矿活性低及粉煤灰活性滞后所带来的混凝土早期抗压强度低的缺点；IFG 三元体系掺合料内部不存在对抗压强度的协同作用，但是相较于铁尾矿单掺使用而言，IFG 三元体系存在一定的优势，掺量为 30%时，混凝土早期及后期抗压强度均优于普通混凝土，铁尾矿起到了良好的成核效应及稀释作用，粉煤灰则有助于提高混凝土的工作性能，增强浆体均匀性，进而提高混凝土的抗压强度。掺入 IFG 三元体系掺合料的混凝土对水胶比较为敏感，水胶比为 0.44 时，混凝土可获得最佳的工作性能和抗压性能。增大铁尾矿比表面积，是改善含有 IFG 三元体系掺合料混凝土早期及后期抗压强度的有效方法。

孔结构特性(28d)测试结果表明，含有 IFG 三元体系掺合料的混凝土孔结构特性普遍优于普通混凝土。在 20%、30%、40%三种 IFG 三元体系掺合料掺量中，掺量为 30%的混凝土获得了最佳的孔结构及最低的总入侵孔体积，孔结构测试结果印证了关于“拉动效应”的推断。水胶比为 0.44 时，混凝土的孔结构及总入侵孔体积均优于水胶比为 0.42 和 0.46 时，和易性不良会导致孔径粗化及总入侵孔体积增加。IFG 三元体系掺合料中铁尾矿比表面积的增大可细化混凝土孔隙结构，降低总入侵孔体积。

界面过渡区性能(28d)测试结果表明，掺入 IFG 三元体系掺合料可显著降低混凝土界面过渡区的钙硅比，随着掺合料掺量的增加，界面过渡区内孔隙率降低，未水化程度加深，当掺量为 30%时，界面过渡区性能表现较为均衡。水胶比增大可促进界面过渡区内胶材的水化进程，但是会增加孔隙率。增大 IFG 三元体系掺合料中铁尾矿的比表面积可在促进界面过渡区内胶材水化进程的同时降低孔隙率。

相关性分析表明，IFG 三元体系掺合料的填充效应显著降低了混凝土的孔隙体积，总体趋势是混凝土的强度随着孔隙率的降低而增加，但混凝土的抗压强度对孔隙率的敏感度低。影响混凝土抗压强度的主要因素是界面过渡区的性能，局部博弈效应存在于界面过渡区的孔隙率与未水化特性之间，即当孔隙率较低时，颗粒的水化程度也较低。因此，提高混凝土抗压强度的关键是平衡界面过渡区内孔隙率与未水化程度，而增大铁尾矿比表面积可打破博弈平衡。

第8章

ICS三元体系掺合料对混凝土抗压性能的影响

第7章的研究表明，利用粉煤灰和矿渣粉与铁尾矿结合制备IFG三元体系掺合料，解决了铁尾矿活性低对混凝土造成负面影响的问题。随着建筑业的发展，粉煤灰和矿渣粉的市场需求迅速扩大，出现了供不应求的局面。钢渣是钢铁冶炼的废料，每生产1t钢材产生约0.5t钢渣，钢渣的综合利用率却较低。钢渣的矿物成分包括C_2S和C_3S，与硅酸盐水泥的矿物组成相近。因此，钢渣应是一种具有良好潜在水硬性的材料。与此同时，中国瓷砖产量巨大，2017年为114.6亿m^2。在瓷砖生产过程中，会产生大量的粉末和废料。因此许多学者开始研究瓷砖废料的开发和再利用，并将瓷砖废料用作掺合料制备混凝土。

本章在第2章和第4章的基础上，利用铁尾矿砂和铁矿废石100%取代天然砂石骨料，利用铁尾矿、陶瓷粉和钢渣粉制备ICS三元体系掺合料，以掺合料掺量、水胶比、铁尾矿粒度分布以及掺合料配合比为关键参数，研究混凝土抗压强度、孔结构特性和界面过渡区性能随这些参数的变化规律，并分析宏观抗压性能与微观性能之间的联系，探究通过ICS三元体系掺合料利用铁尾矿的可行性。

8.1 实验概况

8.1.1 试件的混凝土组分配合比设计

以掺合料掺量、水胶比和铁尾矿粒度分布为变量，分别制作了D组、W组和P组混凝土试件，其配合比设计见表8.1～表8.3。在D组中，三种掺合料的配比固定为1∶1∶1，掺合料掺量和水泥掺量为变量，其他组分的含量恒定，用于分析掺合料掺量（水泥取代率）对混凝土抗压性能的影响；W组中的水量为变量，其他组分的含量恒定，用于分析水胶比对混凝土抗压性能的影响；P组中的铁尾矿粒度分布不同，其含量及其他组分的含量恒定，用于分析铁尾矿粒度分布对混凝土抗压性能的影响。其中，D30、W0.44和P2为同一种配合比。

表 8.1　D 组混凝土组分配合比　(单位：kg/m^3)

D 组混凝土	水泥	水	掺合料			铁尾矿砂	铁矿废石	减水剂
			铁尾矿 P2	陶瓷粉	钢渣粉			
D0	420	184.8	0	0	0	740	1110	4.5
D20	336	184.8	28	28	28	740	1110	4.5
D30	294	184.8	42	42	42	740	1110	4.5
D40	252	184.8	56	56	56	740	1110	4.5

表 8.2　W 组混凝土组分配合比　(单位：kg/m^3)

W 组混凝土	水泥	水	掺合料			铁尾矿砂	铁矿废石	减水剂
			铁尾矿 P2	陶瓷粉	钢渣粉			
W0.42	294	176.4	42	42	42	740	1110	4.5
W0.44	294	184.8	42	42	42	740	1110	4.5
W0.46	294	193.2	42	42	42	740	1110	4.5

表 8.3　P 组混凝土组分配合比　(单位：kg/m^3)

P 组混凝土	水泥	水	掺合料					铁尾矿砂	铁矿废石	减水剂
			铁尾矿 P1	铁尾矿 P2	铁尾矿 P3	陶瓷粉	钢渣粉			
P1	294	184.8	42	0	0	42	42	740	1110	4.5
P2	294	184.8	0	42	0	42	42	740	1110	4.5
P3	294	184.8	0	0	42	42	42	740	1110	4.5

以掺合料中三种组分的配合比为变量，制作了 M 组混凝土试件，其配合比设计如表 8.4 所示。M1～M4 为协同效应组，M1 中掺合料为单一铁尾矿，M2 中掺

表 8.4　M 组混凝土组分配合比　(单位：kg/m^3)

编号	水泥	水	掺合料			铁尾矿砂	铁矿废石	减水剂
			铁尾矿 P2	陶瓷粉	钢渣粉			
M1	294	184.8	126	0	0	740	1110	4.5
M2	294	184.8	63	63	0	740	1110	4.5
M3	294	184.8	63	0	63	740	1110	4.5
M4	294	184.8	63	31.5	31.5	740	1110	4.5
M5	294	184.8	42	42	42	740	1110	4.5
M6	294	184.8	20.16	52.92	52.92	740	1110	4.5
M7	294	184.8	42	56	28	740	1110	4.5
M8	294	184.8	42	28	56	740	1110	4.5
M9	294	184.8	42	50.4	33.6	740	1110	4.5

合料由铁尾矿与陶瓷粉 1∶1 复配组成，M3 中掺合料由铁尾矿与钢渣粉 1∶1 复配组成，M4 中掺合料由铁尾矿、陶瓷粉和钢渣粉按照 2∶1∶1 的比例构成。M1～M4 用于对比一元体系、二元体系及三元体系掺合料对混凝土抗压性能的影响，探究掺合料之间是否存在协同效应。M4～M6 为铁尾矿掺量组，M4、M5 及 M6 中铁尾矿掺量分别占掺合料总量的 50%、33%和 16%，用于分析掺合料中铁尾矿占比对混凝土抗压性能的影响。M8、M5、M9 和 M7 为陶瓷粉与钢渣粉配比组，M8、M5、M9 和 M7 中陶瓷粉与钢渣粉的质量比分别为 0.5、1、1.5 和 2，铁尾矿在掺合料中的占比固定为 1/3，用于分析掺合料中陶瓷粉与钢渣粉配合比对混凝土抗压性能的影响。

8.1.2 测试

实验测试了 D 组、W 组、P 组、M 组所有试件的立方体抗压强度，每个龄期下的抗压强度取 3 个试件测试值的均值。测试说明见 6.1.4 节。

为揭示混凝土抗压性能与微观结构之间的联系，对 M 组混凝土试件进行了 MIP 和扫描电镜测试，龄期均为 28d，关于这两种测试的说明分别见 7.1.3 节和 7.1.4 节。

8.2 实验结果与分析

8.2.1 抗压强度

图 8.1～图 8.6 为 D 组、W 组、P 组、M 组混凝土立方体抗压强度测试结果，共计测试了 16 组，每组 3 个试件，测试龄期为 7d、14d 及 28d。

如图 8.1 所示，随着 ICS 掺合料掺量从 20%增加至 40%，混凝土的 7d、14d 和 28d 抗压强度出现了持续下降趋势，并且均低于普通混凝土相应龄期的抗压强度；不同 ICS 掺合料掺量下的混凝土抗压强度均随龄期的延长而增长，增长速率与普通混凝土相比没有异常。当掺合料替换部分水泥时，水泥用量的减少导致水化反应生成的氢氧化钙减少，从而影响掺合料的二次水化过程；与 IFG 三元体系掺合料不同的是，ICS 三元体系中的铁尾矿和陶瓷粉同属低活性材料，钢渣粉虽然具有一定的水硬性，但是与 IFG 三元体系中的矿渣粉相比活性较低，因此并未产生显著的拉动效应，从而造成了含有 ICS 三元体系掺合料的混凝土抗压强度普遍低于普通混凝土抗压强度的结果。ICS 三元体系掺合料最大掺量可达 30%，此时 28d 抗压强度满足 C40 混凝土要求。

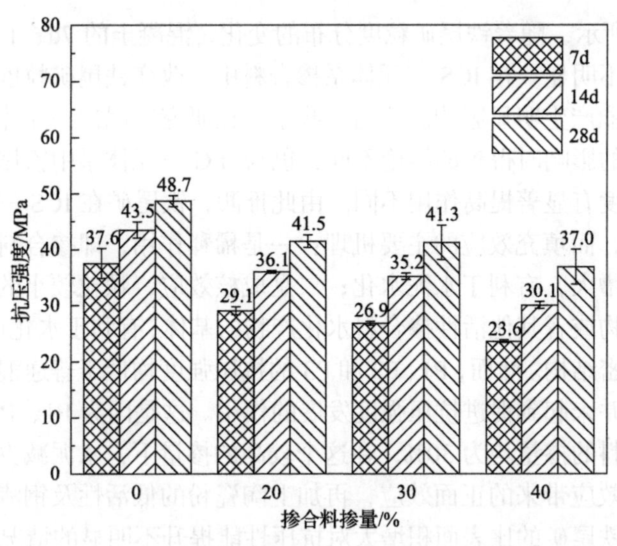

图 8.1　ICS 掺合料掺量对混凝土各龄期抗压强度的影响

如图 8.2 所示，龄期为 7d 时，混凝土的抗压强度随水胶比的增加先增大后减小，W0.44 的强度最高，W0.42 和 W0.46 的抗压强度相近；龄期为 14d 时，混凝土的抗压强度随水胶比的增大而减少；龄期为 28d 时的抗压强度变化趋势与龄期为 7d 时一致。水胶比对混凝土抗压强度的影响与经验规律(水胶比增大抗压强度下降)不一致的情况同样出现在 IFG 体系掺合料中。造成这种现象的主要原因是水胶比低至 0.42 时不具有良好的流动性，不利于材料的均匀分散，影响了掺合料的二次水化。最佳水胶比应为 0.44。

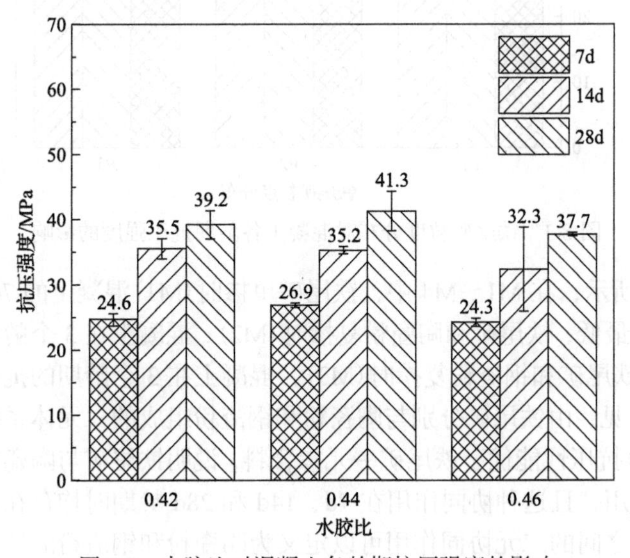

图 8.2　水胶比对混凝土各龄期抗压强度的影响

如图 8.3 所示，随着铁尾矿粒度分布的变化，混凝土的 7d、14d 和 28d 抗压强度的变化并不明显。在 ICS 三元体系掺合料中，改变铁尾矿粒度分布并未对混凝土的宏观性能产生明显影响。这与一些学者在研究铁尾矿一元体系掺合料对混凝土抗压性能的影响时得到的结论不同，也与 IFG 三元体系中铁尾矿的比表面积增大对抗压强度有显著提高作用不同。由此推测，铁尾矿在 ICS 三元体系中主要发挥填充效应，而填充效应的主要机理：一是稀释作用，即掺合料取代水泥后，实际的水胶比增大，有利于水泥水化；二是成核效应，颗粒较小的铁尾矿可以作为水泥水化产物或者其他活性掺合料水化产物的基体，有利于水化产物密集生成，使基体形成致密结构。然而，P1、P2 和 P3 的抗压强度均低于普通混凝土（图 8.1），说明填充效应并未起到促进抗压强度发展的作用。这是因为 P1、P2 和 P3 中 ICS 三元体系掺合料的掺量均为 30%，在这个较高的掺量下，水泥减少带来的负面效应抵消了填充效应带来的正面效应，再加上陶瓷粉的低活性及钢渣粉拉动效应不足，就产生了铁尾矿的比表面积增大对抗压性能提升不明显的情况。

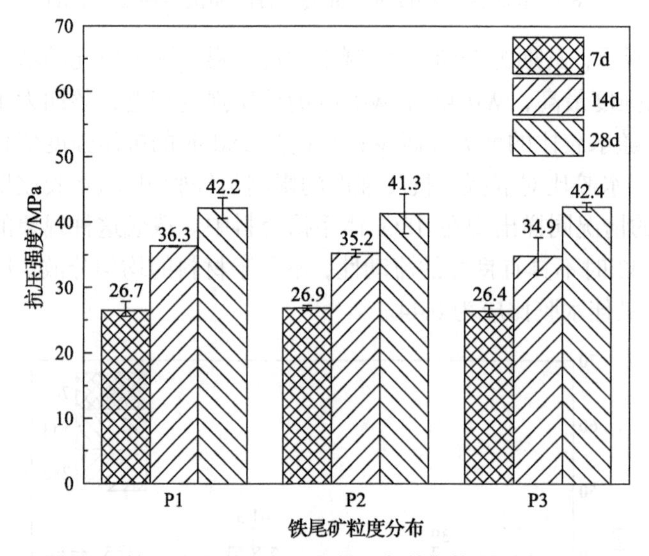

图 8.3 铁尾矿粒度分布对混凝土各龄期抗压强度的影响

如图 8.4 所示，在 M1～M4 中，铁尾矿单掺时（M1）混凝土的 7d、14d 和 28d 的抗压强度均最低；铁尾矿和陶瓷粉复掺时（M2），混凝土在 3 个龄期的抗压强度均高于 M1；铁尾矿和钢渣粉复掺时（M3），混凝土在 3 个龄期的抗压强度均高于 M1 和 M2。可见，由铁尾矿分别与陶瓷粉和钢渣粉组成的二元体系掺合料的混凝土（M2 和 M3）抗压性能优于铁尾矿一元掺合料，说明铁尾矿与陶瓷粉及钢渣粉之间存在协同作用，且这种协同作用在 7d、14d 和 28d 龄期时均存在。铁尾矿与陶瓷粉及钢渣粉之间的二元协同作用可以定义为陶瓷粉和钢渣粉的拉动效应，这与利用矿渣粉替换部分铁尾矿制备复合掺合料的研究结果相似，活性较高的材料替换低活性材料后，混凝土的抗压强度提升了[150]。铁尾矿与钢渣粉复掺的表现要优于铁尾矿与陶瓷粉复掺。原因之一是钢渣粉比陶瓷粉具有更高的活性指数；原因之二是钢渣粉中的硅酸三钙和硅酸二钙水化提供了相对充裕的氢氧化钙，供铁尾矿参与水化，生成了更多的水化硅酸钙凝胶。

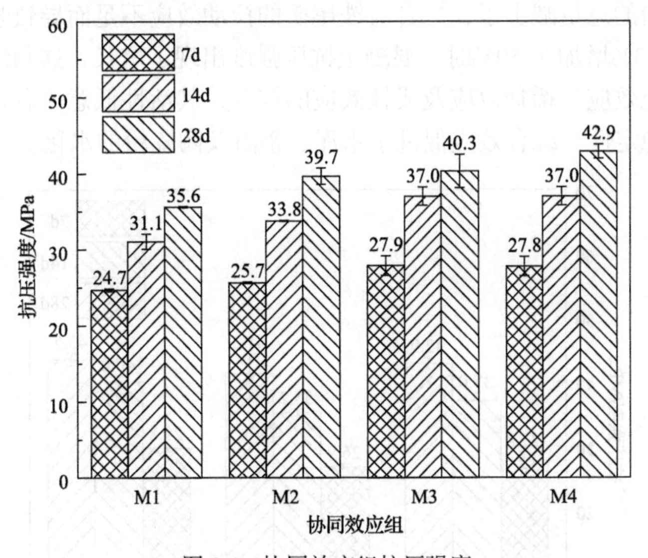

图 8.4　协同效应组抗压强度

当铁尾矿、陶瓷粉和钢渣粉复掺时(M4)，混凝土的 28d 抗压强度大于 M1、M2 和 M3，7d 和 14d 抗压强度与 M3 相近，优于 M1 和 M2。将 M4 与 M2 及 M3 对比，可得出陶瓷粉与钢渣粉之间存在协同作用的结论，但这种协同作用并非贯穿所有龄期，仅在 28d 时较为明显。

进一步对比 M2 和 M3，M2 的后期抗压强度增长幅度高于 M3，而 M3 的早期抗压强度增长幅度高于 M2；M4 与 M3 相比，其后期抗压强度增长也较为明显，M4 和 M3 的掺合料差异体现在陶瓷粉替换了部分钢渣粉。由此可见，陶瓷粉对混凝土的后期抗压强度贡献较大，这与陈梦成等[172]的研究结果一致，也解释了为何 M4 组内陶瓷粉与钢渣粉之间的协同只发生在 28d。上述对比同时表明，钢渣粉对混凝土的早期抗压强度贡献较大，在有些研究[173,174]中得出的结论却是钢渣粉对混凝土后期抗压强度贡献较高，这是由于钢渣粉与铁尾矿及陶瓷粉复合使用时，铁尾矿与陶瓷粉的活性指数相对于钢渣粉差距较大，钢渣粉本身的早期水化程度高于铁尾矿与陶瓷粉。

由图 8.5 可知，随着掺合料中铁尾矿占比的增加，混凝土抗压强度出现了先减后增的趋势。有研究表明[136,175]，铁尾矿早期活性极低，但是其稀释效应和成核效应可以促进胶材的水化进程，稀释效应提高了有效水胶比；成核效应使铁尾矿的表面充当水化产物的成核部分。此外，铁尾矿还具有良好的物理填充效应。铁尾矿占比从16%增加至33%，混凝土抗压强度出现下降，这与其他学者的研究结果一致[136,146,149,155]。虽然铁尾矿可以通过稀释效应及成核效应促进水化，但是这种促进作用受到铁尾矿活性低的制约，铁尾矿占比从16%增加至33%意味着陶瓷粉和钢渣粉的总量减少了，二者对铁尾矿的拉动效应不足而导致强度下降。铁尾矿占比从33%增加至50%时，混凝土抗压强度出现了增长，这归结于铁尾矿良好的物理填充效应、稀释效应及成核效应的综合，其活性低意味着这三种效应在体系内具有稳定性，综合效应促进了水泥、钢渣及陶瓷粉的水化。

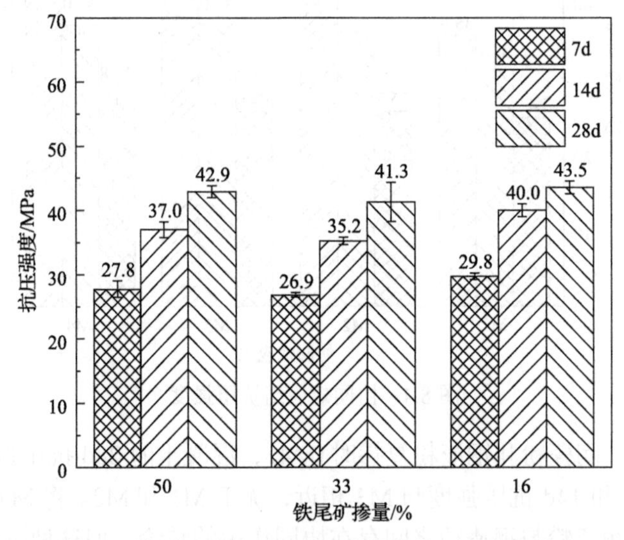

图 8.5 铁尾矿掺量对混凝土各龄期抗压强度的影响

铁尾矿在掺合料体系中所发挥的作用受其占比的影响可以概括为：铁尾矿占比为16%时，占比较低的铁尾矿对混凝土抗压强度的影响较小，陶瓷粉与钢渣粉的拉动效应是影响混凝土抗压强度的关键因素；铁尾矿占比为50%时，铁尾矿的物理填充效应、稀释效应及成核效应显著，可在一定程度上弥补陶瓷粉与钢渣粉的拉动效应损失所导致的混凝土抗压强度的下降；铁尾矿占比为33%时，铁尾矿的物理填充效应、稀释效应和成核效应以及陶瓷粉和钢渣粉的拉动效应均不足，故相应龄期的混凝土抗压强度比铁尾矿占比为16%和50%时都低。因此，为充分利用铁尾矿，ICS三元体系掺合料中铁尾矿可占50%。铁尾矿虽为低活性材料，但是在ICS三元体系掺合料中铁尾矿的作用得到了发挥，克服了其活性低带来的负面影响。

如图8.6所示，随着陶瓷粉掺量的增多，混凝土抗压强度整体上呈先减后增的趋势。当陶瓷粉与钢渣粉之比为 2 时，混凝土获得最佳的强度表现。陶瓷粉与钢渣粉之比为 0.5 时，混凝土的 7d 和 14d 抗压强度与陶瓷粉与钢渣粉之比为 2 时较为接近，差别主要表现在 28d 抗压强度，这与前面分析中得出的“陶瓷粉对混凝土后期抗压强度贡献较大”的结论相符。

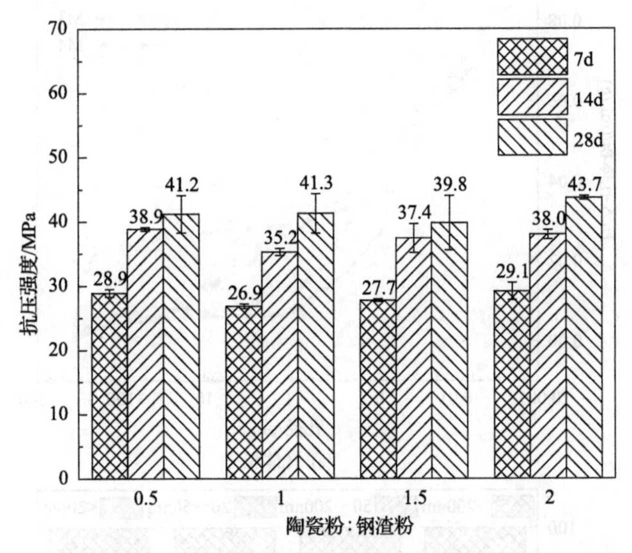

图 8.6　陶瓷粉与钢渣粉配比对混凝土各龄期抗压强度的影响

8.2.2　孔结构

为了探究混凝土孔结构特性在 ICS 三元体系掺合料作用下的变化规律，并分析其与抗压强度之间的联系，对代表性试件 M 组的孔隙结构进行了测试，测试结果如图 8.7～图 8.9 所示。

上述对抗压强度的分析显示出 ICS 三元体系掺合料内部存在协同效应。进一步明确协同效应对混凝土微观结构产生的影响及其机制，可揭示宏观性能与微观结构特性之间的联系，对提高混凝土抗压强度具有重要意义。

从图 8.7(a)可以看出，M4(三元掺合料)的总孔体积低于 M2(二元掺合料)和 M3(二元掺合料)，M1(单掺铁尾矿)具有最低的孔体积。可见，三元体系掺合料在孔体积方面劣于单掺铁尾矿，三元体系的协同作用并未体现在对孔体积的优化上。由图 8.7(b)可以看出，M1 具有最佳的硬化浆体孔径分布特性，其中<20nm 的孔体积占比最大，>200nm 的孔体积占比最小。M4 的 28d 抗压强度虽是最高的，但其孔径分布特性劣于 M1。出现这种现象可能是由于混凝土的破坏形式存在骨料破坏、界面破坏及基体(水泥石)破坏，而不同破坏形式的决定因素不同，存在界面过渡区过弱导致强度下降的可能。在界面过渡区分析中将对此作进一步讨论。

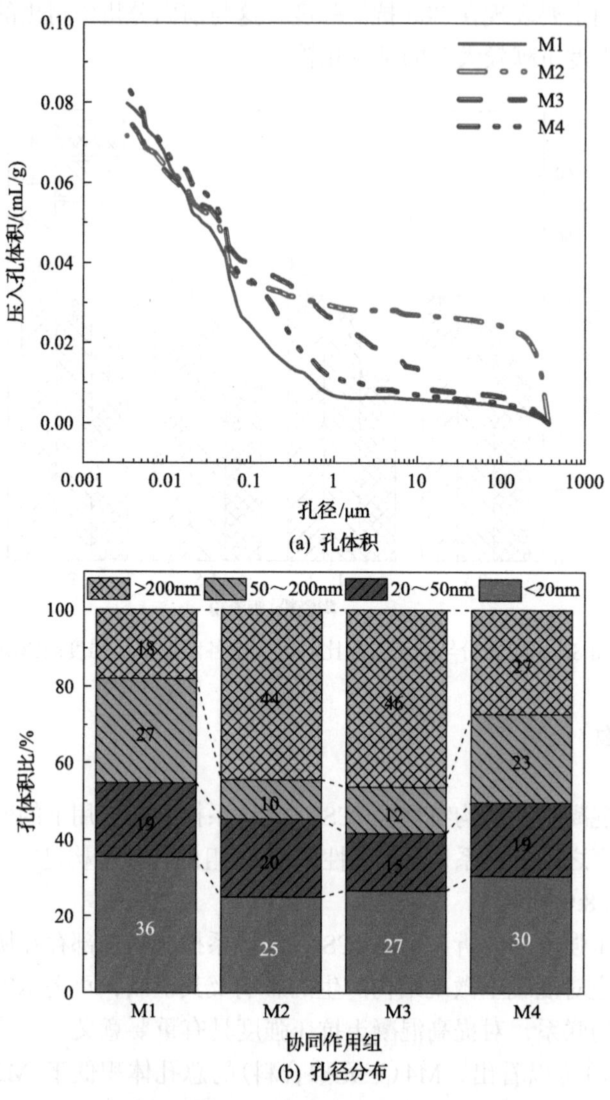

图 8.7 协同效应对总孔体积和孔径分布的影响

如图 8.8(a)所示，随着铁尾矿在 ICS 掺合料中占比的增加，混凝土中硬化浆体的孔体积增大。图 8.8(b)显示了硬化浆体内的孔径分布情况，当铁尾矿占比从16%增至 33%时，硬化浆体内>200nm 的孔增加，<20nm 的孔减小，孔径分布劣化了，由无害孔(<20nm)向有害孔(>200nm)转化，这解释了抗压强度的相应降低。当铁尾矿占比进一步增加至 50%时，孔径分布劣化程度放缓，<20nm 的孔微降了

2 个百分点，但是此时混凝土抗压强度出现了增长，这与 M1 到 M4 的变化趋势一致。

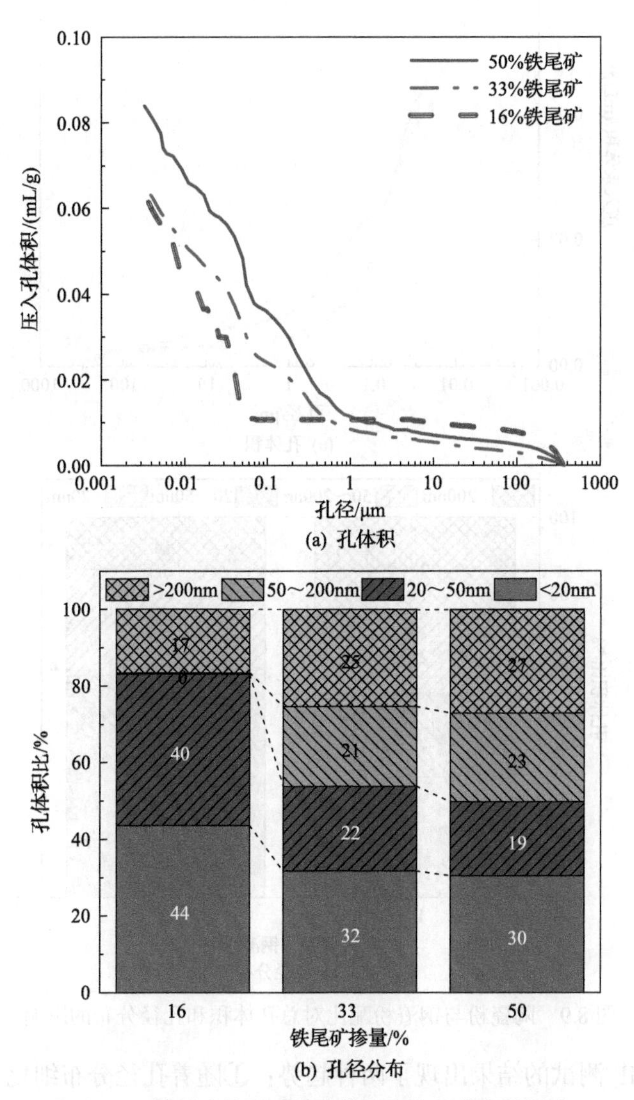

图 8.8　铁尾矿掺量对总孔体积和孔径分布的影响

如图 8.9(a)所示，陶瓷粉：钢渣粉为 2 时硬化浆体的孔体积要低于陶瓷粉：钢渣粉为 1 时。从图 8.9(b)可以看出，当陶瓷粉：钢渣粉为 2 时，硬化浆体的孔径分布细化显著，与陶瓷粉：钢渣粉为 1 时相比，无害孔(<20nm)占比提高了 5 个百分点，有害孔(>200nm)占比更是大幅度减小了 11 个百分点，这与混凝土抗压强度的变化趋势吻合。

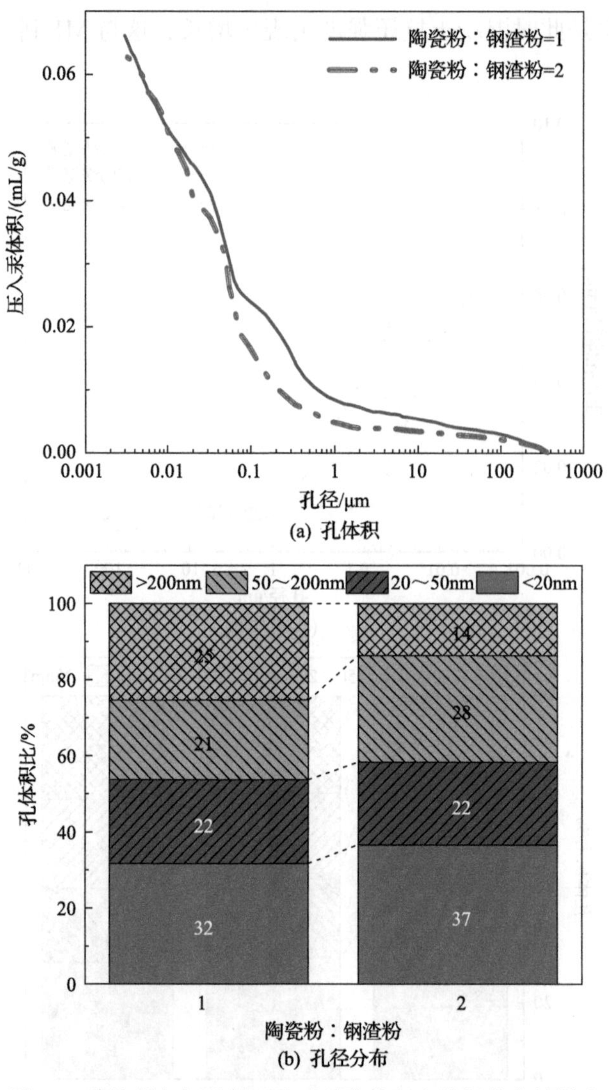

图 8.9 陶瓷粉与钢渣粉配比对总孔体积和孔径分布的影响

综上，MIP 测试的结果出现了两种趋势：①随着孔径分布细化，混凝土抗压强度提高(铁尾矿占比由 33%降低至 16%、陶瓷粉：钢渣粉由 1 增至 2)；②随着孔径分布劣化，混凝土抗压强度提高(协同作用组 M1 到 M4、铁尾矿占比由 33%增至 50%)，这两种趋势存在不一致性。

8.2.3 界面过渡区

为进一步分析多固废混凝土的受压破坏机理，探究上述压汞测试中产生的“不一致性”的原因，选择 M1(单掺铁尾矿)、M4(三元掺合料，铁尾矿占比为 50%)和 M5(三元掺合料，铁尾矿占比为 33%)混凝土试件，利用背散射技术分析其界面过渡区特性。

图 8.10 为混凝土 28d 背散射图片样例，从图 8.10 可以直观地看到 M1 中硬化浆体和骨料之间存在明显的空隙，而 M4 和 M5 的界面过渡区较为致密。

图 8.10　M 组混凝土 28d 背散射图片样例(500 倍)

为对界面过渡区进行定量分析，每个样本采集 5～10 张背散射图像，利用图像处理软件进行定量计算，计算结果如图 8.11 和图 8.12 所示。

由图 8.11 可以看出，越靠近骨料，界面过渡区的孔隙率越高，在距骨料 30～40μm 之后，孔隙率趋于平稳；M1、M4 和 M5 三个样品的界面过渡区厚度无明显差异(均为约 40μm)，显著的差别体现在 M1 的界面过渡区孔隙率明显高于 M4 和 M5，特别是在距骨料 5～10μm 附近。在 M1 与 M4 的 MIP 测试中，M1 硬化浆体孔径分布情况优于 M4，这一现象符合文献[176]中所提到的：在水和水泥量不变的条件下，界面过渡区受到“壁效应”的作用，使界面过渡区内的水胶比较大而导致基体中水胶比较低。此外，从图 8.12 可以看出，M4 界面过渡区内未水化颗

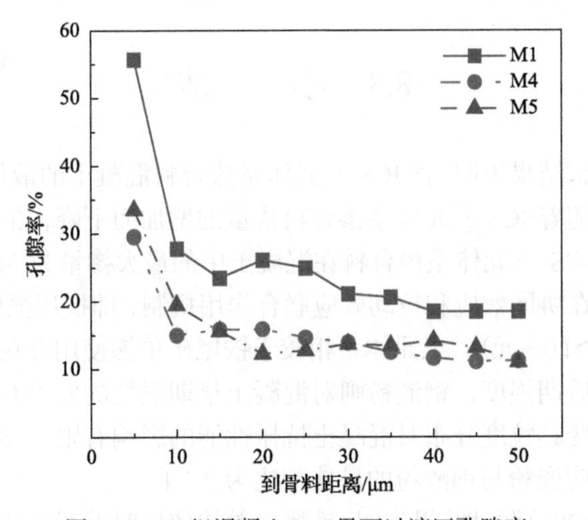

图 8.11　M 组混凝土 28d 界面过渡区孔隙率

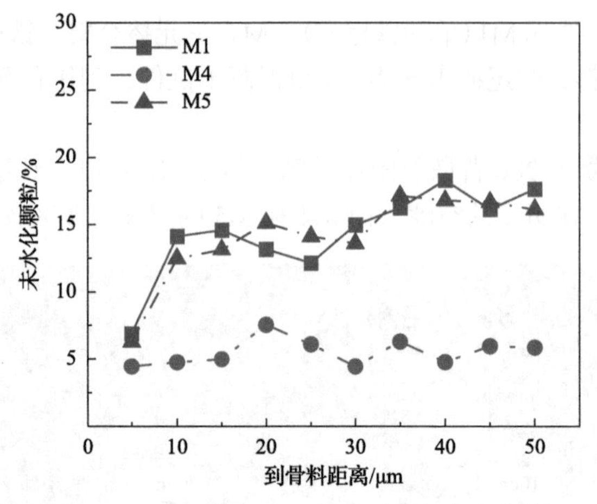

图 8.12 M 组混凝土 28d 界面过渡区未水化特性

粒所占比例明显小于 M1，即 M4 界面过渡区范围内胶凝材料的水化进程更深，这印证了 ICS 三元体系掺合料内部存在协同效应，铁尾矿及陶瓷粉中的二氧化硅参与了二次水化，与水泥及钢渣水化后生成的氢氧化钙反应，生成了更多的凝胶，优化了界面过渡区。这也揭示了 MIP 测试中产生“不一致性”的原因，即 M1 界面过渡区性能较差，薄弱界面发生了破坏，密实的基体对抗压强度并未发挥应有的作用，致使 M1 的抗压强度低于 M4。

对比 M5 和 M4，在距离骨料 5～15μm 范围内，M5 的孔隙率高于 M4（图 8.11）；M4 界面过渡区内水化进程在全区间上优于 M5（图 8.12）。因此，与 M1 相似，M5 也出现了薄弱界面的破坏，尽管 M5 基体中有害孔比 M4 少，但薄弱的界面过渡区性能未能支持其发挥作用，导致 M5 的抗压强度低于 M4。

8.3 小　　结

抗压强度测试结果表明，含 ICS 三元体系掺合料混凝土的最佳水胶比为 0.44；混凝土抗压强度随着 ICS 三元体系掺合料掺量的增加而下降，在满足 C40 混凝土强度的要求下，ICS 三元体系掺合料在混凝土中的最大掺量为 30%。ICS 三元体系掺合料内部存在协同效应和拉动效应联合作用机制，即抗压强度表现为 ICS（三元）>IC/IS（二元）>I（一元）。三元体系相较于铁尾矿单掺使用存在显著优势，陶瓷粉可增强混凝土后期强度，钢渣粉则对混凝土早期强度的发展有益，铁尾矿主要起填充效应，改变其粒度分布对混凝土抗压性能的影响有限。掺合料中铁尾矿掺量取 50%为宜，陶瓷粉与钢渣粉的最佳配比为 2∶1。

孔结构特性（28d）测试结果表明，铁尾矿单掺使用时混凝土孔隙结构优于含二元及三元复合掺合料的混凝土；随着铁尾矿掺量增加，混凝土孔体积增大，孔结构劣化；陶瓷粉：钢渣粉为 2：1 时，混凝土具有较优的孔结构，这与抗压强度测试中得出的二者的最佳配比一致。MIP 测试结果与抗压强度之间存在不一致性，即孔径分布细化不总是与抗压强度的提高相对应，出现了孔径分布劣化但抗压强度提高的现象。

界面过渡区性能(28d)测试结果揭示了压汞测试结果与抗压强度之间存在不一致性的原因。ICS 三元体系掺合料与铁尾矿一元体系掺合料相比，虽然孔径分布劣化了，但在界面过渡区内生成了更多的水化产物，从而优化了混凝土界面过渡区性能，提高了混凝土抗压性能；只有当界面过渡区性能优异时，混凝土的基体密实性才能发挥作用而提升混凝土的抗压强度。

第 9 章

IPL 三元体系掺合料对混凝土抗压性能的影响

有关资料[177]显示，在碳酸锂的生产过程中，每生产 1t 锂盐约排放 9t 锂渣，我国每年约排放 80 万 t 锂渣。大量锂渣的处理会造成严重的环境问题。锂渣的活性二氧化硅和氧化铝含量较高，且具有可磨性和一定的火山灰活性，显示出与其他掺合料(如磨细高炉矿渣和粉煤灰)相似的物理填充和化学火山灰效应[178-180]。因此，锂渣是制备不同种类混凝土的一种很有前景的掺合料，其特性具有明显改善混凝土性能(尤其是后期性能)的潜力。

磷渣是电炉法生产黄磷的副产品，我国的年产量超过 800 万 t[181,182]。磷渣主要由 SiO_2、CaO 和 Al_2O_3 组成，其 SiO_2 和 CaO 的总含量超过 85%。因此，磷渣可以作为水泥基材料的替代品[183]。Li 等[184]将矿渣粉和磷渣作为复合矿物掺合料组合在水泥基材料中，发现掺入 70%混合材料的复合胶凝体系可以达到 52.5 级矿渣水泥标准，凝结时间也大大缩短。

本章利用铁尾矿、锂渣和磷渣制备 IPL 三元体系掺合料，以掺合料掺量、水胶比、铁尾矿粒度分布以及掺合料之间的配合比为关键参数，研究混凝土抗压强度、孔结构特性和界面过渡区性能随这些参数的变化规律，并分析宏观抗压性能与微观性能之间的联系。

9.1 实 验 概 况

9.1.1 试件的混凝土组分配合比设计

分别以掺合料掺量、水胶比和铁尾矿粒度分布为变量，制作了 D 组、W 组和 P 组混凝土试件，其配合比设计见表 9.1～表 9.3。在 D 组中，三种掺合料的配合比固定为 1∶1∶1，掺合料掺量和水泥掺量为变量，其他组分的含量恒定，用于分析掺合料掺量(水泥取代率)对混凝土抗压性能的影响。W 组中的水量为变量，其他组分的含量恒定，用于分析水胶比对混凝土抗压性能的影响。P 组中的铁尾矿粒度分布不同，其掺量及其他组分的含量恒定，用于分析铁尾矿粒度分布对混凝土抗压性能的影响。其中，D30、W0.44 和 P2 为同一种配合比。

表 9.1　D 组混凝土组分配合比　(单位：kg/m³)

D 组混凝土	水泥	水	掺合料			铁尾矿砂	铁矿废石	减水剂
			铁尾矿 P2	磷渣	锂渣			
D0	420	184.8	0	0	0	740	1110	4.5
D20	336	184.8	28	28	28	740	1110	4.5
D30	294	184.8	42	42	42	740	1110	4.5
D40	252	184.8	56	56	56	740	1110	4.5

表 9.2　W 组混凝土组分配合比　(单位：kg/m³)

W 组混凝土	水泥	水	掺合料			铁尾矿砂	铁矿废石	减水剂
			铁尾矿 P2	磷渣	锂渣			
W0.42	294	176.4	42	42	42	740	1110	4.5
W0.44	294	184.8	42	42	42	740	1110	4.5
W0.46	294	193.2	42	42	42	740	1110	4.5

表 9.3　P 组混凝土组分配合比　(单位：kg/m³)

P 组混凝土	水泥	水	掺合料					铁尾矿砂	铁矿废石	减水剂
			铁尾矿 P1	铁尾矿 P2	铁尾矿 P3	磷渣	锂渣			
P1	294	184.8	42	0	0	42	42	740	1110	4.5
P2	294	184.8	0	42	0	42	42	740	1110	4.5
P3	294	184.8	0	0	42	42	42	740	1110	4.5

以掺合料中三种组分的配合比为变量，制作了 M 组混凝土试件，其配合比设计如表 9.4 所示。M1～M4 为协同效应组，M1 中掺合料为单一铁尾矿，M2 中掺

表 9.4　M 组混凝土组分配合比　(单位：kg/m³)

编号	水泥	水	掺合料			铁尾矿砂	铁矿废石	减水剂
			铁尾矿 P2	磷渣	锂渣			
M1	294	184.8	126	0	0	740	1110	4.5
M2	294	184.8	63	63	0	740	1110	4.5
M3	294	184.8	63	0	63	740	1110	4.5
M4	294	184.8	63	31.5	31.5	740	1110	4.5
M5	294	184.8	42	42	42	740	1110	4.5
M6	294	184.8	20.16	52.92	52.92	740	1110	4.5
M7	294	184.8	42	56	28	740	1110	4.5
M8	294	184.8	42	28	56	740	1110	4.5
M9	294	184.8	42	50.4	33.6	740	1110	4.5

合料由铁尾矿与磷渣 1∶1 复配组成，M3 中掺合料由铁尾矿与锂渣 1∶1 复配组成，M4 中掺合料由铁尾矿、磷渣和锂渣按照 2∶1∶1 的比例构成。M1～M4 用于对比一元体系、二元体系及三元体系掺合料对混凝土抗压性能的影响，探究材料之间是否存在协同效应。M4～M6 为铁尾矿掺量组，M4、M5 及 M6 中铁尾矿掺量分别占掺合料总量的 50%、33%和 16%，用于分析掺合料中铁尾矿占比对混凝土抗压性能的影响。M8、M5、M9 和 M7 为磷渣与锂渣配合比组，M8、M5、M9 和 M7 中磷渣与锂渣的质量比分别为 0.5、1、1.5 和 2，铁尾矿在掺合料中的占比固定为 1/3，用于分析掺合料中磷渣与锂渣比例对混凝土抗压性能的影响。

9.1.2 测试

实验测试了 D 组、W 组、P 组、M 组所有试件的立方体抗压强度，每个龄期下的抗压强度取 3 个试件测试值的均值。测试说明见 6.1.4 节。

为揭示混凝土抗压性能与微观结构之间的联系，对 D 组、W 组、P 组试件及 M 组的部分试件进行了 MIP 和扫描电镜测试，并对 D0 和 D20 进行了 EDS 测试，龄期均为 28d。关于这两种测试的说明分别见 7.1.3 节和 7.1.4 节。

9.2 实验结果与分析

9.2.1 抗压强度

图 9.1～图 9.6 为 D 组、W 组、P 组、M 组混凝土立方体抗压强度测试结果，共计测试了 16 组试件，每组 3 个试件，测试龄期为 7d、14d 和 28d。

如图 9.1 所示，掺合料掺量为 20%、30%和 40%(D20、D30 和 D40)的 7d 和 14d 抗压强度均低于纯水泥(D0)，28 天抗压强度只有 D20 比 D0 高。掺合料的引入导致混凝土 7d 和 14d 强度降低，且随着掺量的增加，下降程度有加剧趋势。原因之一是 IPL 三元体系掺合料取代了部分水泥，早期水化产物减少，加之 IPL 三元体系中的铁尾矿属于低活性材料，进一步降低了水化产物的数量；原因之二是 IPL 三元体系掺合料的二次水化取决于水泥熟料水化产生的氢氧化钙数量[178]，水泥熟料掺量的减小影响了 IPL 三元体系掺合料的早期二次水化；原因之三是部分水泥被取代后胶凝材料体系内硫酸盐减少[185,186]，而 IPL 三元体系掺合料中含有氧化铝，使得胶凝材料体系中的氧化铝增多，延缓了硅酸三钙和硅酸二钙的水化。三种因素的综合作用使得混凝土微观结构劣化，早期抗压强度降低。为表述方便，后述中将这三种因素统称为“抑制效应”。

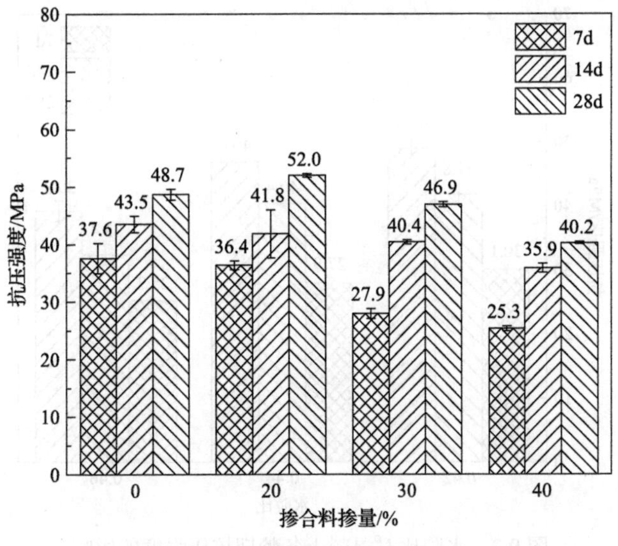

图 9.1　掺合料掺量对混凝土各龄期抗压强度的影响

在后期，抑制效应的影响出现了波动。IPL 三元体系掺合料掺量为 20%时，随着龄期的延长，抑制效应的影响消失，混凝土的 28d 抗压强度高于 D0；IPL 三元体系掺合料掺量为 30%时，随着龄期的延长，抑制效应的影响减缓，混凝土的 28d 抗压强度与 D0 接近；IPL 三元体系掺合料掺量为 40%时，抑制效应的影响持续到了 28d，D40 的抗压强度远低于 D0。当 IPL 三元体系掺合料掺量较低时（≤30%），随着龄期的延长，水泥水化产生的氢氧化钙充分参与到 IPL 三元体系掺合料的二次水化中，IPL 三元体系掺合料的二次水化也促进了水泥的水化，故在 28d 龄期时出现了抑制效应消失和放缓的情形。当 IPL 三元体系掺合料掺量较大时（≥40%），水泥水化产生的氢氧化钙不足以支持 IPL 三元体系掺合料充分二次水化，大部分 IPL 三元体系掺合料仅仅发挥物理填充效应，体系内没有足够的凝胶，故 D40 的抗压强度显著低于 D0。

如图 9.2 所示，随着水胶比从 0.42 增至 0.46，混凝土各龄期的抗压强度均有较为明显的下降。降低水胶比至 0.42，显著提高了混凝土的早期及后期抗压强度。将 W0.42（掺合料掺量为 30%）与水胶比为 44%的普通混凝土 D0 对比，前者的 28d 抗压强度略高于后者，说明水胶比调低至 0.42 时，IPL 三元体系掺合料掺量为 30%时的抑制效应在 28d 时对抗压强度的影响消失；但是 W0.42 的 7d 和 14d 抗压强度依旧低于普通混凝土，说明水胶比调低至 0.42 时抑制效应的影响在早期依旧存在。从图 9.2 中也可以看出，水胶比为 0.46 时各龄期的抗压强度比水胶比为 0.44 时明显降低。可见，降低水胶比优化了混凝土的孔结构和界面过渡区；增加水胶比至 0.46 明显劣化了混凝土的孔结构和界面过渡区。

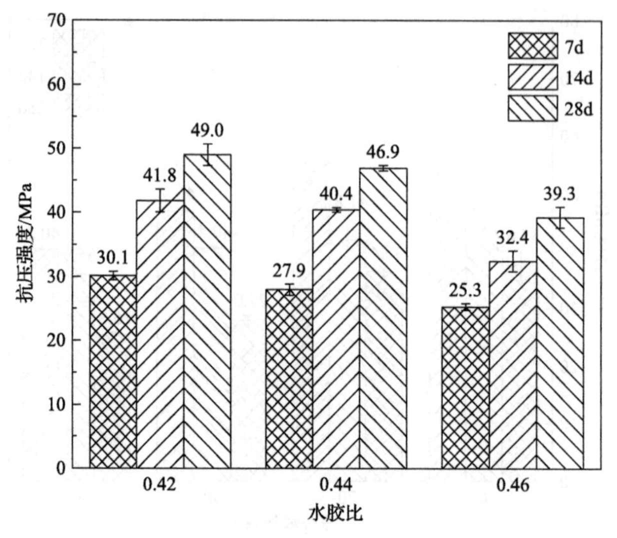

图 9.2 水胶比对混凝土各龄期抗压强度的影响

由图 9.3 可以看出，随着铁尾矿粒度分布从 P1 变化至 P2 再至 P3，混凝土 7d 抗压强度持续增加，14d 和 28d 抗压强度先增后减；总体上 P2 组混凝土的抗压性能在三者中最为优异，而 P2 组中铁尾矿的比表面积最大。原因之一是铁尾矿比表面积的增加和内部结构的变化提高了铁尾矿的活性，生成了更多的水化产物；原因之二是铁尾矿具有稀释效应和成核效应，促进了水泥的水化，更细的铁尾矿 P2 降低了铁尾矿与水化产物之间的黏附性差对强度的不利影响；原因之三是细铁尾矿粉可以填充界面过渡区，界面过渡区的致密结构有利于强度的发展[136,146,149,155,158]。

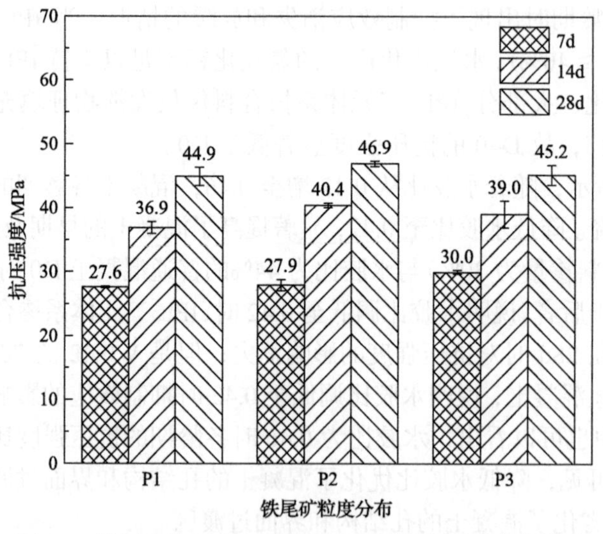

图 9.3 铁尾矿粒度分布对混凝土各龄期抗压强度的影响

如图 9.4 所示，M2（二元掺合料，铁尾矿：磷渣=1：1）的各龄期抗压强度均高于 M1（铁尾矿单掺）；M3（二元掺合料，铁尾矿：锂渣=1：1）的各龄期抗压强度均高于 M2；M4（三元掺合料，铁尾矿：磷渣：锂渣=2：1：1）的各龄期抗压强度高于 M1，与 M2 接近，但低于 M3。由此可见，以磷渣和锂渣单独替代部分铁尾矿均可提高混凝土的抗压强度，锂渣的提升效果更加显著；说明以活性较高的材料替代活性较低的材料可以发挥拉动效应，这与矿渣粉替代铁尾矿的结果类似[150]。当以磷渣和锂渣复合取代部分铁尾矿时，形成的 IPL 三元体系掺合料（M4）的作用效果弱于二元体系（M2 和 M3），但仍优于铁尾矿单掺使用（M1）。

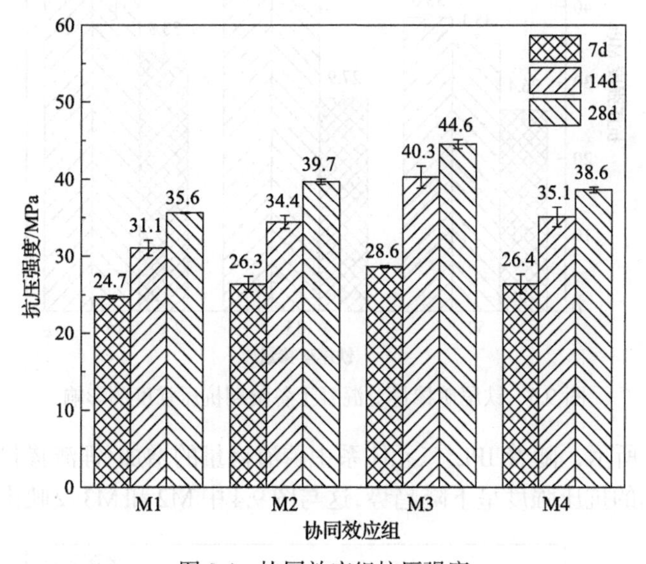

图 9.4　协同效应组抗压强度

如图 9.5 所示，随着 IPL 三元体系中铁尾矿掺量的减小，混凝土 7d、14d 和 28d 抗压强度均明显提升。铁尾矿掺量占 IPL 三元体系的 50%时，混凝土抗压强度远小于普通混凝土 D0 相应龄期的抗压强度；铁尾矿掺量从 50%降低到 33%，混凝土的 7d 抗压强度略有提升，但依旧明显小于普通混凝土 D0 的 7d 抗压强度，14d 和 28d 抗压强度有明显提升，已接近 D0 相应龄期的抗压强度；当铁尾矿掺量降低至 16%时，混凝土各龄期的抗压强度进一步提升，7d 和 14d 抗压强度依旧略低于 D0，但 28d 抗压强度高于 D0。这表明，即使掺合料中的铁尾矿掺量降到较低水平，混凝土早期抗压强度依旧受到抑制效应的影响，这种影响直到后期才消失。IPL 三元体系中铁尾矿掺量的减少意味着锂渣和磷渣掺量的提高，铁尾矿掺量减少后抑制效应依旧存在，表明抑制效应并非全部源于低活性材料，也与 IPL 三元体系掺合料中氧化铝过多、硫酸盐不足有关[185,186]。可见，铁尾矿对抗压强度的影响主要表现在后期，锂渣和磷渣的引入抑制了混凝土的早期抗压强度，但是促进了混凝土的后期抗压强度增大；降低铁尾矿掺量至16%虽然换来了更高的后期抗压强度，但是并未解决早期抗压强度低的问题。因此建议铁尾矿的掺量取33%左右，这时铁尾矿的后期抗压强度接近普通混凝土的抗压强度，可以接受；对于早期抗压强度低的问题，应选择更适宜的方案加以解决。

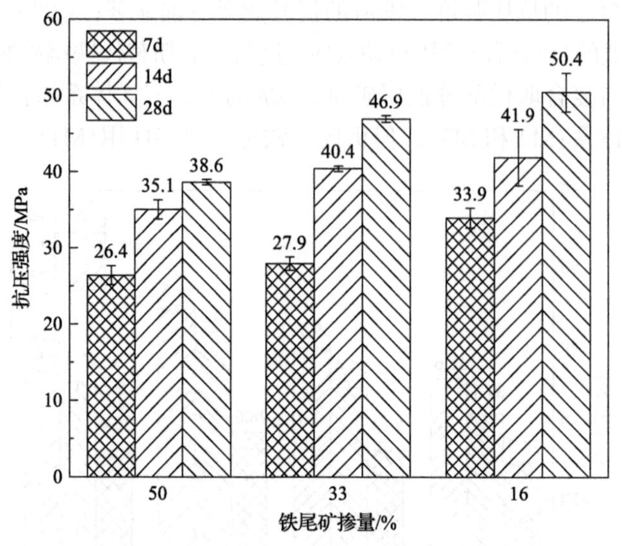

图 9.5　铁尾矿掺量对混凝土各龄期抗压强度的影响

如图 9.6 所示，随着 IPL 三元体系中磷渣掺量的增加(锂渣掺量的减少)，混凝土三个龄期的抗压强度呈下降趋势，这与图 9.4 中 M2 和 M3 反映出的结果一致。

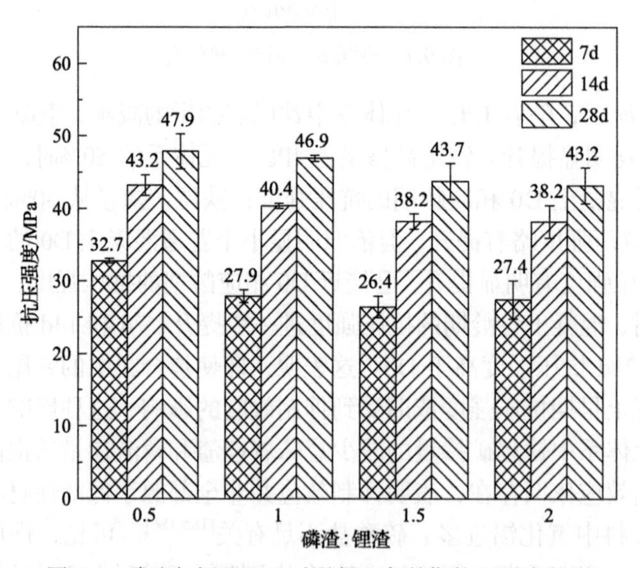

图 9.6　磷渣与锂渣配比对混凝土各龄期抗压强度的影

可见，IPL 三元体系中锂渣对抗压强度的贡献更大。所有试件组在三个龄期的抗压强度均低于普通混凝土 D0，这说明锂渣掺量的增加虽然提高了抗压强度，但并未消除抑制效应，抑制效应依旧贯穿了整个实验过程；但随着龄期延长至 28d，部分试件中的抑制效应出现了缓解。

9.2.2　孔结构

为了探究混凝土孔结构特性在 IPL 三元体系掺合料作用下的变化规律，并分析其与抗压强度之间的联系，对代表性试件 D 组、W 组、P 组、M 组的孔隙结构进行了测试，测试结果如图 9.7～图 9.14 所示。

如图 9.7(a)所示，总侵入孔体积的变化可分为两段：第一段是大尺寸(>200nm)的总侵入孔体积缓慢增加，第二段是微观和中尺寸(3～200nm)的总侵入孔体积快速增加，这与之前研究中孔结构的变化趋势一致[159]。第一段的总侵入孔体积上升是因为汞侵入到样品表面的孔隙、裂纹和颗粒之间的空隙，紧接着侵入到大孔中；第二段的上升源于高压力之下汞穿透薄空间进入了小毛细孔和凝胶孔[159-162]。显然，D20、D30 和 D40 的第二段总侵入孔体积小于 D0，其中 D20 的总侵入孔体积最小。可见，加入 IPL 三元体系掺合料后，混凝土中的毛细孔和凝胶孔体积减小。在第一段，D20 和 D30 的总侵入孔体积与 D0 接近，D40 则大于三者。D20 最低的总孔隙体积和其最高的 28 天抗压强度相对应；D40 的总孔体积虽然在一定程度上优于 D0，但是其抗压强度却不如 D0，这表明 D40 中大部分 IPL 三元体系掺合料只起到物理填充作用，且填充作用过剩导致颗粒间的黏结性变差。

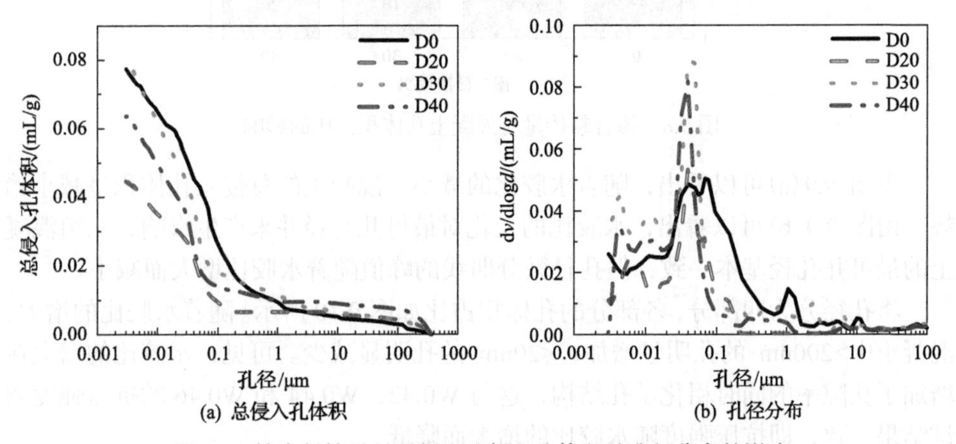

图 9.7　掺合料掺量对混凝土总侵入孔体积及孔径分布的影响

如图 9.7(b)所示，加入 IPL 三元体系掺合料后，混凝土的最可几孔径向左移动，D0 的最可几孔径为 77nm，D20、D30 和 D40 的最可几孔径分别为 40.26nm、

40.27nm 和 40.26nm。加入 IPL 三元体系掺合料使混凝土的最可几孔径减小了约 37nm，且随着掺合料掺量从 20%变化至 40%，最可几孔径基本不变；但孔径微分曲线的峰值随着掺量的增加呈增加趋势。

将孔径分为四部分，各部分的孔体积占比如图 9.8 所示。D0 中 50～200nm 的孔体积占比最大，D20、D30 和 D40 则均为<20nm 的孔体积占比最大。可见，加入 IPL 三元体系掺合料后，<20nm 的孔明显增多，>200nm 的孔显著下降。值得注意的是，D20 和 D0 的主要区别在<20nm 和>200nm 的孔体积占比，20～200nm 的孔体积占比几乎相等，而 D20 的 28d 抗压强度最高，这表明降低>200nm 的孔、提高<50nm 的孔可提高混凝土抗压强度。随着 IPL 三元体系掺合料掺量从 20%(D20)增加到 30%(D30)，<20nm 的孔与>200nm 的孔均在增加；掺量进一步增加至 40%(D40)时，孔径分布变化不大，这印证了关于“过量的 IPL 三元体系掺合料只发挥物理填充效应”的推断。

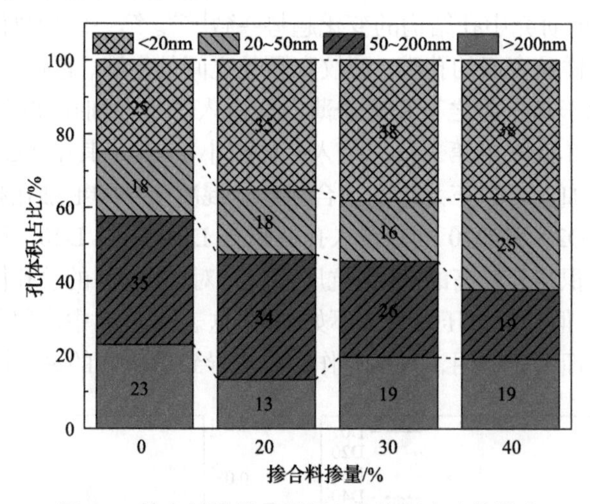

图 9.8 掺合料掺量对混凝土孔体积占比的影响

由图 9.9(a)可以看出，随着水胶比的减小，混凝土的总侵入孔体积呈减小趋势。由图 9.9(b)可以看出，水胶比的变化对最可几孔径并未产生影响，三组混凝土的最可几孔径基本一致，但孔径微分曲线的峰值随着水胶比增大而减小。

将孔径分为四部分，各部分的孔体积占比如图 9.10 所示。随着水胶比的增大，混凝土中>200nm 的孔明显增加，<20nm 的孔明显减少。可见，水胶比的增大在增加了孔隙率的同时粗化了孔结构，这与 W0.42、W0.44 和 W0.46 的抗压强度测试结果一致，即抗压强度随水胶比的增大而降低。

如图 9.11(a)所示，P1 和 P3 的总侵入孔体积接近，P2 的总孔体积大于二者。从图 9.11(b)中可以看出，三者的最可几孔径基本一致，P1 和 P3 的微分曲线峰值接近，P2 的微分曲线峰值显著高于二者。

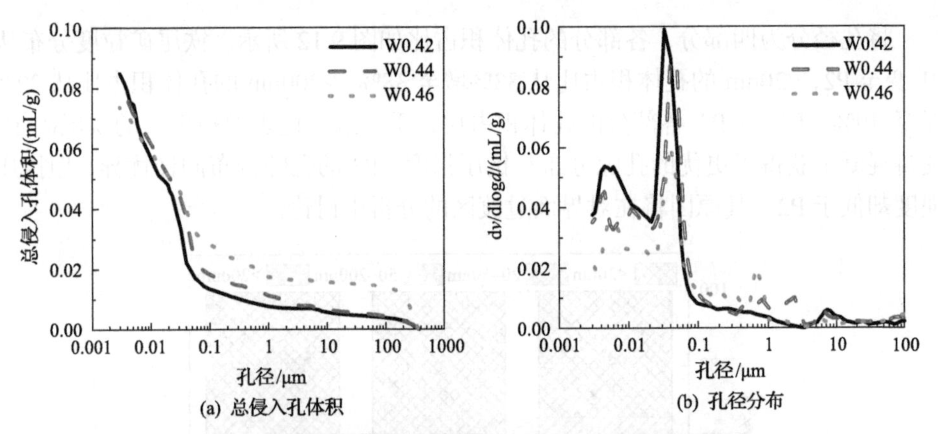

图 9.9　水胶比对混凝土总侵入孔体积及孔径分布的影响

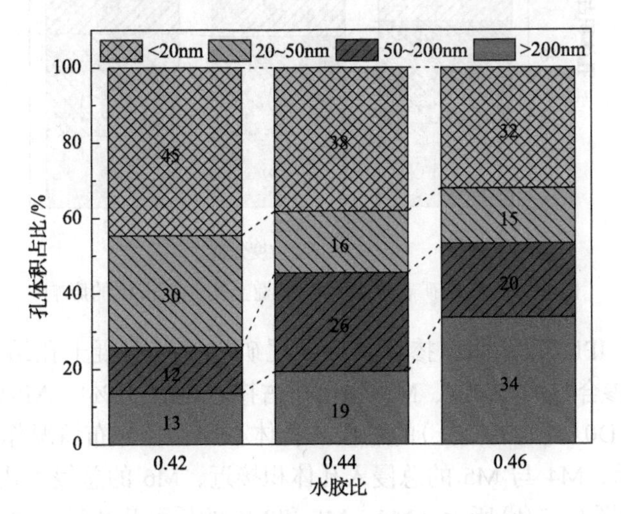

图 9.10　水胶比对混凝土孔体积占比的影响

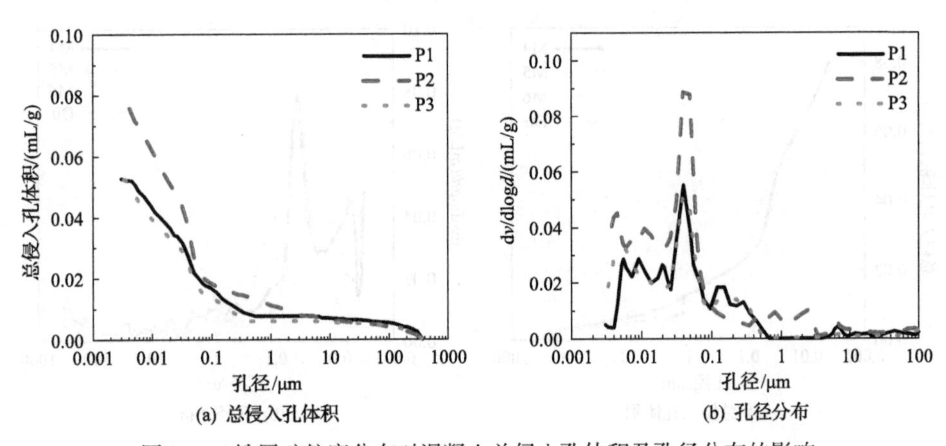

图 9.11　铁尾矿粒度分布对混凝土总侵入孔体积及孔径分布的影响

将孔径分为四部分，各部分的孔体积占比如图 9.12 所示。铁尾矿粒度分布从 P1 变至 P2，<20nm 的孔体积占比从 33%增至 38%，>200nm 的孔体积占比从 22%降至 19%；P2 和 P3 各部分的孔体积占比几乎一致。比表面积更大的铁尾矿 P2 使得混凝土获得了更优的孔隙分布和抗压强度；P3 的孔隙分布同样优异，但抗压强度却低于 P2，其原因将在对界面过渡区的分析中讨论。

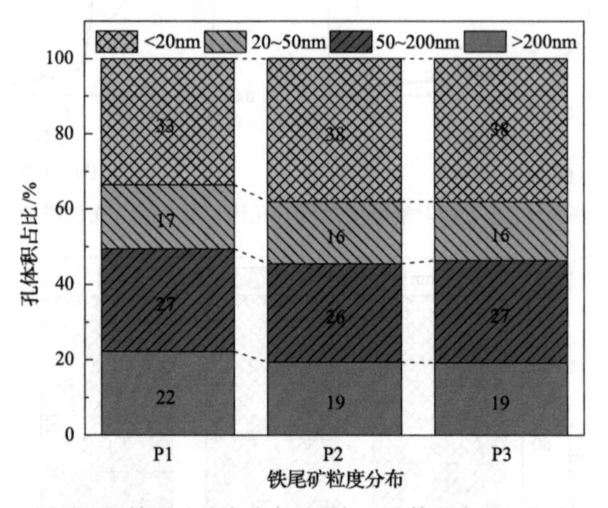

图 9.12 铁尾矿粒度分布对混凝土孔体积占比的影响

为了探究 IPL 三元体系掺合料中铁尾矿掺量对混凝土孔结构的影响，对 M4(铁尾矿占掺合料的 50%)、M5(铁尾矿占掺合料的 33%)、M6(铁尾矿占掺合料的 16%)及 D0(普通混凝土)的总侵入孔体积和孔径分布情况作对比分析。如图 9.13(a)所示，M4 与 M5 的总侵入孔体积接近，M6 的总侵入孔体积显著低于 M4 和 M5。如图 9.13(b)所示，M4、M5 和 M6 的最可几孔径一致。

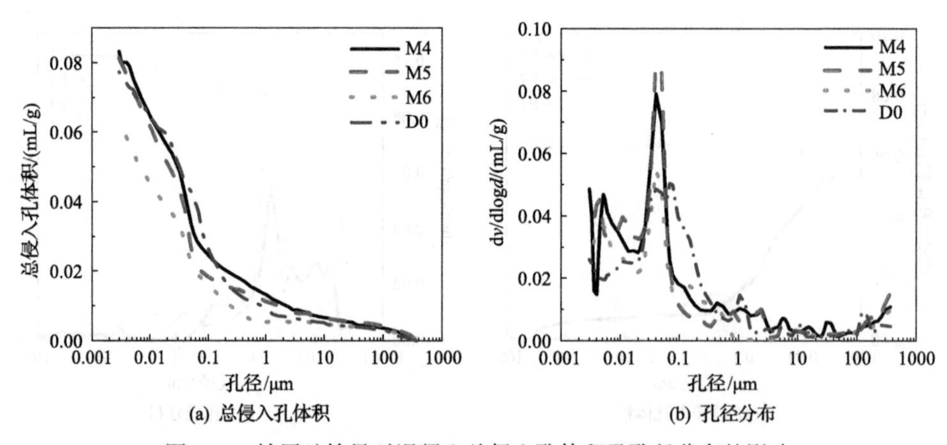

图 9.13 铁尾矿掺量对混凝土总侵入孔体积及孔径分布的影响

将孔径分为四部分，各部分的孔体积占比如图 9.14 所示。随着铁尾矿掺量从 50%减少至 16%，混凝土中<20nm 的孔体积占比增加，>200nm 的孔体积占比减少，这解释了为何 M6 的抗压强度是三组中最高的。M5 与 M6 中各部分的孔体积占比差别很小，但二者的抗压强度差别明显，这表明铁尾矿在掺合料中占比为 33%时基本达到了对孔结构优化的上限，进一步减少铁尾矿掺量不再能显著改变混凝土的孔结构，抗压强度的差别可能是铁尾矿对混凝土界面过渡区产生了影响，这一点将在后述分析。通过对比 M4 和 D0 可发现，M4 的孔径分布优于 D0，但 M4 的抗压强度却低于 D0，这可以表明两点：一是 IPL 三元体系掺合料对孔结构具有优化作用；二是 IPL 三元体系中铁尾矿主要发挥物理填充效应，而混凝土的抗压强度主要取决于颗粒之间的胶结能力，孔结构只是影响因素之一。

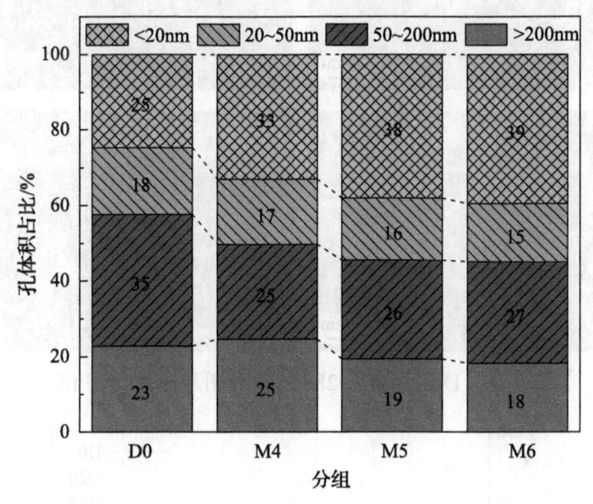

图 9.14　铁尾矿掺量对混凝土孔体积占比的影响

9.2.3　界面过渡区

图 9.15 显示了 D 组混凝土养护 28d 后界面过渡区的形貌。利用图像处理软件对界面过渡区的孔隙率及未水化特性进行定量计算，计算结果如图 9.16 和图 9.17 所示。

从图 9.15 中可以看出，界面过渡区内均存在硬化浆体、孔及未水化颗粒，在 D20、D30 和 D40 中还可以明显看到未水化的铁尾矿。从图 9.16 中可以看出，距骨料越近，基体孔隙率越大；远离骨料部分的基体孔隙率小，且趋于平稳。这与其他学者的研究结果一致，是“壁效应”作用的结果。与普通混凝土(D0)相比，掺入 IPL 三元体系掺合料后，混凝土界面过渡区的孔隙率下降明显。从 D20 到 D40，界面过渡区的孔隙率随着 IPL 三元体系掺合料掺量的增加而增大。仅就界面过渡区孔隙率这一特性而言，IPL 三元体系掺合料的最大掺量可达 40%，此时界面过渡区的孔隙率仍低于 D0；但 D40 的抗压强度明显低于 D0。因此，40%的掺量过高，适宜的掺量为 20%～30%，因为 D30 的 28d 抗压强度与 D0 接近，D20 的 28d 抗压强度高于 D0。与 MIP 测试结果类似的是，界面过渡区的孔隙率与抗压强度并非强相关，即孔隙率低并不意味着混凝土抗压强度一定高。毫无疑问，IPL 三元体系掺合料的填充效应可降低基体及界面过渡区的孔隙率，但是这并不能解释抗压强度的变化规律，还需对界面过渡区的水化特性进行分析。

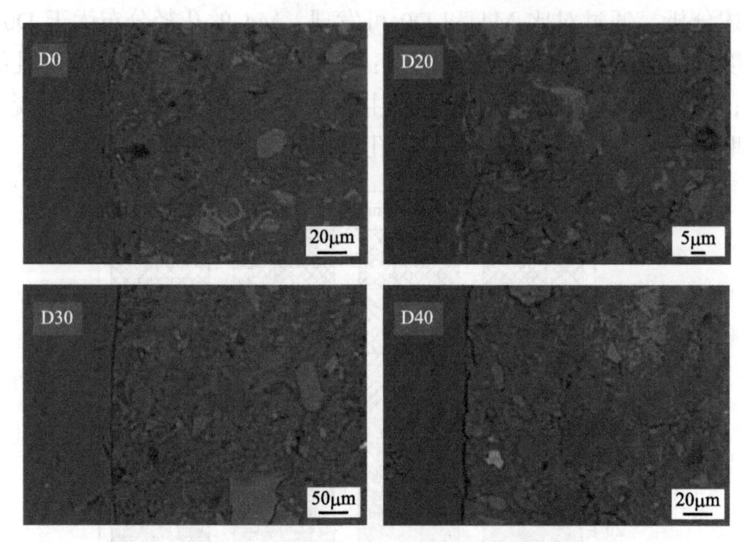

图 9.15 D 组混凝土 28d 背散射图片样例(500 倍)

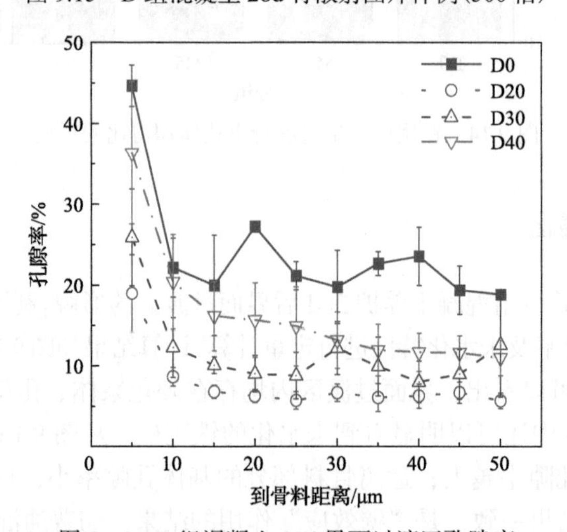

图 9.16 D 组混凝土 28d 界面过渡区孔隙率

如图 9.17 所示，D0 的未水化颗粒低于 D30 和 D40，与 D20 接近。在掺加 IPL 三元体系掺合料的 D20、D30 和 D40 中，随着掺合料掺量的增加，界面过渡区的未水化颗粒增多，水化特性变劣。界面过渡区的水化特性印证了抑制效应的存在，且抑制效应的影响程度随着 IPL 三元体系掺合料掺量的增加而增加。掺量为 20%时，混凝土界面过渡区的未水化颗粒与 D0 相当，抑制效应的影响几乎为零；掺量为 30%时，混凝土界面过渡区的未水化颗粒略高于 D0，抑制效应的影响较温和；掺量为 40%时，混凝土界面过渡区的未水化颗粒明显高于 D0，抑制效应的影响明显。可见，当 IPL 三元体系掺合料掺量达到 40%时，大部分掺合料只发挥物理填充效应，这与 MIP 测试中得到的结论一致。因此，适宜的 IPL 三元体系掺合料掺量为 20%～30%。

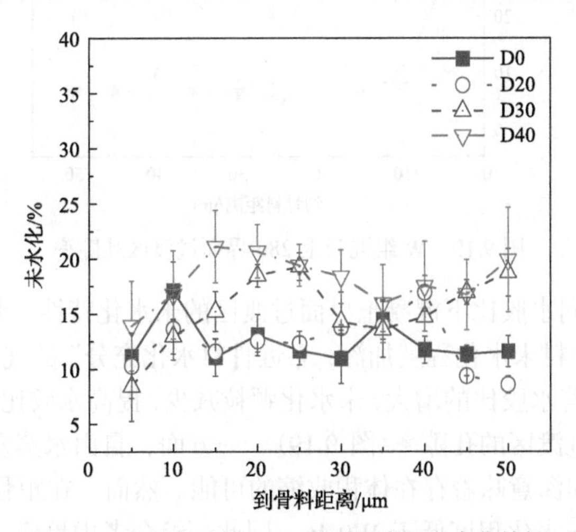

图 9.17 D 组混凝土 28d 界面过渡区未水化特性

图 9.18 为不同水胶比下混凝土界面过渡区的背散射微观形貌图。可以清晰地看出，W0.42 和 W0.44 更为致密，W0.46 在基体与骨料之间存在明显的缝隙。

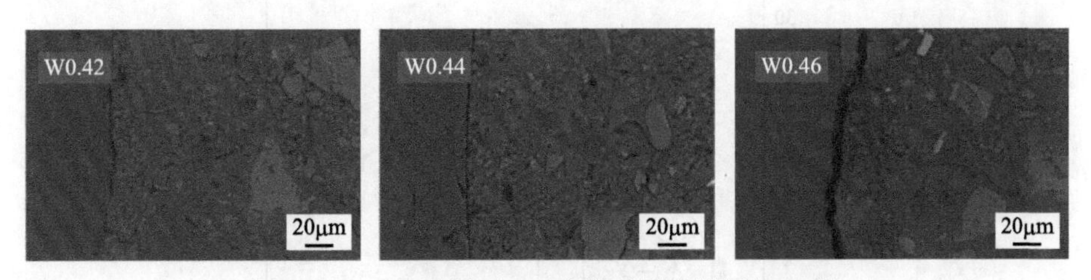

图 9.18 W 组混凝土 28d 背散射图片样例(500 倍)

图 9.19 显示了混凝土界面过渡区孔隙率随着水胶比的变化，同样符合壁效应作用下的“靠近骨料孔隙率大，远离骨料孔隙率小”的规律。在距离骨料 50μm 范围内，基体的孔隙率随着水胶比的增大而增大；W0.42 和 W0.44 的孔隙率在距骨料大于 20～30μm 后趋于稳定，而 W0.46 的孔隙率在距骨料大于 40μm 后还有下降趋势。因此，降低水胶比使得界面过渡区致密的同时还减小了界面过渡区的厚度。在水胶比影响下，混凝土抗压强度的变化趋势与界面过渡区孔隙率的变化

趋势相对应，致密的界面过渡区有利于提升混凝土的抗压强度。

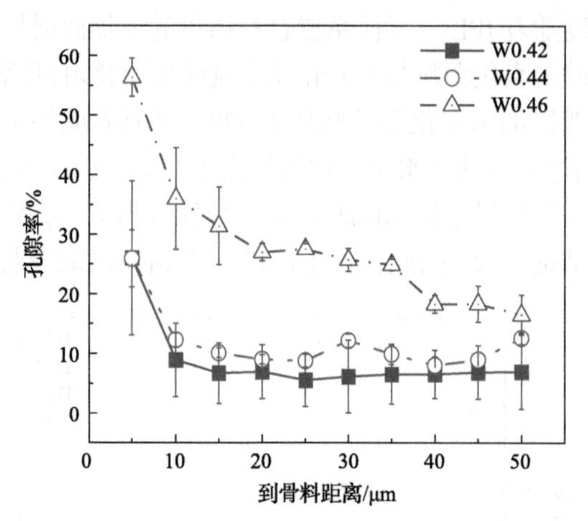

图 9.19 W 组混凝土 28d 界面过渡区孔隙率

图 9.20 为不同水胶比下混凝土界面过渡区的未水化特性。水化特性在整体趋势上符合“远离骨料未水化程度加深，靠近骨料水化充分”的规律。在距骨料 0～30μm 范围内，随着水胶比的增大，未水化颗粒减少，提高水胶比促进了颗粒水化，但也提高了界面过渡区的孔隙率(图 9.19)。一方面，自由水蒸发会产生孔隙；另一方面，水化进程深意味着存在体积收缩的可能。然而，在距骨料 30～50μm 范围内，W0.44 的未水化程度低于 W0.46。因此，综合考虑界面过渡区孔隙率及未水化特性，可认为 0.42～0.44 为最佳水胶比区间。

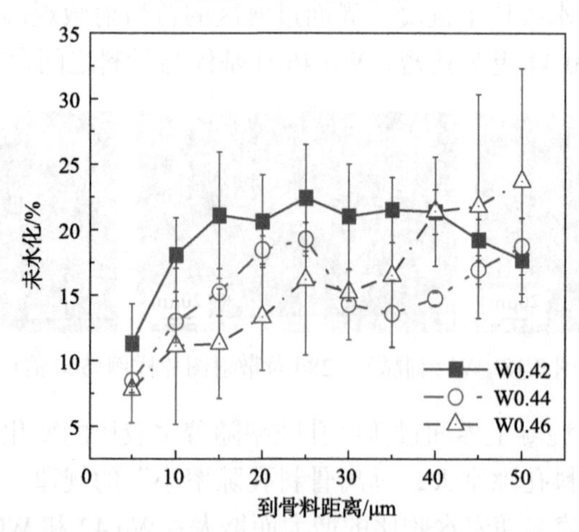

图 9.20 W 组混凝土 28d 界面过渡区未水化特性

图 9.21 为不同铁尾矿粒度分布下混凝土界面过渡区的背散射微观形貌图。可以看出，三组混凝土的界面过渡区内主要由未水化颗粒、孔隙和水化产物构成。

图9.22为不同铁尾矿粒度分布下混凝土界面过渡区内孔隙率的变化，其整体变化趋势也符合“靠近骨料孔隙率大，远离骨料孔隙率小”的规律。在距骨料0～10μm范围内，P3的孔隙率最低，P2和P1的孔隙率较高；在距骨料10～25μm范围内，P2的孔隙率最低，P1的孔隙率最高；在距骨料25～50μm范围内，三者的孔隙率波动较大，无固定排序。图9.23显示了不同铁尾矿粒度分布下混凝土界面过渡区内的未水化情况。可以看出，越靠近骨料水化越充分；P2的未水化程度最低，P3次之，P1最高。28d未水化程度与28d抗压强度的变化趋势一致，即P2的抗压强度最高，P1最低。可见，铁尾矿粒度分布的变化主要影响了界面过渡区内胶材的水化程度，比表面积最大的P2使得界面过渡区内水化产物最多，颗粒间的胶结以及基体与骨料之间的结合最好，故P2的28d抗压强度最高。

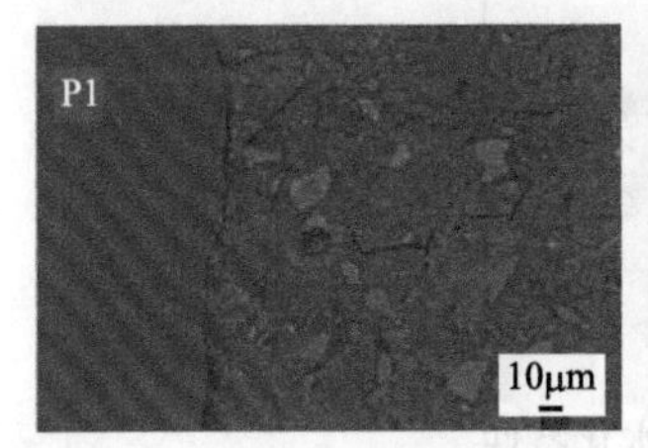

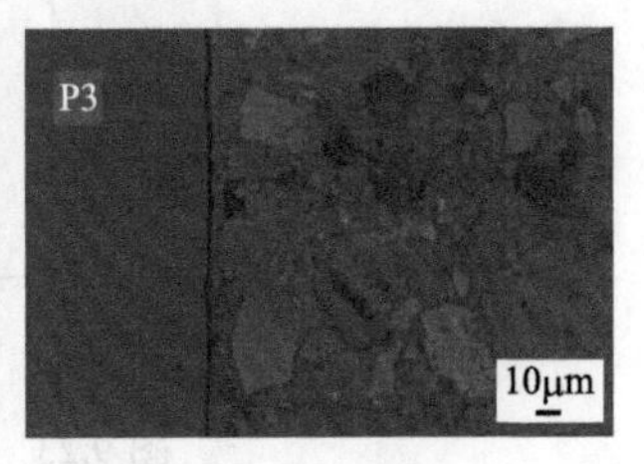

图9.21　P组混凝土28d背散射图片样例(500倍)

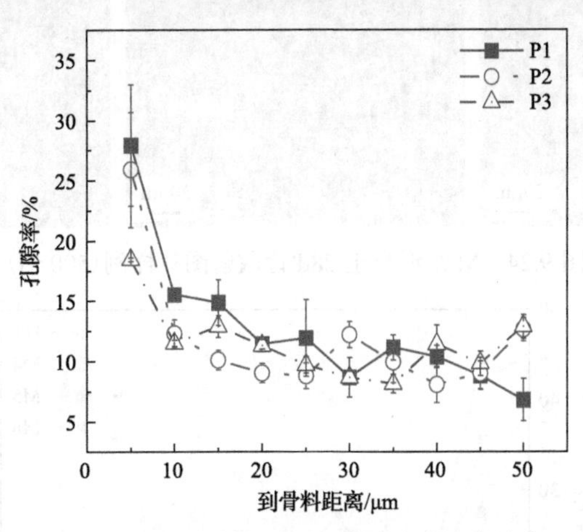

图9.22　P组混凝土28d界面过渡区孔隙率

图9.24为不同铁尾矿掺量下混凝土界面过渡区的背散射微观形貌图。M4、M5和M6中铁尾矿掺量分别占掺合料的50%、33%和16%。从图9.24中可以看出，三组中均存在较大的未水化颗粒，M4存在明显的孔隙。图9.25显示了不同铁尾矿掺量下混凝土界面过渡区孔隙率的变化，为了对比，加入了普通混凝土D0组的界面过渡区孔隙率。从图9.25可以看出，M4、M5、M6的孔隙率均低于D0；这三组中M6的孔隙率最高，M4次之，M5最低。可见，铁尾矿在三种掺量下均

发挥了填充效应；M5 中铁尾矿掺量为 33%，其界面过渡区孔隙率最低，表明铁尾矿在界面过渡区范围内发挥了良好的填充效应；铁尾矿掺量过低(M6)或者过高(M4)都不能很好地发挥填充效应。因此，33%左右的铁尾矿掺量是最佳的，在 MIP 测试中也得到了同样的结论。

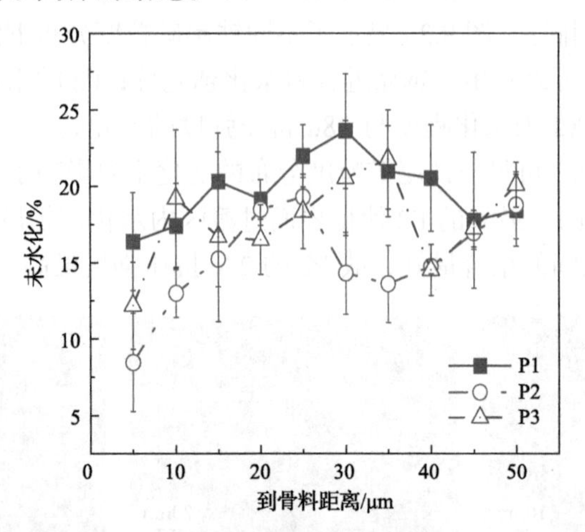

图 9.23 P 组混凝土 28d 界面过渡区未水化特性

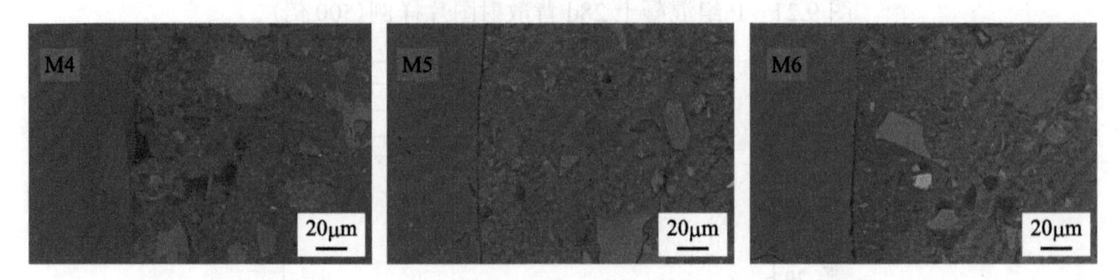

图 9.24 M 组混凝土 28d 背散射图片样例(500 倍)

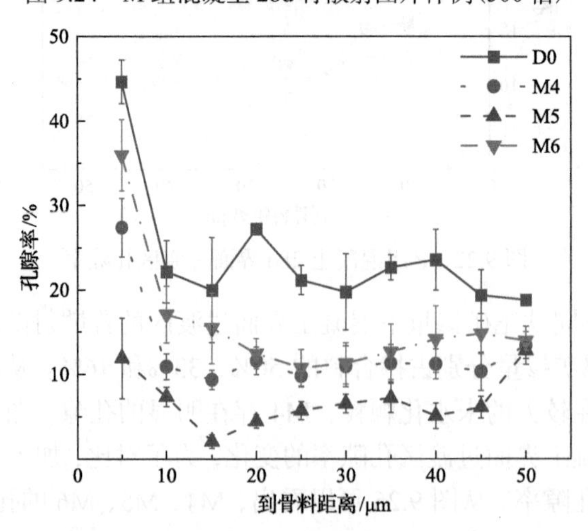

图 9.25 M 组混凝土 28d 界面过渡区孔隙率

图 9.26 显示了界面过渡区内的未水化特性。在距骨料 0～30μm 范围内，未水化程度基本随着铁尾矿掺量的增加而增加；在距骨料 30～50μm 范围内，M6 的未水化程度超过了 M5。D0 的孔隙率虽然是最高的，其未水化程度却是最低的。在 MIP 测试中 M6 的孔结构并不显著优于 M4 和 M5，但是其抗压强度显著高于 M4 和 M5，这在界面过渡区的分析中找到了答案，虽然 M6 的界面过渡区孔隙率不是最低的(图 9.25)，但在距骨料 0～20μm 范围内的未水化程度是最低的，即其水化充分，水化产物充足，材料之间的固相结合好，故其抗压强度显著高于 M4 和 M5。D0 的未水化程度虽然低，但是其孔隙率过高，故抗压强度低于 M6。因此，界面过渡区性能对抗压强度的影响机理可以概括为：界面过渡区水化程度对混凝土抗压强度的贡献比例较大；当水化程度接近时，孔隙率决定了抗压强度的高低。

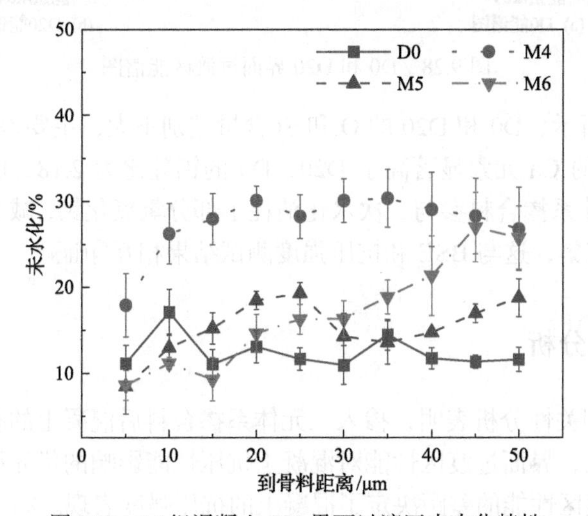

图 9.26　M 组混凝土 28d 界面过渡区未水化特性

利用 BSE+EDS 对样品 D0 和 D20 的界面过渡区元素分布情况和水化产物类型进行对比分析，EDS 采样点选在距离骨料表面 50μm 的水化产物部分，如图 9.27 所示。测试结果见图 9.28。

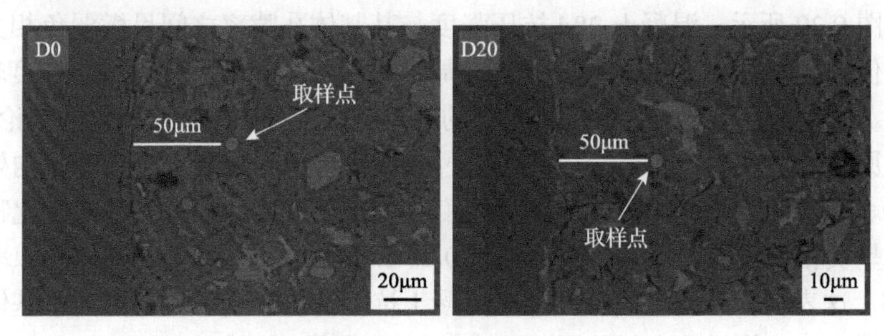

图 9.27　EDS 采样点

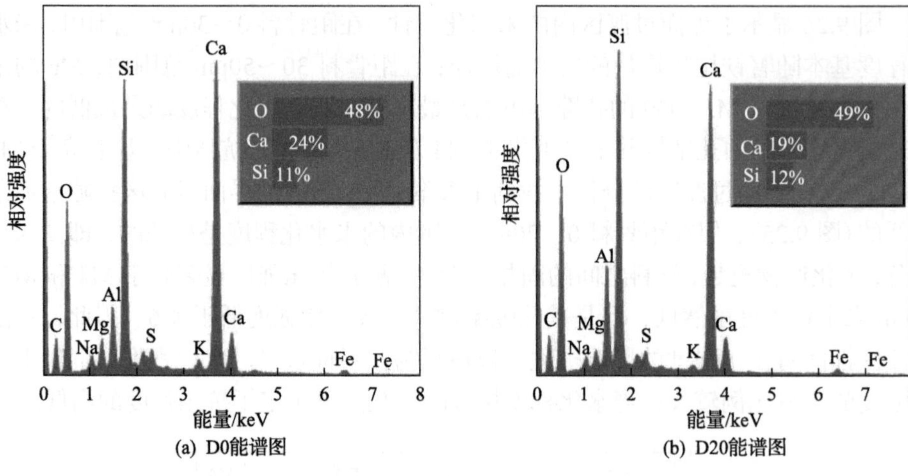

(a) D0能谱图 (b) D20能谱图

图 9.28 D0 和 D20 界面过渡区能谱图

如图 9.28 所示，D0 和 D20 的 O 和 Si 含量差别不大，主要差异体现在 Ca 的含量上，D0 中的 Ca 元素显著高于 D20，D0 的钙硅比为 2.18，D20 的钙硅比为 1.58。IPL 三元体系掺合料参与二次水化消耗了部分氢氧化钙，减少了界面过渡区内氢氧化钙的富集，这与 BSE 和抗压强度测试结果相互印证。

9.2.4 相关性分析

第 7 章的相关性分析表明，掺入三元体系掺合料后混凝土的孔结构特性普遍优于普通混凝土，界面过渡区性能对混凝土抗压性能影响的优先级高于孔隙率，混凝土界面过渡区性能的差距决定了混凝土的抗压强度表现。第 8 章进一步得出结论，当界面过渡区的性能较差时，优异的基体孔结构并不能对提高混凝土抗压强度发挥作用。此外，在界面过渡区内存在孔隙率与未水化特性之间的局部博弈。因此，为了验证上述结论是否具有可重复性，对混凝土抗压强度与基体孔隙率和界面过渡区性能的相关性作进一步的分析，分析结果如图 9.29 及图 9.30 所示。

如图 9.29 所示，混凝土 28d 抗压强度与其基体孔隙率之间呈微弱负相关，相关系数仅为 0.05，并且在图 9.29 右上角局部出现了“孔隙率较大抗压强度较高”的情况。基体孔隙率对混凝土抗压强度的影响有限，这与第 7 章得到的结论一致，可能的原因是掺入掺合料后，填充效应过剩，使得所有混凝土的孔隙率均处于较低水平。由图 9.30 可知，混凝土抗压强度与其界面过渡区孔隙率和未水化特性之间同样呈负相关关系，相关系数分别为 0.24 和 0.41，明显高于与基体孔隙率之间的 0.05。这表明，界面过渡区性能对混凝土抗压性能影响的优先级高于基体孔隙率，在掺入三元体系掺合料的混凝土中，界面过渡区性能对混凝土抗压性能的影响占主导地位。这与第 7 章、第 8 章得到的结论相符。同时，“博弈效应”在含 IPL 三元体系掺合料的界面过渡区也同样有所体现。因此，研究中所揭示的掺入三元体系掺合料的混凝土抗压性能与微观结构特性之间的关系具有可重复性。

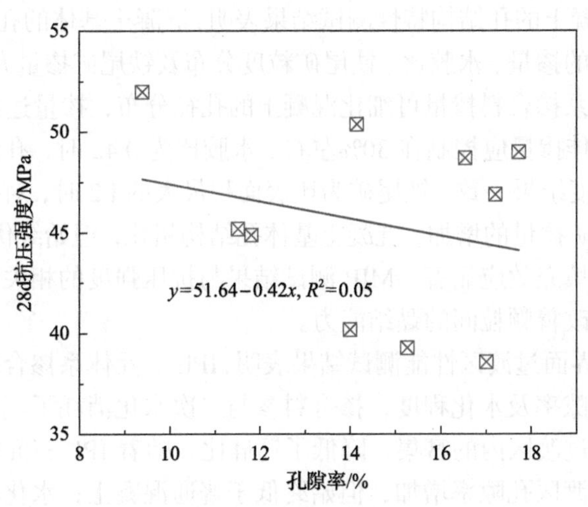

图 9.29 抗压强度与基体孔隙率之间的相关性

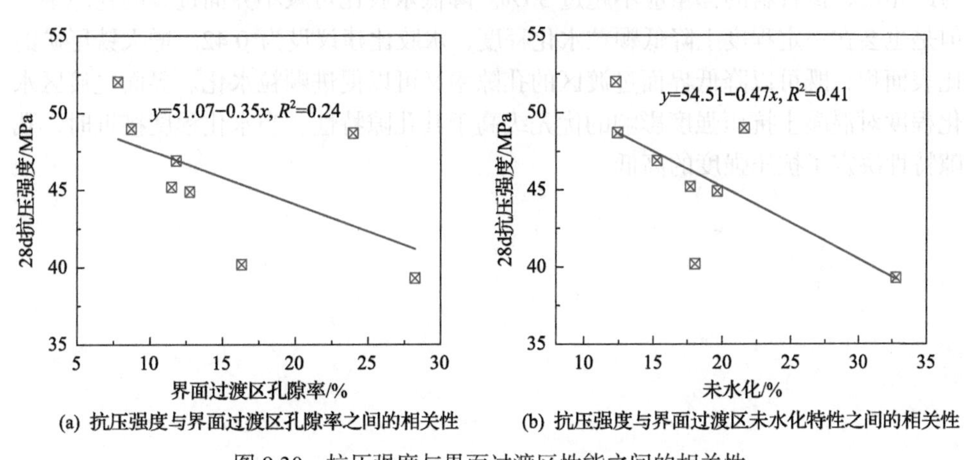

(a) 抗压强度与界面过渡区孔隙率之间的相关性 (b) 抗压强度与界面过渡区未水化特性之间的相关性

图 9.30 抗压强度与界面过渡区性能之间的相关性

9.3 小 结

抗压强度测试结果表明，IPL 三元体系掺合料在混凝土中的最佳掺量为 20%～30%，在满足 C40 混凝土强度的要求下，最高掺量可达 40%。IPL 三元体系掺合料可解决铁尾矿单掺使用带来的混凝土总体强度低的问题。由于 IPL 三元体系掺合料中氧化铝含量过多、硫酸盐不足，体系内存在抑制效应，使得混凝土的早期抗压强度低于普通混凝土；抑制效应随着龄期的延长而减弱甚至消失，随着掺合料掺量的增加而加剧；调整水胶比、提高铁尾矿细度、降低铁尾矿掺量、优化 IPL 三元体系掺合料配合比对抑制效应的改善有限。

28d 龄期混凝土的孔结构特性测试结果表明，混凝土基体的孔结构特性对 IPL 三元体系掺合料的掺量、水胶比、铁尾矿粒度分布及铁尾矿掺量有较高的敏感度。增加 IPL 三元体系掺合料掺量可细化混凝土的孔径分布，掺量达到 40%后孔径细化趋势停止，最佳掺量应控制在 30%左右。水胶比为 0.42 时，孔隙率和孔径分布最优，与抗压强度结果一致。铁尾矿为比表面积最大的 P2 时，对孔隙的优化效果最佳。随着铁尾矿掺量的增加，混凝土基体孔结构粗化，但始终优于普通混凝土，反映出掺合料的填充效应显著。MIP 测试结果与抗压强度的相关性不高，提高抗压强度的关键是改善颗粒间的黏结能力。

28d 龄期的界面过渡区性能测试结果表明，IPL 三元体系掺合料会改变混凝土界面过渡区的孔隙率及水化程度，掺合料参与二次水化消耗了氢氧化钙，降低了氢氧化钙在界面过渡区内的富集，降低了钙硅比。随着 IPL 三元体系掺合料掺量的增加，界面过渡区孔隙率增加，但始终低于普通混凝土；水化程度的变化趋势与此相反，掺合料的掺量应不超过 30%。降低水胶比可减小界面过渡的孔隙率，但是也会在一定程度上降低颗粒水化程度，水胶比建议设为 0.42。增大铁尾矿的比表面积，既可以降低界面过渡区的孔隙率又可以促进颗粒水化。界面过渡区水化程度对混凝土抗压强度影响的优先级高于其孔隙特性，当水化程度接近时，孔隙特性决定了抗压强度的高低。

参 考 文 献

[1] 中国再生资源回收利用协会. 2020 年全国大、中城市固体废物污染环境防治年报[J]. 中国资源综合利用, 2021, 39(1): 4.

[2] 王嫱. 2018 年全球铁矿资源供需形势分析[J]. 中国国土资源经济, 2020, 33(3): 10.

[3] 舒伟. 铁尾矿的物料特性对制备加气混凝土的影响研究[D]. 武汉: 武汉理工大学, 2015.

[4] 王海军, 王伊杰, 李文超, 等. 《全国矿产资源节约与综合利用报告(2019)》[J]. 中国国土资源经济, 2020, 33(2): 2.

[5] 杜艳强, 段文峰, 赵艳. 金属尾矿处置及资源化利用技术研究[J]. 中国矿业, 2021, 30(8): 57-61.

[6] 刘文博, 姚华彦, 王静峰, 等. 铁尾矿资源化综合利用现状[J]. 材料导报, 2020, 34(S1): 268-270.

[7] Tang C, Li K Q, Ni W, et al. Recovering iron from iron ore tailings and preparing concrete composite admixtures[J]. Minerals, 2019, 9(4): 232.

[8] 王荣林, 王欢, 张伟, 等. 白象山铁尾矿中钴综合回收试验[J]. 现代矿业, 2019, 35(12): 15-18.

[9] Zhai J, Wang H, Chen P, et al. Recycling of iron and titanium resources from early tailings: From fundamental work to industrial application[J]. Chemosphere, 2020, 242: 125178. 1-125178. 8.

[10] 李肖, 徐彪, 王双强, 等. 南芬选矿厂铁尾矿综合利用[J]. 现代矿业, 2018, 34(10): 242-244.

[11] 李强, 周平, 庄故章. 云南某细粒难选铁尾矿铁的回收试验[J]. 现代矿业, 2017, 33(8): 121-123.

[12] Chernysheva M, Araimi M A, Rance G A, et al. Revealing the nature of morphological changes in carbon nanotube-polymer saturable absorber under high-power laser irradiation[J]. Scientific Reports, 2018, 8(1): 7491.

[13] 霍松洋, 宋瑞杰, 罗世勇, 等. 承德某铁尾矿回收磷、钛的试验研究[J]. 世界有色金属, 2017(1): 35-36.

[14] 王宇斌, 彭祥玉, 王花, 等. 利用微量捕收剂工艺从某尾矿中回收硫[J]. 化工矿物与加工, 2017, 46(2): 19-22.

[15] 万丽, 高玉德. 某选铁尾矿浮选锌钼试验[J]. 金属矿山, 2018(11): 181-184.

[16] 崔春利, 王伟之, 刘泽伟, 等. 从黑山铁矿选铁尾矿中全浮选回收钛的试验研究[J]. 矿产综合利用, 2018(6): 102-105.

[17] 韦敏, 张凌燕, 王文齐. 辽宁某选铁尾矿浮选回收石墨试验研究[J]. 非金属矿, 2016, 39(3): 3.

[18] 吕昊子, 童雄, 谢贤, 等. 阴-阳离子捕收剂浮选铁尾矿中低品位云母的试验研究[J]. 硅酸盐通报, 2016, 35(7): 7.

[19] 吕兴栋, 刘战鳌, 朱志刚, 等. 尾矿作为水泥和混凝土原材料综合利用研究进展[J]. 材料导报, 2018, 32(S2): 452-456.

[20] 徐庆荣. 利用铁尾矿烧制硅酸盐水泥熟料[J]. 现代矿业, 2018, 34(5): 165-168.

[21] Li L, Zhang Y, Bao S, et al. Utilization of iron ore tailings as raw material for portland cement clinker production[J]. Advances in Materials Science and Engineering, 2016, 2016: 1-6.

[22] Franco De Carvalho J M, Melo T V D, Fontes W C, et al. More eco-efficient concrete: An approach on optimization in the production and use of waste-based supplementary cementing materials[J]. Construction and Building Materials, 2019, 206: 397-409.

[23] Xu F, Wang S, Li T, et al. Mechanical properties and pore structure of recycled aggregate concrete made with iron ore tailings and polypropylene fibers[J]. Journal of Building Engineering, 2020, 33: 101572.

[24] Li T, Wang S, Xu F, et al. Study of the basic mechanical properties and degradation mechanism of recycled concrete with tailings before and after carbonation[J]. Journal of Cleaner Production, 2020, 259: 120923.

[25] Young G, Yang M. Preparation and characterization of Portland cement clinker from iron ore tailings[J]. Construction and Building Materials, 2019, 197: 152-156.

[26] Xiong C S, Li W H, Jiang L H, et al. Use of grounded iron ore tailings (GIOTs) and $BaCO_3$ to improve sulfate resistance of pastes[J]. Construction and Building Materials, 2017, 150: 66-76.

[27] Oladeji B G, Aduloju S C. Investigation of compressive strength of concrete from cement and iron-ore tailings mixture[J]. Scholars Journal of Engineering and Technology, 2015, 3(5A): 560-562.

[28] Fontes W C, Mendes J C, Da Silva S N, et al. Mortars for laying and coating produced with iron ore tailings from tailing dams[J]. Construction and Building Materials, 2016, 112: 988-995.

[29] Carrasco E V M, Magalhaes M D C, Santos W J D, et al. Characterization of mortars with iron ore tailings using destructive and nondestructive tests[J]. Construction and Building Materials, 2017, 131: 31-38.

[30] 程云虹, 黄菲, 齐珊珊, 等. 高硅型铁尾矿对混凝土碳化及抗硫酸盐腐蚀性能的影响[J]. 东北大学学报(自然科学版), 2019, 40(1): 121-125, 149.

[31] Shettima A U, Hussin M W, Ahmad Y, et al. Evaluation of iron ore tailings as replacement for fine aggregate in concrete[J]. Construction and Building Materials, 2016, 120: 72-79.

[32] Mendes Protasio F N, Ribeiro De Avillez R, Letichevsky S, et al. The use of iron ore tailings obtained from the Germano dam in the production of a sustainable concrete[J]. Journal of

Cleaner Production, 2021, 278: 123929.

[33] 宋少民, 陈泓燕. 铁尾矿微粉对低熟料胶凝材料混凝土性能的影响研究[J]. 硅酸盐通报, 2020, 39(8): 2557-2566.

[34] Lv X D, Shen W G, Wang L, et al. A comparative study on the practical utilization of iron tailings as a complete replacement of normal aggregates in dam concrete with different gradation[J]. Journal of Cleaner Production, 2019, 211: 704-715.

[35] Lv X D, Lin Y Q, Chen X, et al. Environmental impact, durability performance, and interfacial transition zone of iron ore tailings utilized as dam concrete aggregates[J]. Journal of Cleaner Production, 2021, 292: 126068.

[36] Liu J H, Zhou Y C, Wu A X, et al. Reconstruction of broken Si—O—Si bonds in iron ore tailings (IOTs) in concrete[J]. International Journal of Minerals Metallurgy and Materials, 2019, 26(10): 1329-1336.

[37] 张鸿儒, 季韬, 刘福江, 等. 不同养护制度下掺铁尾矿粉超高性能混凝土力学性能[J]. 福州大学学报(自然科学版), 2020, 48(1): 90-97.

[38] Cai L X, Ma B G, Li X G, et al. Mechanical and hydration characteristics of autoclaved aerated concrete (AAC) containing iron-tailings: Effect of content and fineness[J]. Construction and Building Materials, 2016, 128: 361-372.

[39] Ma B G, Cai L X, Li X G, et al. Utilization of iron tailings as substitute in autoclaved aerated concrete: Physico-mechanical and microstructure of hydration products[J]. Journal of Cleaner Production, 2016, 127: 162-171.

[40] 罗立群, 舒伟, 程琪林, 等. 铁尾矿加气混凝土制备工艺及结构形成机理分析[J]. 化工进展, 2017, 36(4): 9.

[41] Wang C L, Ni W, Zhang S Q, et al. Preparation and properties of autoclaved aerated concrete using coal gangue and iron ore tailings[J]. Construction and Building Materials, 2016, 104: 109-115.

[42] Zhu M, Wang H, Liu L, et al. Preparation and characterization of permeable bricks from gangue and tailings[J]. Construction & Building Materials, 2017, 148: 484-491.

[43] Li R, Zhou Y, Li C, et al. Recycling of industrial waste iron tailings in porous bricks with low thermal conductivity[J]. Construction and Building Materials, 2019, 213: 43-50.

[44] Mendes B C, Pedroti L G, Fontes M, et al. Technical and environmental assessment of the incorporation of iron ore tailings in construction clay bricks[J]. Construction and Building Materials, 2019, 227: 116669. 1-116669. 13.

[45] Li X, Wang P, Qin J, et al. Mechanical properties of sintered ceramsite from iron ore tailings affected by two-region structure[J]. Construction and Building Materials, 2020, 240: 117919.

[46] Galvao J L B, Andrade H D, Brigolini G J, et al. Reuse of iron ore tailings from tailings dams as

pigment for sustainable paints[J]. Journal of Cleaner Production, 2018, 200: 412-422.

[47] Li X, Zhang N, Yuan J, et al. Preparation and microstructural characterization of a novel 3D printable building material composed of copper tailings and iron tailings[J]. Construction and Building Materials, 2020, 249: 118779.

[48] 张丛香, 钟刚. 利用铁尾矿制作轻质保温墙板材[J]. 现代矿业, 2017, 33(2): 4.

[49] 陈永亮, 石磊, 杜金洋, 等. 铁尾矿轻质保温墙体材料的制备及性能研究[J]. 建筑材料学报, 2019, 22(5): 721-729.

[50] 刘俊杰, 梁钰, 曾宇, 等. 利用铁尾矿制备免烧砖的研究[J]. 矿产综合利用, 2020(5): 136-141.

[51] 罗立群, 王召, 魏金明, 等. 铁尾矿-煤矸石-污泥复合烧结砖的制备与特性[J]. 中国矿业, 2018, 27(3): 127-131, 137.

[52] Luo L, Li K, Fu W, et al. Preparation, characteristics and mechanisms of the composite sintered bricks produced from shale, sewage sludge, coal gangue powder and iron ore tailings[J]. Construction and Building Materials, 2019, 232: 117250.

[53] Li W S, Lei G Y, Xu Y, et al. The properties and formation mechanisms of eco-friendly brick building materials fabricated from low-silicon iron ore tailings[J]. Journal of Cleaner Production, 2018, 204: 685-692.

[54] 陈永亮, 李杨, 张惠灵, 等. 高掺量低硅铁尾矿制备瓷质砖的研究[J]. 硅酸盐通报, 2016, 35(3): 6.

[55] 潘德安, 逯海洋, 刘晓敏, 等. 高硅铁尾矿制备轻质闭孔泡沫陶瓷研究[J]. 中国陶瓷, 2020, 56(3): 51-58.

[56] 李晓光, 尤碧施, 高睿桐, 等. 低硅铁尾矿陶粒烧结工艺优化试验[J]. 硅酸盐通报, 2019, 38(1): 294-298.

[57] 王德民, 胡百昌, 储腾跃, 等. 低硅铁尾矿制备建筑陶粒及其性能研究[J]. 新型建筑材料, 2016, 43(2): 4.

[58] 南宁, 刘萍, 孙强强, 等. 利用铁尾矿制备微晶玻璃试验研究[J]. 当代化工, 2019, 48(10): 2199-2201, 2205.

[59] Bastos L A D C, Silva G C, Mendes J C, et al. Using iron ore tailings from tailing dams as road material[J]. Journal of Materials in Civil Engineering, 2016, 28(10): 04016102.

[60] 刘甲荣, 孙兆云, 苏建明, 等. 水泥改良铁尾矿路基填料的浸水强度试验研究[J]. 土工基础, 2019, 33(5): 618-620.

[61] 张智豪, 李波, 李鹏, 等. 改良铁尾矿用于道路基层材料的研究[J]. 中外公路, 2018, 38(3): 274-278.

[62] 崔照豪. 铁尾矿土壤化利用植物-微生物联合修复与改良技术研究[D]. 青岛: 山东大学, 2018.

[63] 杨孝勇. 基于铁尾矿的新型盐碱地复合改良剂的研制及应用[D]. 青岛: 山东大学, 2020.
[64] 孙希乐, 安卫东, 张韬, 等. 利用铁尾矿和副产品云母粉、白云石制备土壤调理剂试验研究[J]. 金属矿山, 2018(6): 192-196.
[65] 赵淑芳, 王浩明, 高玉倩, 等. 开发含高硅铁尾矿硅肥试验研究初探[J]. 矿产综合利用, 2018(5): 126-130.
[66] 张丛香, 刘双安, 高江. 利用铁尾矿改良苏打盐碱地技术研究与应用[J]. 矿业工程, 2016, 14(1): 3.
[67] 张静文. 铁矿矿山充填采矿用胶结充填料研究[D]. 北京: 北京科技大学, 2015.
[68] 杨陆海. 铁尾矿胶结充填料的物理力学性能研究[J]. 现代矿业, 2017, 33(2): 144-146.
[69] Ke X, Zhou X, Wang X S, et al. Effect of tailings fineness on the pore structure development of cemented paste backfill[J]. Construction and Building Materials, 2016, 126: 345-350.
[70] Chu C, Deng Y, Zhou A, et al. Backfilling performance of mixtures of dredged river sediment and iron tailing slag stabilized by calcium carbide slag in mine goaf[J]. Construction and Building Materials, 2018, 189: 849-856.
[71] 郑瑞. 基于铁矿粉的高温性能特征数指导烧结配矿应用研究[J]. 中国金属通报, 2019(4): 270, 272.
[72] 陈永伟. 浅谈矿资源回收与尾矿综合利用[J]. 世界有色金属, 2018(3): 4, 6.
[73] Yao G, Wang Q, Su Y W, et al. Mechanical activation as an innovative approach for the preparation of pozzolan from iron ore tailings[J]. Minerals Engineering, 2020, 145: 106068.
[74] Yao G, Wang Q, Wang Z M, et al. Activation of hydration properties of iron ore tailings and their application as supplementary cementitious materials in cement[J]. Powder Technology, 2020, 360: 863-871.
[75] Yang M J, Sun J H, Dun C Y, et al. Cementitious activity optimization studies of iron tailings powder as a concrete admixture[J]. Construction and Building Materials, 2020, 265: 120760.
[76] Cheng Y H, Huang F, Li W C, et al. Test research on the effects of mechanochemically activated iron tailings on the compressive strength of concrete[J]. Construction and Building Materials, 2016, 118: 164-170.
[77] 蒙朝美, 蒋志刚, 侯文帅, 等. 磨细高硅型铁尾矿对混凝土抗压强度影响试验[J]. 绿色科技, 2015(1): 4.
[78] Lange F, Mortel H, Rudert V. Dense packing of cement pastes and resulting consequences on mortar properties[J]. Cement and Concrete Research, 1997, 27(10): 1481-1488.
[79] 黄晓燕, 倪文, 祝丽萍, 等. 齐大山铁尾矿粉磨特性[J]. 工程科学学报, 2010, 32(10): 1253-1257.
[80] 郑永超, 倪文, 徐丽, 等. 铁尾矿的机械力化学活化及制备高强结构材料[J]. 工程科学学报, 2010, 32(4): 504-508.

[81] 李德忠, 倪文, 郑永超, 等. 大掺量铁尾矿高强混凝土材料的制备[J]. 金属矿山, 2010(2): 167-170.

[82] 朴春爱, 王栋民, 张力冉, 等. 铁尾矿粉对混凝土耐久性能的影响[J]. 硅酸盐通报, 2016, 35(10): 6.

[83] 侯云芬, 赵思儒. 铁尾矿粉对混凝土性能的影响研究[J]. 粉煤灰综合利用, 2015(3): 4.

[84] 刘娟红, 吴瑞东, 李生丁. 改性铁尾矿微粉混凝土的性能研究[J]. 江西建材, 2014(12): 5.

[85] Wu C R, Hong Z Q, Yin Y H, et al. Mechanical activated waste magnetite tailing as pozzolanic material substitute for cement in the preparation of cement products[J]. Construction and Building Materials, 2020, 252: 119129.

[86] Cai L X, Li X G, Liu W L, et al. The slurry and physical-mechanical performance of autoclaved aerated concrete with high content solid wastes: Effect of grinding process[J]. Construction and Building Materials, 2019, 218: 28-39.

[87] 陈梦义, 李北星, 王威, 等. 铁尾矿粉的活性及在混凝土中的增强效应[J]. 金属矿山, 2013(5): 164-168.

[88] Duan P, Yan C J, Zhou W, et al. Fresh properties, compressive strength and microstructure of fly ash geopolymer paste blended with iron ore tailing under thermal cycle[J]. Construction and Building Materials, 2016, 118: 76-88.

[89] Keoma D, Santos L D, Maria F, et al. Iron ore tailing-based geopolymer containing glass wool residue: A study of mechanical and microstructural properties[J]. Construction and Building Materials, 2019, 220: 375-385.

[90] 刘淑贤, 聂轶苗, 牛福生. 尾矿矿渣制备地质聚合物材料工艺条件的研究[J]. 金属矿山, 2010, (9): 4.

[91] De Magalhaes L F, Franca S, Oliveira M D, et al. Iron ore tailings as a supplementary cementitious material in the production of pigmented cements[J]. Journal of Cleaner Production, 2020, 274: 123260.

[92] 易忠来, 孙恒虎, 李宇. 热活化对铁尾矿胶凝活性的影响[J]. 武汉理工大学学报, 2009(12): 5-7.

[93] 查进, 陈梦义, 李北星, 等. 蒸压养护对富硅铁尾矿粉活性特性的影响[J]. 混凝土, 2015(8): 56-58, 62.

[94] 张洁, 张建建, 孙国文, 等. 矿渣微粉在水泥基材料中的作用时效及其微结构演变规律[J]. 石家庄铁道大学学报: 自然科学版, 2019, 32(4): 7.

[95] 向鹏, 麻鹏飞, 权伟博. 掺合料对混凝土早期收缩性能的影响[J]. 混凝土世界, 2018(8): 5.

[96] Shen D, Jiao Y, Kang J, et al. Influence of ground granulated blast furnace slag on early-age cracking potential of internally cured high performance concrete[J]. Construction and Building Materials, 2019, 233: 117083.1-117083.11.

[97] 李晟文, 李果. 矿物掺合料自密实混凝土碳化性能试验[J]. 建筑结构, 2018, (S2): 3.

[98] Zhao H, Sun W, Wu X M, et al. The properties of the self-compacting concrete with fly ash and ground granulated blast furnace slag mineral admixtures[J]. Journal of Cleaner Production, 2015, 95: 66-74.

[99] Liu Y, Zhang Z, Hou G, et al. Preparation of sustainable and green cement-based composite binders with high-volume steel slag powder and ultrafine blast furnace slag powder[J]. Journal of Cleaner Production, 2021, 289: 125133.

[100] Zhao Z F, Wang K J, Lange D A, et al. Creep and thermal cracking of ultra-high volume fly ash mass concrete at early age[J]. Cement & Concrete Composites, 2019, 99: 191-202.

[101] 余舟, 杨华全, 王磊, 等. 粉煤灰品质对混凝土性能影响试验研究[J]. 混凝土, 2019(12): 4.

[102] 崔正龙, 张雪虹, 唐博. 不同养护环境对粉煤灰混凝土强度及碳化性能的影响[J]. 硅酸盐通报, 2019, 38(1): 6.

[103] Wang Q, Wang D Q, Chen H H. The role of fly ash microsphere in the microstructure and macroscopic properties of high-strength concrete[J]. Cement & Concrete Composites, 2017, 83: 125-137.

[104] 李悦, 王鹏, 李亚强, 等. 粉煤灰对高强混凝土抗盐冻性能的影响研究[J]. 混凝土, 2019(1): 4.

[105] 曹润倬, 周茗如, 周群, 等. 超细粉煤灰对超高性能混凝土流变性、力学性能及微观结构的影响[J]. 材料导报, 2019(16): 2684-2689.

[106] 彭艳周, 刘俊, 徐港, 等. 粉煤灰掺量对膨胀混凝土抗冻性和抗氯离子渗透性的影响[J]. 三峡大学学报: 自然科学版, 2019, 41(1): 5.

[107] Sevim Ö, Demir İ. Physical and permeability properties of cementitious mortars having fly ash with optimized particle size distribution[J]. Cement and Concrete Composites, 2018, 96: 266-273.

[108] Satpathy H P, Patel S K, Nayak A N. Development of sustainable lightweight concrete using fly ash cenosphere and sintered fly ash aggregate[J]. Construction and Building Materials, 2019, 202: 636-655.

[109] Liu X, Ni C, Meng K, et al. Strengthening mechanism of lightweight cellular concrete filled with fly ash[J]. Construction and Building Materials, 2020, 251(4): 118954.

[110] Lopez-Carrasquillo V, Hwang S. Comparative assessment of pervious concrete mixtures containing fly ash and nanomaterials for compressive strength, physical durability, permeability, water quality performance and production cost[J]. Construction and Building Materials, 2017, 139: 148-158.

[111] Lee N K, Koh K T, Kim M O, et al. Uncovering the role of micro silica in hydration of ultra-high performance concrete(UHPC)[J]. Cement and Concrete Research, 2018, 104: 68-

79.

[112] Bingoel A F, Tohumcu I. Effects of different curing regimes on the compressive strength properties of self compacting concrete incorporating fly ash and silica fume[J]. Materials and Design, 2013, 51: 12-18.

[113] Han F H, Li L, Song S M, et al. Early-age hydration characteristics of composite binder containing iron tailing powder[J]. Powder Technology, 2017, 315: 322-331.

[114] 宋少民, 张乐义, 李紫翼. 铁尾矿微粉对水泥混凝土后期性能的影响[J]. 混凝土, 2019(1): 5.

[115] 马雪英. 硅质铁尾矿粉对混凝土强度性能影响研究[J]. 混凝土世界, 2019(2): 6.

[116] 王安岭, 马雪英, 杨欣, 等. 铁尾矿粉用作混凝土掺和料的活性研究[J]. 混凝土世界, 2013(8): 4.

[117] 程兴旺. 铁尾矿粉混凝土力学性能与耐久性分析[J]. 粉煤灰综合利用, 2018(5): 4.

[118] 张伟, 刘梁友, 李莉丽, 等. 铁尾矿粉-粉煤灰-矿渣粉复合掺合料对混凝土性能的影响[J]. 硅酸盐通报, 2016, 35(11): 3826-3831.

[119] Han F H, Luo A, Liu J H, et al. Properties of high-volume iron tailing powder concrete under different curing conditions[J]. Construction and Building Materials, 2020, 241: 118108.1-118108.12.

[120] Han F, Song S, Liu J, et al. Properties of steam-cured precast concrete containing iron tailing powder[J]. Powder Technology, 2019, 345: 292-299.

[121] Han F, Zhou Y, Zhang Z. Effect of gypsum on the properties of composite binder containing high-volume slag and iron tailing powder[J]. Construction and Building Materials, 2020, 252: 119023.1-119023.12.

[122] 张肖艳, 宋强, 李辉, 等. 铁尾矿粉对 C40 混凝土性能的影响[J]. 硅酸盐通报, 2013, 32(12): 2559-2563.

[123] Juilland P, Kumar A, Gallucci E, et al. Effect of mixing on the early hydration of alite and OPC systems[J]. Cement and Concrete Research, 2012, 42(9): 1175-1188.

[124] Nicoleau L, Nonat A, Perrey D. The di- and tricalcium silicate dissolutions[J]. Cement and Concrete Research, 2013, 47: 14-30.

[125] 李秋义, 等. 绿色混凝土技术[M]. 北京: 中国建材工业出版社, 2014.

[126] 吴中伟. 绿色高性能混凝土与科技创新[J]. 建筑材料学报, 1998(1): 3-9.

[127] 刘娟红, 宋少民. 绿色高性能混凝土技术与工程应用[M]. 北京: 中国电力出版社, 2011.

[128] 崔孝炜, 倪文, 刘轩, 等. 钢渣矿渣基全固废胶凝材料的水化反应机理[C]. 中国硅酸盐学会, 2016.

[129] 刘晓圣, 王美娜, 王振方, 等. 全固废泡沫混凝土性能研究[J]. 混凝土与水泥制品, 2018(10): 4.

[130] Duan S Y, Liao H Q, Cheng F Q, et al. Investigation into the synergistic effects in hydrated

gelling systems containing fly ash, desulfurization gypsum and steel slag[J]. Construction and Building Materials, 2018, 187: 1113-1120.
[131] 吴鹏. 大掺量固体废弃物对预拌混凝土性能的影响[J]. 建材发展导向, 2018, 16(20): 4.
[132] Suk C B, Cheol C Y. Hydration properties of STS-refining slag-blended blast furnace slag cement[J]. Advances in Materials Science and Engineering, 2018, 2018: 1-9.
[133] Wang Y, Suraneni P. Experimental methods to determine the feasibility of steel slags as supplementary cementitious materials[J]. Construction and Building Materials, 2019, 204: 458-467.
[134] Urakaev F K, Boldyrev V. Mechanism and kinetics of mechanochemical processes in comminuting devices: 1. Theory[J]. Powder Technology, 2000, 107(1-2): 93-107.
[135] 钟云华, 李予阳, 刘芳芳, 等. 区域性供给各异 各地价格表现不一[N]. 中国建材报. [2021-07-12]4 版.
[136] Han F, Li L, Song S, et al. Early-age hydration characteristics of composite binder containing iron tailing powder[J]. Powder Technology, 2017, 315: 322-331.
[137] Du Z, Ge L, Ng A H M, et al. Risk assessment for tailings dams in Brumadinho of Brazil using InSAR time series approach[J]. Science of the Total Environment, 2020, 717: 137125.
[138] 王威. 全尾矿砂废石骨料制备高性能混凝土的研究[D]. 武汉: 武汉理工大学, 2014.
[139] Zhao S, Fan J, Sun W. Utilization of iron ore tailings as fine aggregate in ultra-high performance concrete[J]. Construction and Building Materials, 2014, 50: 540-548.
[140] Juenger M C G, Siddique R. Recent advances in understanding the role of supplementary cementitious materials in concrete[J]. Cement and Concrete Research, 2015, 78: 71-80.
[141] Keppert M, Urbanová M, Brus J, et al. Rational design of cement composites containing pozzolanic additions[J]. Construction and Building Materials, 2017, 148: 411-418.
[142] Puerta-Falla G, Balonis M, Le Saout G, et al. The Influence of Metakaolin on Limestone Reactivity in Cementitious Materials[C]. Calcined Clays for Sustainable Concrete: Proceedings of the 1st International Conference on Calcined Clays for Sustainable Concrete, 2015: 11-19.
[143] Záleská M, Pavlíková M, Pavlík Z, et al. Physical and chemical characterization of technogenic pozzolans for the application in blended cements[J]. Construction and Building Materials, 2018, 160: 106-116.
[144] Yang L, Yilmaz E, Li J, et al. Effect of superplasticizer type and dosage on fluidity and strength behavior of cemented tailings backfill with different solid contents[J]. Construction and Building Materials, 2018, 187: 290-298.
[145] Zhang W, Gu X, Qiu J, et al. Effects of iron ore tailings on the compressive strength and permeability of ultra-high performance concrete[J]. Construction and Building Materials, 2020, 260: 119917.

[146] Cheng Y, Huang F, Li W, et al. Test research on the effects of mechanochemically activated iron tailings on the compressive strength of concrete[J]. Construction and Building Materials, 2016, 118: 164-170.

[147] Lv X, Shen W, Wang L, et al. A comparative study on the practical utilization of iron tailings as a complete replacement of normal aggregates in dam concrete with different gradation[J]. Journal of Cleaner Production, 2019, 211: 704-715.

[148] de Magalhães L F, De Souza Morais I, Dos Santos Lara L F, et al. Iron ore tailing as addition to partial replacement of Portland cement[J]. Materials Science Forum, 2018: 125-130.

[149] Cai L, Ma B, Li X, et al. Mechanical and hydration characteristics of autoclaved aerated concrete（AAC）containing iron-tailings: Effect of content and fineness[J]. Construction and Building Materials, 2016, 128: 361-372.

[150] Han F, Luo A, Liu J, et al. Properties of high-volume iron tailing powder concrete under different curing conditions[J]. Construction and Building Materials, 2020, 241: 118108.

[151] Djerbi A. Effect of recycled coarse aggregate on the new interfacial transition zone concrete[J]. Construction and Building Materials, 2018, 190: 1023-1033.

[152] Gao Y, De Schutter G, Ye G, et al. The ITZ microstructure, thickness and porosity in blended cementitious composite: Effects of curing age, water to binder ratio and aggregate content[J]. Composites Part B: Engineering, 2014, 60: 1-13.

[153] Adu-Amankwah S, Zajac M, Stabler C, et al. Influence of limestone on the hydration of ternary slag cements[J]. Cement and Concrete Research, 2017, 100: 96-109.

[154] Han F, Song S, Liu J, et al. Properties of steam-cured precast concrete containing iron tailing powder[J]. Powder Technology, 2019, 345: 292-299.

[155] Han F, Luo A, Liu J, et al. Properties of high-volume iron tailing powder concrete under different curing conditions[J]. Construction and Building Materials, 2020, 241: 118108.1-118108.12.

[156] Juenger M C G, Siddique R. Recent advances in understanding the role of supplementary cementitious materials in concrete[J]. Cement and Concrete Research, 2015, 71-80.

[157] Cheng Y, Huang F, Li W, et al. Test research on the effects of mechanochemically activated iron tailings on the compressive strength of concrete[J]. Construction and Building Materials, 2016, 118: 164-170.

[158] Cai L, Li X, Liu W, et al. The slurry and physical-mechanical performance of autoclaved aerated concrete with high content solid wastes: Effect of grinding process[J]. Construction and Building Materials, 2019, 218: 28-39.

[159] Lü Q, Qiu Q, Zheng J, et al. Fractal dimension of concrete incorporating silica fume and its correlations to pore structure, strength and permeability[J]. Construction and Building

Materials, 2019, 228.

[160] Li H, Xu S, Zeng Q. Waterproof ultra-high toughness cementitious composites containing nano reservoir silts[J]. Construction and Building Materials, 2017, 155.

[161] Zeng Q, Li K, Fen-Chong T, et al. Effect of porosity on thermal expansion coefficient of cement pastes and mortars[J]. Construction and Building Materials, 2012, 28(1): 468-475.

[162] Zeng Q, Wang X, Yang P, et al. Tracing mercury entrapment in porous cement paste after mercury intrusion test by X-ray computed tomography and implications for pore structure characterization[J]. Materials Characterization, 2019, 151.

[163] Ma H, Xu B, Liu J, et al. Effects of water content, magnesia-to-phosphate molar ratio and age on pore structure, strength and permeability of magnesium potassium phosphate cement paste[J]. Materials and Design, 2014, 64.

[164] Yang C C. On the relationship between pore structure and chloride diffusivity from accelerated chloride migration test in cement-based materials[J]. Pergamon, 2006, 36(7): 1304-1311.

[165] Yilmaz E, Belem T, Bussière B, et al. Relationships between microstructural properties and compressive strength of consolidated and unconsolidated cemented paste backfills[J]. Cement and Concrete Composites, 2011, 33(6).

[166] Abdul-Hussain N, Fall M. Unsaturated hydraulic properties of cemented tailings backfill that contains sodium silicate[J]. Engineering Geology, 2011, 123(4): 288.

[167] Fall M, Samb S S. Pore structure of cemented tailings materials under natural or accidental thermal loads[J]. Materials Characterization, 2007, 59(5): 598e605.

[168] Ouellet S, Bussière B, Aubertin M, et al. Microstructural evolution of cemented paste backfill: Mercury intrusion porosimetry test results[J]. Cement and Concrete Research, 2007, 37(12): 1654-1665.

[169] Oltulu M, Şahin R. Pore structure analysis of hardened cement mortars containing silica fume and different nano-powders[J]. Construction and Building Materials, 2014, 53: 658-664.

[170] Hu L, He Z, Shao Y, et al. Microstructure and properties of sustainable cement-based materials using combustion treated rice husk ash[J]. Construction and Building Materials, 2021, 294: 123482.

[171] Gao Y, De Schutter G, Ye G, et al. Porosity characterization of ITZ in cementitious composites: Concentric expansion and overflow criterion[J]. Construction and Building Materials, 2013, 38: 1051-1057.

[172] 陈梦成, 袁明胜, 刘宇翔. 陶瓷粉混凝土正交设计试验研究[J]. 混凝土, 2018(4): 102-106.

[173] 崔孝炜, 倪文. 钢渣粉掺入对高强尾矿混凝土性能的影响[J]. 金属矿山, 2014(9): 177-180.

[174] 郑永超, 周钰沦, 房桂明, 等. 利用钢渣制备矿物掺合料对混凝土性能的影响[J]. 混凝土

与水泥制品, 2020(7): 87-91.
[175] Scrivener K, Ouzia A, Juilland P, et al. Advances in understanding cement hydration mechanisms[J]. Cement and Concrete Research, 2019, 124: 105823.
[176] Wu K, Shi H, Xu L, et al. Microstructural characterization of ITZ in blended cement concretes and its relation to transport properties[J]. Cement and Concrete Research, 2016, 79: 243-256.
[177] Lei Z, Lv S, Yong L. Influence of lithium slag on cement properties[J]. Journal of Wuhan University of Technology, 2015, 37(3): 23-27.
[178] He Z H, Li L Y, Du S G. Mechanical properties, drying shrinkage, and creep of concrete containing lithium slag[J]. Construction and Building Materials, 2017, 147: 296-304.
[179] Tan H, Li X, He C, et al. Utilization of lithium slag as an admixture in blended cements: physico-mechanical and hydration characteristics[J]. Journal of Wuhan University of Technology-Materials Science Edition, 2015, 30(1): 129-133.
[180] Wu F F, Shi K B, Dong S K. Properties and microstructure of HPC with lithium-slag and fly ash[J]. Key Engineering Materials, 2014, 599: 70-73.
[181] Liu X W, Yang L, Zhang B. Utilization of phosphorus slag and fly ash for the preparation of ready-mixed mortar[J]. Applied Mechanics and Materials, 2013: 987-992.
[182] Singh N, Bhattacharjee K. Phosphorus furnace slag-A potential waste material for the manufacture of cements[J]. Council of Scientific & Industrial Research, 1996(1): 41-44.
[183] Peng Y, Zhang J, Liu J, et al. Properties and microstructure of reactive powder concrete having a high content of phosphorous slag powder and silica fume[J]. Construction and Building Materials, 2015, 101: 482-487.
[184] Li D X, Lin C, Zhong-Zi X, et al. A blended cement containing blast furnace slag and phosphorous slag[J]. Journal of Wuhan University of Technology-Materials Science Edition, 2002, 17(2): 62-65.
[185] Han F, Zhou Y, Zhang Z. Effect of gypsum on the properties of composite binder containing high-volume slag and iron tailing powder[J]. Construction and Building Materials, 2020, 252: 119023.
[186] Scrivener K, Ouzia A, Juilland P, et al. Advances in understanding cement hydration mechanisms[J]. Cement and Concrete Research, 2019, 124: 105823.